Stahlbetonbauteile unter kombinierten statischen und detonativen Belastungen in Experiment, Simulation und Bemessung

Andreas Bach

Stahlbetonbauteile unter kombinierten statischen und detonativen Belastungen in Experiment, Simulation und Bemessung

Andreas Bach

Von der Fakultät für Bauingenieurwesen der Technischen Universität Dresden zur Erlangung des akademischen Grades eines Doktor-Ingenieurs (Dr.-Ing.) genehmigte Dissertation

Schriftenreihe $\dot{\varepsilon}$ - Forschungsergebnisse aus der Kurzzeitdynamik

Herausgeber Prof. Dr. rer. nat. Klaus Thoma
Prof. Dr.-Ing. habil. Stefan Hiermaier

Heft Nr. 29

FRAUNHOFER VERLAG

Kontaktadresse:
Fraunhofer-Institut für Kurzzeitdynamik,
Ernst-Mach-Institut, EMI
Eckerstraße 4
79104 Freiburg
www.emi.fraunhofer.de

Bibliografische Information der Deutschen Nationalbibliothek:
Die Deutsche Nationalbibliothek verzeichnet diese Publikation in der Deutschen
Nationalbibliografie; detaillierte bibliografische Daten sind im Internet über
http://dnb.d-nb.de abrufbar.
ISSN: 1612-6718
ISBN: 978-3-8396-1028-2

DE 14-17
Zugl.: Dresden, TU, Diss., 2016

Druck und Weiterverarbeitung:
IRB Mediendienstleistungen
Fraunhofer-Informationszentrum Raum und Bau IRB, Stuttgart

Für den Druck des Buches wurde chlor- und säurefreies Papier verwendet.

© **by FRAUNHOFER VERLAG, 2017**
Fraunhofer-Informationszentrum Raum und Bau IRB
Postfach 800469, 70504 Stuttgart
Nobelstraße 12, 70569 Stuttgart
Telefon   0711 970-2500
Telefax   0711 970-2508
verlag@fraunhofer.de
www.verlag.fraunhofer.de

Alle Rechte vorbehalten
Dieses Werk ist einschließlich aller seiner Teile urheberrechtlich geschützt. Jede Verwertung, die über die engen Grenzen des Urheberrechtsgesetzes hinausgeht, ist ohne schriftliche Zustimmung des Verlages unzulässig und strafbar. Dies gilt insbesondere für Vervielfältigungen, Übersetzungen, Mikroverfilmungen sowie die Speicherung in elektronischen Systemen. Die Wiedergabe von Warenbezeichnungen und Handelsnamen in diesem Buch berechtigt nicht zu der Annahme, dass solche Bezeichnungen im Sinne der Warenzeichen- und Markenschutz-Gesetzgebung als frei zu betrachten wären und deshalb von jedermann benutzt werden dürften. Soweit in diesem Werk direkt oder indirekt auf Gesetze, Vorschriften oder Richtlinien (z.B. DIN, VDI) Bezug genommen oder aus ihnen zitiert worden ist, kann der Verlag keine Gewähr für Richtigkeit, Vollständigkeit oder Aktualität übernehmen.

TECHNISCHE UNIVERSITÄT DRESDEN
Fakultät für Bauingenieurwesen

Thema der Dissertation: Stahlbetonbauteile unter kombinierten statischen und detonativen Belastungen in Experiment, Simulation und Bemessung

Verfasser: Andreas Bach

Promotionsausschuss:

Vorsitzender: Prof. Dr.-Ing. habil. Bernd Zastrau
1. Gutachter: Prof. Dr.-Ing. Dr.-Ing. E.h. Manfred Curbach
2. Gutachter: Prof. Dr. rer. nat. Klaus Thoma

Tag der Prüfung: 15.12.2015

Mit der Promotion erlangter akademischer Grad:

Doktor der Ingenieurwissenschaften (Dr.-Ing.)

Dresden, den 15.12.2015

Vorwort

Die vorliegende Arbeit entstand in den Jahren 2011-2015 während meiner Tätigkeit bei der Schüßler-Plan Ingenieurgesellschaft mbH am Fraunhofer-Institut für Kurzzeitdynamik Ernst-Mach-Institut unter der Leitung von Professor Dr. Klaus Thoma sowie dem Institut für Massivbau der Technischen Universität Dresden unter der Leitung von Professor Dr. Manfred Curbach.

Herrn Professor Dr. Curbach, Herrn Professor Dr. Thoma sowie der Geschäftsleitung der Schüßler-Plan Ingenieurgesellschaft mbH, Herrn Norbert Schüßler und Herrn Wolfgang Wassmann, danke ich für die konsequente Unterstützung meiner Arbeit.

Des Weiteren danke ich Professor Dr. Markus Nöldgen und Dr. Alexander Stolz für die vielen persönlichen Gespräche, fachlichen Diskussionen sowie die kritische Durchsicht des Manuskripts.

Darüber hinaus danke ich:

- Dr. Ingo Müllers, Leiter der Abteilung Sondergebiete der Tragwerksplanung, für die fachliche Unterstützung und Gesprächsbereitschaft.
- Professor Dr. Werner Riedel für die interessanten Diskussionen und den offenen Austausch.
- Stellvertretend für viele andere Beteiligte am EMI: Herrn Jürgen Bauer, Herrn Wolfgang Brugger und Herrn Norbert Bächer für die Mithilfe bei der Konzeption und Durchführung der Versuche an Stahlbetonstützen und Stahlbetonplatten.
- Den Kollegen von Schüßler-Plan für die Unterstützung und Diskussionsbereitschaft.
- Herrn Heinrich Walters für die sprachliche Durchsicht der Arbeit.

Ein besonderer Dank gilt schließlich meiner Familie und meiner Frau Johanna, welche mir in dieser arbeitsintensiven Zeit mit großem Selbstverständnis die nötigen Freiräume einräumten und den erforderlichen Rückhalt gaben.

Inhaltsverzeichnis

1	**Einleitung**	**1**
1.1	Motivation	1
1.2	Zielsetzung und Übersicht	4
2	**Stand des Wissens**	**7**
2.1	Detonative Belastungen	8
2.1.1	Wellen	10
2.1.2	Nichtlineare Wellenausbreitung	12
2.1.3	Detonationstheorie	14
2.1.4	Interaktion der Detonationswelle – Belastung von Bauteilen	16
2.1.5	Nahbereich und Fernbereich	20
2.2	Werkstoffverhalten von Stahlbeton	22
2.2.1	Beton unter statischer Belastung	23
2.2.2	Beton unter kurzzeitdynamischer Belastung	30
2.2.3	Betonstahl und Verbund unter statischer Belastung	40
2.2.4	Betonstahl unter kurzzeitdynamischer Belastung	44
2.3	Stahlbetonbauteile unter kombinierter Belastung	47
2.3.1	Untersuchungen zu statischer und dynamischer Belastung	48
2.3.2	Ausnutzung unter statischer Belastung	55
2.3.3	Fehlerabschätzung	58
2.4	Bemessung für Detonationsbelastungen	62
2.5	Kontinuumsmechanische Simulation	64
2.5.1	Kinematik	64
2.5.2	Materialmodelle	67
2.5.3	Erhaltungsgleichungen	72
2.5.4	Explizite Zeitschrittintegration	73
2.5.5	Hydrocodes	74
2.5.6	Statischer Belastungszustand	76
2.6	Materialmodelle für beliebige mehrdimensionale Kontinua	78
2.6.1	Sprengstoff	78
2.6.2	Beton-Modell nach Riedel, Hiermaier und Thoma	78
2.6.3	Materialmodell für Betonstahl	85
2.7	Zusammenfassung	86
3	**Versuchsentwicklung und Simulationsmodelle für kombinierte statische und detonative Belastungen**	**89**
3.1	Experimentelle Konfiguration	90
3.1.1	Fernbereich	91

3.1.2	Nah- und Kontaktbereich	97
3.2	Simulationsmodell für kombinierte Belastungen im Fernbereich	103
3.2.1	Numerischer Lösungsalgorithmus	106
3.2.2	Querschnittswiderstand unter schneller Belastung	113
3.2.3	Einbindung statischer Belastung	117
3.2.4	Hinweise zur Implementierung	120
3.3	Simulationsmodell für kombinierte Belastungen im Nahbereich	121
3.3.1	Abbildung des Zugverhaltens	124
3.3.2	Mehraxiale Festigkeitsbeschreibung im RHT-Modell	129
4	**Experimentelle und numerische Ergebnisse kombiniert belasteter Stahlbetonbauteile**	**133**
4.1	Stahlbetonplatten unter Detonationen im Fernbereich	133
4.1.1	Experimentelle Ergebnisse	134
4.1.2	Numerische Ergebnisse	138
4.1.3	Zusammenfassung und Bewertung	144
4.2	Stahlbetonstützen unter Detonationen im Nah- und Kontaktbereich	146
4.2.1	Experimentelle Ergebnisse	147
4.2.2	Numerische Ergebnisse	153
4.2.3	Zusammenfassung und Bewertung	163
5	**Bemessung und Zuverlässigkeit für kombinierte statische und detonative Belastungen**	**165**
5.1	Zuverlässigkeit von Tragwerken für Explosionen	165
5.1.1	Sicherheitskonzept für Explosionsereignisse	167
5.1.2	Zuverlässigkeitsanalysen	170
5.2	Stahlbetonbauteile im Fernbereich	172
5.2.1	Ingenieurmodell für die Bemessung – EMS	172
5.2.2	Zuverlässigkeitsanalyse mittels EMS	178
5.2.3	Ergebnisse der Zuverlässigkeitsanalyse	193
5.2.4	Bewertung und Innovation	198
5.3	Stahlbetonstützen im Nahbereich	202
5.3.1	Sensitivitätsanalysen	203
5.3.2	Bemessung im Tragwerk	204

6	**Bemessungsbeispiele für kombiniert belastete Stahlbetonbauteile**	**209**
6.1	Fernbereich	209
6.2	Nahbereich	217
7	**Zusammenfassung und Ausblick**	**221**
7.1	Zusammenfassung	221
7.2	Ausblick	224
8	**Literaturverzeichnis**	**227**
9	**Anhang**	**239**
9.1	Betonrezepturen	239
9.2	Verteilungsfunktionen	240
9.3	Belastungen Stoßrohrversuche	241
9.4	Sensitivitätsanalysen	242
9.5	Bemessungsbeispiel – Fernbereich	249
9.5.1	Ergebnisse Stahlbetonwand	249
9.5.2	Ergebnisse Stahlbetondecke	250
9.6	Bemessungsbeispiel – Nahbereich	251

1 Einleitung

1.1 Motivation

Neben Nachhaltigkeit, Wirtschaftlichkeit und Funktionalität gewinnen Aspekte der Sicherheit bei der Planung von Gebäuden und Infrastrukturprojekten an Bedeutung. Außergewöhnliche Einwirkungen wie z. B. Anprall, Brände oder Explosionen können als Folge von Naturkatastrophen, Unfällen oder Anschlägen das Tragwerk oben genannter Bauwerke in seiner Tragfähigkeit maßgeblich, bis zu seinem Einsturz, reduzieren. Die Anschläge von Oklahoma City (1995, Bild 1.1), New York (2001) und Oslo (2011) sowie die Katastrophe von Fukushima (2011), um einige Beispiele anzuführen, haben die Anfälligkeit von Bauwerken und die möglichen Auswirkungen extremer Einwirkungen aufgezeigt und die Bevölkerung sowie die Politik [1] für dieses Thema sensibilisiert.

Bild 1.1: Alfred Murrah Federal Building nach den Anschlägen von Oklahoma City (1995).

Ingenieure sind daher gefordert, Lösungen zu entwickeln, um Personen, Tragwerke und Sachwerte vor den Folgen dieser Extremereignisse zu schützen. Vor diesem Hintergrund gewinnt die Auslegung von Bauwerken für durch eine Explosion ausgelöste Detonationsbelastungen, als der nach FEMA 426 [2] häufigste Form des terroristischen Angriffs, oder als Folge eines Unfall an Bedeutung.

Im Vergleich zur Bemessung gegenüber statischen Belastungen sind hierbei dynamische Effekte, wie die Ausbreitung von Stoßwellen, die nichtlinearen Materialeigenschaften und die Auswirkungen der erhöhten Belastungsgeschwindigkeit auf das Materialverhalten der Werkstoffe, zu berücksichtigen. Hierdurch werden die vorhandene Duktilität und die erhöhte Widerstandsfähigkeit bei schneller Belastung des Bauteils abgebildet und eine wirtschaftliche Bemessung ermöglicht [3].

Vorhandene Regelwerke wie der UNITED FACILITIES CRITERIA 3-340-02 (Structures to Resist the Effects of Accidental Explosions) [4] geben bereits Bemessungsansätze für detonative Belastungen vor und werden in der Praxis zur Auslegung herangezogen. Diese Ansätze berücksichtigen zwar Effekte zur Festigkeitssteigerung der Werkstoffe und der Duktilität des Bauteils, vernachlässigen jedoch eine gleichzeitig wirkende statische Belastung des Bauteils. Die Bemessung geht somit immer vom Fall »ohne statische Last« bei Detonationsbelastung aus. Da für Detonationen zu bemessende Bauteile wie Wände, Decken und Stützen üblicherweise auch für den Lastabtrag von statischen Lasten des Bauwerks herangezogen werden und per se ständig durch ihr Eigengewicht belastet sind, ist eine statische Belastung immer vorhanden.

Das praktizierte Vorgehen einer Bemessung ohne statische Belastungen steht im Widerspruch zu den Anforderungen des EUROCODES, welcher bei der Bemessung einer außergewöhnlichen Belastung die Kombination mit anderen Belastungen fordert [5]. Löst eine Detonation ähnliche Beanspruchungen wie eine bereits vorhandene statische Belastung aus, so ist es offensichtlich, dass die zulässige Beanspruchung für das Detonationsereignis durch die statische Belastung reduziert wird, siehe Bild 1.2. Eine Vernachlässigung der statischen Belastung kann somit zu nicht konservativen Ergebnissen führen, da vorhandene statische Beanspruchungen vernachlässigt und zulässige Beanspruchungen in der Kombination beider Belastungen überschritten werden. Die prognostizierte Tragfähigkeit ist somit möglicherweise für den Fall einer kombinierten statischen und detonativen Belastung nicht gewährleistet. Vor diesem Hintergrund sind wesentliche Erkenntnisse zu den Auswirkungen einer kombinierten statischen und detonativen Belastungen auf das Verhalten und den Widerstand von Stahlbetonbauteilen von wesentlichem Interesse.

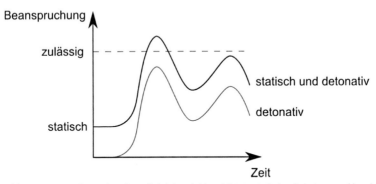

Bild 1.2: Beanspruchung eines Bauteils infolge gleichgerichteter statischer Belastung und kombinierter, detonativer und statischer Belastung.

Neben den Auswirkungen einer kombinierten Belastung ist im Hinblick auf eine sichere Bemessung gegenüber einer Explosionsbelastung weitergehend zu klären, welche Beanspruchung als zulässig zu betrachten ist. So weisen sowohl Material- und Geometriegrößen als auch äußere Lasten eine inhärente Streuung auf. Die Bemessung sollte daher einer Abweichung zu den getroffenen Annahmen im Vorhinein Rechnung tragen. Hierzu dienen Sicherheitskonzepte, welche zu entwickeln, durch Zuverlässigkeitsanalysen zu überprüfen und bei der Bemessung anzuwenden sind.

Nur so kann eine Zuverlässigkeit für die Bemessung gewährleistet werden. Zurzeit werden in der Praxis bei der Bemessung keine oder lediglich pauschale Sicherheitsfaktoren [4] verwendet. Es ist ungeklärt, welche Zuverlässigkeit hierdurch erreicht wird. Zur konsistenten Auslegung von Tragwerken für statische und detonative Belastungen ist dieses Vorgehen zu überprüfen.

1.2 Zielsetzung und Übersicht

Die vorliegende Arbeit untersucht das Verhalten von Stahlbetonbauteilen unter kombinierter statischer und detonativer Belastung. Sie stellt hierzu auf Basis eigens hierfür entwickelter Versuche und Simulationstechniken grundlegende Zusammenhänge zur realitätsnahen und sicheren Bemessung von Stahlbetonbauteilen dar. Die Zielsetzung der Arbeit kann durch folgende elementare Fragestellungen dargestellt werden:

1. Welche Auswirkungen hat die statische Belastung auf das Widerstandsverhalten und die Resttragfähigkeit von Stahlbetonbauteilen unter Detonationen? *(Auswirkungen der kombinierten Belastung)*

2. Inwieweit sind die gebräuchlichen Simulationsverfahren (Finite Verfahren mit expliziter Zeitschrittintegration) zur Abbildung statischer Belastungen zu erweitern und inwiefern können diese neben einer quantitativen Schädigungsprognose auch zur Ermittlung der Resttragfähigkeit herangezogen werden? *(Erweiterung und Entwicklung von Simulationsmethoden)*

3. Welche Parameter sind für das Simulationsergebnis von Bedeutung und wie kann eine Zuverlässigkeit innerhalb der Bemessung gewährleistet werden? *(Bemessung und Zuverlässigkeit)*

Zur Beantwortung der aufgeworfenen Fragestellungen wird zunächst der Stand des Wissens in *Kapitel 2* zusammengefasst. Dabei werden die beiden charakteristischen Bereiche des Bauteilverhaltens (lokale Belastung - Nahbereich und die globale Belastung - Fernbereich) getrennt voneinander betrachtet und die wenigen verfügbaren experimentellen und numerischen Untersuchungen (FEYERABEND [6], LIN [7], OŽBOLT [8]) dargestellt. Auf Basis dieses Kenntnisstandes werden eigene Versuche und Simulationsmodelle entwickelt.

Die auf Basis der gewonnen Erkenntnisse entwickelten Versuchsaufbauten und numerischen Modelle für statische und detonative Belastungen von Stahlbetonbauteilen werden in *Kapitel 3* beschrieben. Es werden Versuchsaufbauten für statisch vorbelastete Stahlbetonplatten im Fernbereich, die im Stoßrohr einer planaren Stoßwelle ausgesetzt werden, und für Stahlbetonstützen im Nahbereich, die im Nahbereich angesprengt werden, entworfen. Für die Simulation der Stahlbetonplatten wird ein

Finite-Differenzen-Verfahren entwickelt, welches es erlaubt neben einer statischen Belastung ebenfalls die Festigkeitssteigerung der Materialien bei schneller Belastung zu berücksichtigen.

In *Kapitel 4* werden die experimentellen Ergebnisse dargestellt und die grundlegenden Einflüsse der statischen Belastung auf das Verhalten von Stahlbetonbauteilen unter Detonationseinwirkungen aufgezeigt. Die Ergebnisse werden herangezogen um die entwickelten Simulationsmodelle zu validieren.

Das *Kapitel 5* widmet sich der Zuverlässigkeit und Bemessung. Hierin wird ein Sicherheitskonzept für die Bemessung von Stahlbetonbauteilen unter Fernfelddetonationen vorgestellt und mit bestehenden Anforderungen verglichen. Des Weiteren werden für Detonationen im Nahbereich Sensitivitätsanalysen durchgeführt, welche den Einfluss einzelner Parameter auf den Bauteilwiderstand aufzeigen.

Hierauf aufbauend wird abschließend in *Kapitel 6* an beispielhaften Elementen eine Bemessung von Stahlbetonbauteilen für Detonationsereignisse unter Berücksichtigung statischer Belastungen dargestellt. Diese repräsentieren den aktuellen Stand der Auslegung und sollen für zukünftige Untersuchungen sowie eine Bemessung von Stahlbetonstützen und Stahlbetonplatten als Beispiel dienen.

Das *Kapitel 7* fasst die wesentlichen neuen Erkenntnisse zusammen und stellt die Bedeutung für Wissenschaft und Forschung sowie die Baupraxis heraus. Mit den Ergebnissen dieser Arbeit werden wesentliche Lücken innerhalb des Themenfeldes geschlossen, so dass eine sichere Auslegung von Stahlbetonbauteilen für kombinierte Belastungen aus Detonation und statischer Belastung in Zukunft gewährleistet ist.

2 Stand des Wissens

Für die Beantwortung der formulierten Problemstellung wird auf Erkenntnisse aus unterschiedlichen Bereichen der Forschung und Technik zurückgegriffen. Diese lassen sich wie folgt differenzieren:

- Detonation als außergewöhnliche Belastung,
- Werkstoffverhalten von Beton und Betonstahl unter statischer Belastung,
- Werkstoffverhalten von Beton und Betonstahl unter dynamischer Belastung,
- Verhalten von Stahlbetonbauteilen unter dynamischer sowie kombinierter statischen und dynamischen Belastung,
- Bemessung und Regelwerke,
- kontinuumsmechanische Simulation und
- Materialmodellierung.

Für die aufgeführten Schwerpunkte wurde eine Literaturrecherche durchgeführt. Aufgrund des Umfangs der betrachteten Themengebiete, erhebt die folgende Zusammenfassung nicht den Anspruch auf Vollständigkeit in jedem Themengebiet. Sie dient vielmehr dazu, die wesentlichen arbeitsrelevanten, physikalischen Aspekte im Hinblick auf das Verhalten von Stahlbeton unter statischer und detonativer Belastung aufzuzeigen und zu bewerten. Auf umfangreichere Zusammenfassungen von anderen Autoren wird innerhalb der einzelnen Themengebiete jeweils verwiesen.

2.1 Detonative Belastungen

Explosionen werden durch Explosivstoffe ausgelöst. Für diese Stoffe kennzeichnend sind chemische Verbindungen, welche in kürzester Zeit zu einer starken Reaktion fähig sind. Nach einer Initiierung setzen diese in einer Reaktion Energie in Form von Wärme und Druck frei. Anhand der Geschwindigkeit der chemischen Reaktion lassen sich Explosivstoffe weitergehend in Detonativstoffe und Deflagrationsstoffe unterscheiden.

Die in dieser Arbeit betrachteten Detonativstoffe haben eine sehr hohe Reaktionsgeschwindigkeit oberhalb der Wellengeschwindigkeit des Sprengstoffs von 1500 m/s bis 9000 m/s und weisen im Vergleich zur Deflagration deutlich höhere Drücke von mehreren Megapascal auf [9]. Die sich innerhalb des Sprengstoffs ausbreitende Druckwelle steilt sich in diesem Fall zu einer sogenannten Stoßwelle auf (siehe Kapitel 2.1.2). Beispiele für Detonativstoffe sind Trinitrotoluol (TNT), Nitropenta (PETN) und Nitroglycerin. Bei Deflagrationen sind die auftretenden Reaktionsgeschwindigkeiten deutlich geringer und liegen zwischen 0,1 mm/s und 300 m/s [9] unterhalb der Wellengeschwindigkeit des Sprengstoffs. Die Umsetzung des Stoffes erfolgt hierbei nur unvollständig und der chemische Vorgang wird von einer starken Flammenbildung begleitet. Beispiele für Deflagrationsstoffe sind Pulverstoffe wie Schwarzpulver und explosive Gase oder Flüssigkeiten (z. B. Propangas).

Die chemische Reaktion kommt zum Erliegen, wenn die Stoßwelle die Oberfläche des Detonativstoffes erreicht. Anschließend findet eine Interaktion mit dem umgebenen Material statt, in der Regel mit Luft, einem inerten Gas. Die Stoßwelle erzeugt weitere Wellenausbreitungen im umgebenden Material. Im Laufe der räumlichen Ausbreitung verlieren diese Wellen schnell an Intensität [10]. Die Folge ist ein starker Abbau des Drucks mit wachsender Entfernung.

Treffen Luftdruckwellen auf ein raumbegrenzendes Bauteil, kommt es zur erneuten Interaktion: Ein Teil der Welle wird reflektiert. Der restliche Teil der Welle wird transmittiert und breitet sich anschließend im Bauteil aus (Bild 2.1). Innerhalb des Bauteils finden weitere Wellenausbreitungen statt. Die Wellen setzen innerhalb des Bauteils dessen Partikel in Bewegung. Hieraus entsteht eine Verzerrung und Beanspruchung des Materials. In Abhängigkeit der Wellenform und Ausbreitungsgeschwindigkeit erfolgt diese Verzerrung langsam, schnell oder im Falle von

Stoßwellen quasi-sprunghaft (Bild 2.5). Eine erhöhte Verzerrungsgeschwindigkeit hat Auswirkungen auf das Materialverhalten und wird in Kapitel 2.2 erläutert.

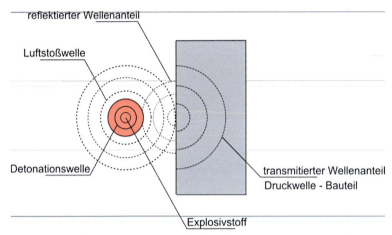

Bild 2.1: Vereinfachtes Schema der Wellenausbreitung in Explosivstoff, Luft und Bauteil als Folge einer Detonation.

Bezüglich des Explosionsortes kann eine Klassifikation des Detonationsereignisses vorgenommen werden:

- *Fernbereichsdetonation*
  Die Detonation ereignet sich in ausreichendem Abstand zum Bauteil und führt zu einer örtlich stationären und zeitlich transienten Belastung des Bauteils (Blastbelastung).

- *Nahbereichsdetonation*
  Die Detonation findet in Nähe zum Bauteil statt. Die resultierende Belastung ist sowohl örtlich als auch zeitlich transient und kann als lokal wirkend bezeichnet werden. Ein Sonderfall der Nahbereichsdetonation ist die *Kontaktdetonation*, bei der die Ladung unmittelbar auf der Bauteiloberfläche aufliegt und sehr hohe lokale Drücke auslöst.

Abweichende Belastungen des Bauteils resultieren in unterschiedlichen

Reaktionen und Schädigungen für den Nah- und Fernbereich und werden innerhalb des Abschnittes 2.1.5 dargestellt. Hierin wird ebenfalls eine genauere Abgrenzung der Bereiche dargestellt.

Die bei einer Detonation vorherrschenden komplexen Phänomene der Wellenausbreitung und Thermodynamik sind für eine mathematische Beschreibung von Bedeutung und Thema der nachfolgenden Abschnitte. Weitergehende Beschreibungen zur Detonation und Wellenausbreitung können z. B. MEYERS [11] und HIERMAIER [12] entnommen werden.

2.1.1 Wellen

Eine Welle transportiert innerhalb eines Medium die z. B. durch Stöße eingeleitete Energie und führt zur Bewegung einzelner Partikel. Die Ausbreitung von Wellen kann, insbesondere bei lokaler Belastung eines Bauteils durch Detonationen oder Anprall, sehr komplex sein. Sie beinhaltet die Überlagerungen verschiedener Wellenformen und die Reflexion von Wellen an den Oberflächen des Bauteils. Bild 2.2 stellt typische Wellenarten, wie Longitudinal-, Transversal- und Oberflächenwelle dar.

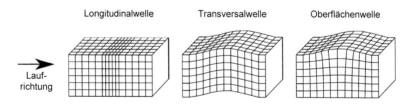

Bild 2.2: Wellenformen innerhalb von Festkörpern nach [13].

Die einzelnen Formen unterscheiden sich in ihrer Ausbreitungsrichtung und Wellengeschwindigkeit. Eine Longitudinalwelle (auch P-Welle oder Kompressionswelle) breitet sich in Laufrichtung der Welle aus und führt zu einer Kompression (Stauchung) sowie nach ihrer Reflexion an einer Oberfläche zu einer Dekompression des Materials. Die Transversalwelle (auch Scherwelle) entwickelt sich senkrecht zur Laufrichtung der Longitudinalwelle und führt zu einer Verzerrung des Materials (siehe

Bild 2.2). Die Wellengeschwindigkeit liegt unterhalb der Wellengeschwindigkeit der Longitudinalwelle. Somit tritt diese Welle zeitlich verzögert auf (vergleiche auch Gleichung 2.1 und 2.2), weshalb sie auch als Sekundärwelle bezeichnet wird [12]. Oberflächenwellen entstehen am Rand des Bauteils, ein Beispiel hierfür ist die RAYLEIGHwelle. Die unterschiedlichen Wellengeschwindigkeiten der Wellenformen in elastischen Festkörpern werden durch die Steifigkeit des Materials, dargestellt durch das Elastizitätsmodul E, die Rohdichte ρ und die Querdehnzahl μ definiert (siehe [11]):

$$c_l = \sqrt{\frac{E(1-\mu)}{\rho\,(1-2\mu)(1+\mu)}} \qquad \text{(Longitudinalwelle)} \quad [2.1]$$

$$c_s = \sqrt{\frac{E}{2(1+\mu)\rho}} \qquad \text{(Scherwelle)} \quad [2.2]$$

$$c_r \approx \frac{0{,}862 + 1{,}14\,\mu}{(1+\mu)} \sqrt{\frac{E}{2(1+\mu)\rho}} \qquad \text{(RAYLEIGHwelle)} \quad [2.3]$$

Weitreichendere Informationen zur Herleitung der vorab genannten Gleichungen sind durch MEYERS [11] bereitgestellt. Hierin stellt MEYERS ebenfalls die räumliche Ausbreitung der verschiedenen Wellenformen bei einem Anprall anschaulich dar (siehe Bild 2.3).

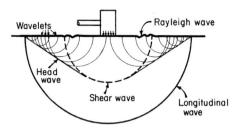

Bild 2.3: Ausbreitung verschiedener Wellenarten im Festkörper aus MEYERS [11].

2.1.2 Nichtlineare Wellenausbreitung

Im Falle nichtlinearen Materialverhaltens ändert sich in Abhängigkeit des Dehnungszustands die Steifigkeit und Dichte des Materials. Die Wellengeschwindigkeit, durch den Quotienten aus Steifigkeit und Dichte definiert, ist somit nicht mehr konstant und von der Höhe der Belastung abhängig. Verschiedene Effekte sind zu beobachten:

Bei elastisch-plastischen Werkstoffen, wie z. B. Stahl, verringert sich als Folge der Steifigkeitsreduktion bei erhöhter Belastung die Wellengeschwindigkeit. Das Wellenprofil erfährt eine belastungsabhängige Verbreiterung (Dispersion) in Laufrichtung x der Welle ([11,14] und Bild 2.4).

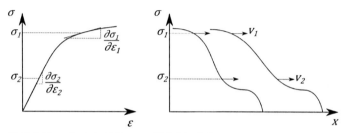

Bild 2.4: Dispersion bei nichtlinearem Materialverhalten.

Bei Kompressionswellen in idealen Gasen oder Fluiden sowie bei einer Beanspruchung von Festkörpern weit über ihre Festigkeit hinaus ist ein gegenteiliger Effekt zu beobachten. Die Dichte des Materials steigt in Abhängigkeit des hydrostatischen Drucks an, wohingegen die Steifigkeit nur eine geringe Änderung erfährt. Belastung und Wellengeschwindigkeit verhalten sich in diesem Fall proportional zueinander. Eine höherer Druck führt zu einer höheren Wellengeschwindigkeit und der Wellenverlauf steilt sich auf. Bei einer ausreichende Lauflänge bildet sich eine Stoßfront aus ([11,14] und Bild 2.5).

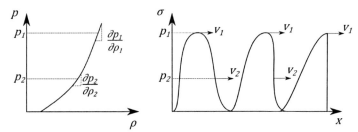

Bild 2.5: Ausbildung von Stoßwellen.

Kennzeichnend für eine Stoßfront ist die sehr kurze Anstiegszeit der Belastung im Bereich von Nanosekunden beim Durchlauf der Stoßwelle. Die Stoßwelle stellt eine Diskontinuität dar, bei der sich die Zustandsgrößen (Druck p, Dichte ρ und innere Energie e) sprungartig ändern [12]. Durch Bilanzierung von Masse, Impuls und Energie vor und hinter der Stoßfront und einer Zustandsgleichung des Materials kann diese Diskontinuität beschrieben werden (Gleichungen 2.5 bis 2.6). Eine Herleitung dieser als RANKINE-HUGONIOT-Gleichungen bekannten Zusammenhänge liefert MEYERS in [11].

Bild 2.6 stellt die Bilanzierung der Variablen dar. Bei der gewählten Abbildung bewegt sich der Beobachter mit der Stoßwellengeschwindigkeit U_s mit der Diskontinuität (Stoßfront). Die Partikel hinter der Stoßfront haben eine Geschwindigkeit von u_p, während sie vor der Stoßfront mit $u_0 = 0$ in Ruhe sind.

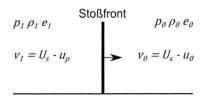

Bild 2.6: Stoßfront und Zustandsvariablen zur Bilanzierung der RANKINE-HUGONIOT-Gleichungen.

$$\rho_1(U_s - u_p) = \rho_0(U_s - u_0) \quad \text{(Masseerhaltung)} \quad [2.4]$$

$$p_1 - p_0 = \rho_0(U_s - u_0)(u_p - u_0) \quad \text{(Impulserhaltung)} \quad [2.5]$$

$$e_1 - e_0 = \frac{1}{2}(p_1 + p_0)\left(\frac{1}{\rho_0} - \frac{1}{\rho_1}\right) \quad \text{(Energieerhaltung)} \quad [2.6]$$

Die vorgestellten Gleichungen 2.4 bis 2.6 beinhalten fünf unbekannte Variablen, da die Zustände vor der Stoßfront (u_0, p_0, v_0 und e_0) bekannt sind. Zur Bestimmung der fünf Unbekannten ist neben den Erhaltungsgleichungen eine weitere Gleichung notwendig, um alle Größen in Abhängigkeit von einer Variablen auszudrücken. Hierzu wird die Zustandsgleichung (englisch EOS – Equation of State) als werkstoffabhängige Beziehung herangezogen, die Druck-Dichte-Energie-Zustände des Materials beschreibt:

$$p = f(\rho, e) \quad [2.7]$$

Ein Beispiel für eine Zustandsgleichung ist die ideale Gasgleichung nach Gleichung 2.8, die mittels des Isentropenexponenten γ Druck mit Dichte und innerer Energie in Bezug setzt:

$$p = (\gamma - 1)\rho e \quad [2.8]$$

Die Bestimmung der Zustandsgleichung erfolgt für Werkstoffe mittels unterschiedlicher experimenteller Verfahren (z. B. für Beton mittels Planar-Platten-Impakt-Versuche). Beispiele hierzu stellen die in [11], [15] und [16] durchgeführten Untersuchungen dar.

Die Verknüpfung der Erhaltungsgleichung mit der Zustandsgleichung erlaubt es, die sprunghafte Änderung des Materialzustandes durch die Stoßwelle zu beschreiben. Stoßprobleme, welche u. a bei der Ausbildung der Detonationswelle innerhalb des Sprengstoffs entstehen, können somit beschrieben werden.

2.1.3 Detonationstheorie

Im Folgenden wird ein kurzer Einblick in die Detonationstheorie gegeben. Eine Detonation stellt eine Wechselwirkung zwischen einer Stoßbelastung und einer chemischen Reaktion dar. Ausgelöst durch die Zündung durchläuft die Stoßwelle den Sprengkörper und bewirkt durch Kompression des Festkörpers eine chemische Reaktion. Diese chemische Reaktion sorgt für die Freisetzung von Energie und hält die Stoßwelle aufrecht (Bild 2.7).

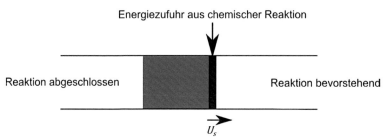

Bild 2.7: Modell einer eindimensionalen Stoßwelle bei einer Detonation.

Die chemische Reaktion kommt erst nach vollständiger Detonation des Sprengstoffs zum Erliegen. Anschließend interagiert die Stoßwelle mit dem umliegenden Material wie Luft oder Beton (siehe Kapitel 2.1.4).

Für die theoretische Beschreibung des Detonationsvorgangs im Sprengstoff können zwei wesentliche Theorien unterschieden werden: Den ersten Grundstein lieferten CHAPMAN [17] und JOUGUET [18] durch die sogenannte klassische Detonationstheorie. Ihnen dienten folgende Randbedingungen als theoretische Grundlage [19]:

- Die Ausbreitung der Detonationswelle im Sprengstoff erfolgt analog zur Ausbreitung einer Schockwelle im Feststoff.
- Die Ausbreitungsgeschwindigkeit ist konstant (CHAPMAN-JOUGUET-Geschwindigkeit).
- Die Wärmeentwicklung aus der Reaktion des Sprengstoffs reicht aus, um die Detonationswelle zu nähren.
- Die Reaktionszone ist infinitesimal klein, so dass der Bereich zwischen nicht reagiertem und reagiertem Sprengstoff eine Diskontinuitätsstelle darstellt.

Auf den von CHAPMAN und JOUQUET geschaffenen Grundlagen bauten ZEL'DOVICH [20], DÖRING [21] und NEUMANN [22] auf und erweiterten die Modellvorstellung (ZDN-Modell) zur sogenannten modernen Detonationstheorie. Im Gegensatz zur klassischen Detonationstheorie betrachtet diese eine endlichen Reaktionszone mit einem Zündverzug [16]. Eine Beschreibung des Detonationsvorgangs kann mittels einer Zustandsgleichung erfolgen, welche die Energiefreisetzung durch die Detonationsstoßwelle beschreibt.

2.1.4 Interaktion der Detonationswelle – Belastung von Bauteilen

Die vorab vorgestellten Zusammenhänge dienen zur Beschreibung von Detonationsvorgängen innerhalb des Sprengstoffs, die auch nach Yı als inneres Problem bezeichnet werden können [10]. Erreicht die Detonationsfront die Oberfläche des Sprengstoffs ist die Detonation abgeschlossen. Nun setzt ein äußeres Problem ein, die Explosionsgase (Detonationsschwaden) breiten sich im umgebenden Medium aus. Bei der Einleitung der Stoßwelle kommt es an der Kontaktfläche der Stoffe zu einer Interaktion. Für dieses Kontaktproblem sind nach [10] zwei Fälle zu unterscheiden:

Die *harte Reflektion* tritt auf, wenn eine Schockwelle (Druckwelle) in die Detonationsschwaden zurückgeworfen wird. In diesem Fall ist die Schockimpedanz des Umgebungsmediums, definiert aus dem Produkt aus Stoßwellengeschwindigkeit und Dichte, größer als jene der Detonationsschwaden. Die resultierenden Drücke im Umgebungsmedium übersteigen die Drücke in dem Detonationsschwaden vor ihrer Reflektion. Ein Beispiel hierfür sind Detonationen im Kontakt mit Feststoffen wie z. B. Metallen. Ein vorstellbarer Grenzfall hierzu ist die Reflektion an einer starren Oberfläche.

Eine *weiche Reflektion* stellt sich ein, wenn die Schockimpedanz des Umgebungsmediums kleiner als die Schockimpedanz der Detonationsschwaden ist. Entsprechend kommt es zur Einleitung einer Druckentlastungswelle (Zugwelle) in die Detonationsschwaden. Hierdurch sinkt die Druckbeanspruchung des Umgebungsmediums. Bedingung hierfür ist eine geringere Schockimpedanz des umgebenden Werkstoffs im Vergleich zu den Detonationsschwaden. Ein Beispiel hierfür ist die Detonation von Sprengstoff in Luft. Die Reflektion an einer freien Oberfläche stellt einen Grenzfall hierzu dar.

Liegt keine Kontaktladung vor, spricht man von einer Abstandsladung. Hierbei kommt es nach der weichen Reflektion der Detonationswelle an der Luft zu einer weiteren Interaktion zwischen Luftstoßwelle und Bauteil (harte Reflektion). Zusammenfassend sind somit folgende Phasen bis zur Belastung des Bauteils zu beobachten:

1. Zündung,
2. Ausbreitung der Detonationswelle innerhalb der Ladung,
3. weiche Reflektion der Detonationswelle an der Luft,
4. Ausbreitung einer Luftstoßwelle und
5. Belastung des Bauteils durch harte Reflektion der Luftstoßwelle an der Bauteiloberfläche.

Die Belastung des Bauteils und eine mögliche Schädigung sind direkt von Dauer und Intensität der Luftstoßwelle abhängig. Der Druck dieser Luftstoßwelle wird im Wesentlichen durch die folgenden Faktoren beeinflusst:

- *Energiefreisetzung*
  Sprengstoffe bestehen aus unterschiedlichen chemischen Verbindungen. Entsprechend differiert die Größe und Rate der Energiefreisetzung (Detonationsgeschwindigkeit) im Sprengstoff. Das Resultat sind unterschiedliche Drücke innerhalb des Sprengstoffs und somit auch innerhalb der Luft.

- *Sprengstoffmenge*
  Die Sprengstoffmenge beeinflusst die der Detonationswelle zugeführte Energie, da sich die Lauflänge der Welle im Sprengstoff erhöht. Dies äußert sich durch größere Drücke in der Luftstoßwelle. Neben dem Ladungsabstand und der Energiefreisetzung ist die Sprengstoffmenge ein entscheidender Parameter zur Charakterisierung der Detonationsbelastung.

- *Ladungsabstand*
  Die Luftstoßwelle breitet sich in dreidimensionaler Richtung von der Sprengladung aus. Da ihr keine weitere Energie zugeführt wird, reduziert sich in Abhängigkeit vom Ladungsabstand der Druck [10].

Neben den vorgestellten Faktoren können weitere Einflüsse vorliegen:
Die Lage der Zündung beeinflusst die Ausbreitung der Detonationswelle innerhalb des Sprengstoffs. Hierdurch kann sich die Detonationswelle

zum Bauteil gerichtet ausbreiten und der einwirkende Druck im Vergleich zu einer Zündung in Sprengstoffmitte zu- oder abnehmen. Numerische Untersuchungen sind von GEBBEKEN und GREULICH in [23] dargestellt.

Reflektionen der Luftstoßwelle an Strukturen in unmittelbarer Nähe zum Sprengstoff können zu einer Erhöhung der Belastung beitragen oder das Lastbild verändern. Dieser Effekt ist insbesondere bei Detonationen in räumlich begrenzten Umgebungen (z. B. Innenraumdetonationen) zu beachten. Bei diesen entstehen neben der Stoßwelle durch die räumliche Behinderung der Wellenausbreitung nicht zu vernachlässigende Wellenreflektionen und Gasdrücke. Die weiteren Erläuterungen beziehen sich auf Detonationen im Freifeld (keine Behinderung der Luftstoßwellenausbreitung) und mittiger Ladungszündung.

Unter Berücksichtigung der dargestellten, wesentlichen Einflussfaktoren (Energiefreisetzung, Sprengstoffmenge und Abstand) kann eine Charakterisierung der Detonationsbelastung anhand des skalierten Abstands z erfolgen [3,24].

$$z = R/m_{eff}^{1/3} \qquad [2.9]$$

Innerhalb von Gleichung 2.9 bezeichnet R den Abstand der Sprengladung zur Oberfläche des Bauteils und m_{eff} die Sprengstoffmasse in TNT-Äquivalent. Durch den Bezug der Sprengstoffmasse zur äquivalenten Masse von TNT wird die unterschiedliche Energiefreisetzung verschiedener Sprengstoffe berücksichtigt. Werte hierzu sind in [4] angegeben. Bei dem häufig auftretenden Fall einer einseitig behinderten Luftstoßwellenausbreitung, einer auf dem Boden aufgelegten Sprengladung, ergibt sich das effektive Gewicht m_{eff}^* zu

$$m_{eff}^* = k \cdot m_{eff} \qquad [2.10]$$

mit $k = 1,8 \sim 2,0$ (abhängig von der Beschaffenheit des Bodens) [10,25].

Die Skalierung nach Gleichung 2.9 basiert auf dem Ansatz von HOPKINSON und CRANZ [26]. Für Sprengladungen mit gleichen skalierten Abständen ergeben sich druckäquivalente Belastungen.

Unterschiedliche Forscher, u. a. KINNEY et al. [24], leiten für die Skalierung nach HOPKINSON und CRANZ (Gleichung 2.10) empirische Gleichungen zur vereinfachten Ermittlung der Belastung bei Freifelddetonationen ab. Aufwendige Simulationen zur Wellenausbreitung können somit entfallen. Die Belastung des Bauteils infolge des Luftstoßes wird durch die sogenannte FRIEDLANDER-Funktion [27] beschrieben:

$$p(t) = p_{ro}\left(1 - \frac{t}{t_d}\right)e^{-\frac{b_t t}{t_d}} \qquad [2.11]$$

Innerhalb der FRIEDLANDER-Funktion beschreibt p_{ro} den reflektierten Spitzenüberdruck des Bauteils, b_t den Völligkeitsbeiwert und t_d die Dauer der Druckphase. Der Spitzenüberdruck entsteht durch die harte Reflektion der Luftstoßwelle an der Bauteiloberfläche und repräsentiert die dynamische Belastung des Bauteils. Wie bereits erwähnt, erhöht sich bei der harten Reflektion die Druckbelastung. Im Falle eines Luftstoßes erfährt das Bauteil im Vergleich zum maximalen Druck des Luftstoßes, dem Spitzenüberdruck p_{so}, eine bis zum Achtfachen größere Belastung [28]. Die Ermittlung der einzelnen Parameter wird unter anderem durch GEBBEKEN [28] und GÜNDL [25] dargestellt. Bild 2.8 veranschaulicht die Belastung; hierin bezeichnet p_0 den Luftdruck.

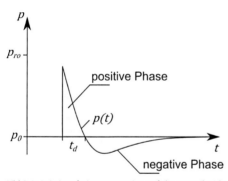

Bild 2.8: Bei einer freien Detonation auf das Bauteil wirkende Stoßbelastung.

Die vorgestellten Beziehungen sind für annähernd senkrecht auftreffende Luftstoßwellen gültig. Andernfalls ist der Auftreffwinkel in Betracht zu ziehen (siehe [4,10,25,28,29]).

2.1.5 Nahbereich und Fernbereich

Als Resultat der sehr unterschiedlichen Belastung im Nahbereich und Fernbereich können unterschiedliche Versagensformen bei Detonationen beobachtet werden. Im Nahbereich liegt eine lokale Belastung vor. Es werden sehr hohe Drücke in einem kleinen Bereich in das Bauteil eingeleitet. Die Schädigung des Bauteils ist üblicherweise auf Bereiche nahe der Explosion begrenzt und eine Schwingung des Bauteils ist nicht zu beobachten. Zwei wesentliche Schadensformen können auftreten:

- *Direkte Abplatzungen auf der Belastungsseite*
  Verursacht durch die Kompressionswelle, sich ausbreitende Scherwellen, Oberflächenwellen oder zurücklaufende Dekompressionswellen, kommt es auf der der Last zugewandten Seite zu Abplatzungen des Betons. Das Ausmaß dieser direkten Abplatzungen ist von Druck und Dauer der Beanspruchung, den Materialeigenschaften und der Geometrie des Bauteils abhängig.

- *Indirekte Abplatzungen auf der abgewandten Bauteilseite*
  Indirekte Abplatzungen entstehen an nicht direkt belasteten Bauteiloberflächen aus der Reflektion der Kompressionswelle. Die Reflektion führt zu Dekompressionswellen. Bei ausreichender Belastung versagt der Beton anschließend auf Zug (siehe Bild 2.9). Die Abplatzungen treten häufig im Bereich der Bewehrungslage auf, welche eine Diskontinuitätsstelle zwischen den Materialien darstellt. Im Falle von Stahlbetonstützen können indirekte Abplatzungen an allen drei nicht direkt belasteten Oberflächen beobachtet werden.

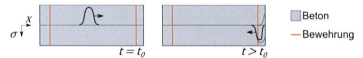

Bild 2.9: Zugbeanspruchung von Beton ($\sigma > 0$) durch Reflektion der Druckwelle ($\sigma < 0$) an der abgewandten Bauteilseite.

Bei Steigerung der Belastung vergrößert sich die Schädigung der beiden Bereiche auf der Vorderseite und Rückseite des Bauteils bis das Betongefüge vollständig zerstört ist. Es kommt also zu einem Zusammentreffen der beiden Bereiche und damit zu einem Durchbruch [30]. Die Schädigung einer Platte bei Nahbereichsdetonation ist in Bild 2.10 schematisch dargestellt.

Die lokale Querschnittsschwächung und Materialschädigung infolge naher Detonationen kann insbesondere bei Stahlbetonstützen aufgrund der geringen Umlagerungsmöglichkeiten des Querschnitts die Tragfähigkeit deutlich reduzieren. Experimente in [31] zeigen für Stahlbetonstützen nach einer Schädigung durch eine Detonation eine deutliche Abnahme der Tragfähigkeit. Für je nach Art der Detonation (Kontakt- oder Fernbereichsdetonation) reduziert sich für die durchgeführten Versuche im Vergleich zur ungeschädigten Stütze die Resttragfähigkeit um bis zu 95 %. Bei solch hohen Schädigungen ist innerhalb des Tragwerks ein Ausfall der Stütze sehr wahrscheinlich. Dieser Stützenausfall reduziert die Standsicherheit des Gebäudes und kann in letzter Konsequenz zu einem Kollaps eben dieses führen gefährden.

Im Fernbereich liegt eine globale Belastung des Bauteils vor, die eine laterale Belastung und Schwingung des Bauteils erzeugt. Einer statischen Biegebelastung entsprechende Versagensformen sind i. d. R. zu beobachten. Auf der lastabgewandten Seite treten Risse im Beton auf, die Bewehrung wird über Verbund aktiviert und trägt zum Lastabtrag bei (Bild 2.10).

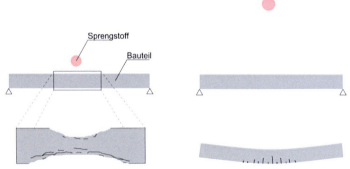

Bild 2.10: Schädigung einer Stahlbetonplatte durch Detonationen im Nahbereich (*links*) und Fernbereich (*rechts*).

Die beiden Bereiche lassen sich nach MAYRHOFER [32] anhand des skalierten Abstandes (Gleichung 2.9) unterscheiden. Als Grenzwert schlägt MAYRHOFER auf Basis von experimentellen Ergebnissen einen skalierten Abstand von 0,5 m/kg$^{1/3}$ für Stahlbeton vor. Detonationen mit einem skalierten Abstand größer als 0,5 m/kg$^{1/3}$ werden dem Fernbereich zugeordnet.

Der gewählte Grenzwert limitiert den reflektierten Spitzenüberdruck und somit auch die in das Bauteil eingeleiteten Druckwellen auf maximal 4 N/mm² [29]. Für diesen Belastungsbereich verhält sich Beton unter Druck annähernd elastisch (siehe Bild 2.11) und auf der Rückseite des Bauteils entstehen nach der Reflektion der Druckwelle Zugspannungen von maximal 4 N/mm². Dieser Wert entspricht in etwa der Zugfestigkeit üblicher Betone von in etwa 4 N/mm². Somit stellt der von MAYRHOFER vorgeschlagene Grenzwert auch bezüglich der Materialfestigkeiten ein plausibles Vorgehen dar, da erst bei niedrigeren skalierten Abständen die Zugfestigkeit des Betons überschritten wird und entsprechend Abplatzungen auf der Rückseite zu erwarten sind.

2.2 Werkstoffverhalten von Stahlbeton

Stahlbeton bezeichnet einen Verbundwerkstoff aus Beton und Stahl. Durch die Bewehrung von Bauteilen in Teilbereichen werden die für eine Tragfähigkeit negativen Eigenschaften des Betons, quasi-sprödes Verhalten und geringe Festigkeit unter Zug, ausgeglichen. Stahlbeton reißt zwar weiterhin im Bereich von Zugzonen auf, jedoch übernimmt hier, entsprechende Bewehrungsführung vorausgesetzt, der Bewehrungs-stahl die frei werdenden Zugkräfte. Neben Tragfähigkeit kann hierdurch bei richtigem Zusammenspiel zwischen Beton und Stahl auch eine beachtliche Duktilität (Verformbarkeit) des Verbundwerkstoffs erreicht werden. Seine mechanischen Eigenschaften und seine im Vergleich zu Konstruktionen aus anderen Baustoffen wie z. B. Baustahl hohe Masse und geringen Kosten prädestinieren ihn für einen Einsatz im Tragwerk zur Aufnahme von Detonationsbelastungen.

Für eine Beschreibung ist das Werkstoffverhalten der Komponenten Beton, Stahl und deren Verbund zu erfassen. Hierzu dient die folgende Zusammenfassung zum Materialverhalten der Werkstoffe. Vorab wird das Verhalten unter statischer Belastung dargestellt. Darauf aufbauend werden die Auswirkungen einer erhöhten Belastungsgeschwindigkeit aufgezeigt. Statische einaxiale Materialmodelle werden zur Darstellung eingeführt und erläutert.

2.2.1 Beton unter statischer Belastung

Einaxiale Druckbelastung

Wesentliches Merkmal des Betons ist seine einaxiale Druckfestigkeit üblicherweise ausgedrückt durch die Zylinderdruckfestigkeit $f_{c,zyl}$, kurz f_c oder bei Kennzeichnung eines Mittelwerts f_{cm}. Die Bestimmung der Druckfestigkeit erfolgt durch Druckversuche an Betonzylindern oder Betonwürfeln. Beim Würfeldruckversuch bedingt die geringere Schlankheit des Prüfkörpers einen stärkeren Einfluss der Querdehnungsbehinderung auf die Versuchswerte. Hieraus resultieren versuchsbedingte, scheinbare Festigkeitssteigerungen von ca. 15 % im Vergleich zur axialen Festigkeit. Die ermittelten Werte sind auf äquivalente Zylinderfestigkeiten zu beziehen [33]. Weitere Materialparameter wie Zugfestigkeit oder Elastizitätsmodul korrelieren mit der Druckfestigkeit und können mittels empirischer Formeln, z. B. nach DIN EN 1992-1-1 [33], mit dieser verknüpft werden.

Ein förderliches Modell zur Darstellung des Verhaltens von Beton ist das Zweiphasenmodell des Werkstoffs. Im Gegensatz zu dem innerhalb der Praxis geläufigen Makromodell, welches den Werkstoff als quasi-homogenen Baustoff betrachtet, unterscheidet das Zweiphasenmodell den Werkstoff in seine wesentlichen Komponenten, den Zementstein und die Zuschläge. Diese Form der Betrachtungsebene wird als Mesoebene bezeichnet. Durch die Interaktion der Komponenten kann das Verhalten von Normalbeton (mit $f_{c,zyl} < 55$ N/mm²) unter Druckbelastung veranschaulicht werden. Für diese Betone ist die Steifigkeit des Zuschlags größer als jene des Zementsteins. Bei einer Druckbelastung bilden sich daher vorrangig Druckspannung zwischen den Körnern und senkrecht hierzu Zugspannungen aus. Diese Querzugspannungen fördern innerhalb des Zementsteins das Wachstums von Rissen, welche vorerst als Mikrorisse an der Kontaktfläche zwischen Korn und Zuschlag entstehen. Bei weiterer Laststeigerung ist die Ausbildung von Makrorissen zwischen den Gesteinskörnungen und eine damit einhergehender Degradation der Materialsteifigkeit zu beobachten, bis ein Bruch des Materials vorliegt. Die mathematische Beschreibung dieses Zusammenhangs kann durch die in DIN EN 1992-1-1 [33] angegebenen Spannungs-Dehnungsbeziehung erfolgen (die Formulierung korrespondiert mit dem MODELCODE 2010 [34]):

$$\sigma_c = -f_c \frac{k\eta - \eta^2}{1 + (k-2)\eta} \quad \text{für} \quad 0 \geq \varepsilon_c \geq \varepsilon_{c1u} \qquad [2.12]$$

mit σ_c Betondruckspannung

f_c Druckfestigkeit

ε_{c1} Betondehnung bei maximaler Last

ε_{c1u} Bruchdehnung

η relative Betondehnung

$\approx \varepsilon_c / \varepsilon_{c1}$

k Verhältnis aus Tangenten zu Sekantensteifigkeit

$\approx -1{,}05\, E_{c1}\, \varepsilon_{c1} / f_c$

E_{c1} Elastizitätsmodul des Betons (Sekantensteifigkeit)

$= 9500\, f_c^{1/3}$

Bild 2.11 stellt das beschriebene mesomechanische Modell, das Risswachstum und die Spannungs-Dehnungs-Beziehung bei Druckbelastung nach Gleichung 2.12 dar.

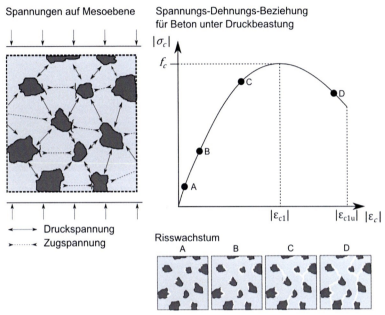

Bild 2.11: Beton auf Mesoebene unter Druck, Risswachstum nach ZILCH et al. [35] und Spannungs-Dehnung-Beziehung nach DIN EN 1992-1-1 [33].

Einaxiale Zugbelastung

Im Vergleich zum duktilen Verhalten unter Druckbelastung weist Beton unter Zug ein quasi-sprödes Verhalten auf, siehe hierzu auch HEILMANN et al. in [36]. Bis zu einer Belastung von ca. 70 % der maximalen Zugfestigkeit f_t ist das Verhalten annähernd elastisch [19]. Erst bei einer weiteren Laststeigerung kommt es zur vermehrten Ausbildung von Mikrorissen und es ist ein inelastisches Werkstoffverhalten zu beobachten. Durch die Bildung eines Makrorisses wird letztlich Versagen ausgelöst. Die Dehnungen nehmen in einem kleinen Bereich um die maßgebenden Mikrorisse, der Rissprozesszone, überproportional zu. Die sogenannte Risslokalisierung ist zu beobachten (siehe Bild 2.12).

Stand des Wissens

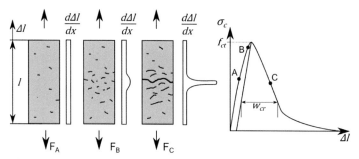

Bild 2.12: Risslokalisierung und Spannungs-Verformungs-Beziehung bei einaxialer Zugbeanspruchung nach ZILCH et al. [35].

Die beobachtete Längenänderung Δl des Betonstabes der Länge l aus Bild 2.12 lässt sich hinsichtlich zweier Anteile unterschieden: Dem elastischen Anteil abhängig von der Längsdehnung σ_c/E_c des Stabes und dem Rissanteil ausgedrückt durch die Rissöffnung w_{cr}:

$$\Delta l = \frac{\sigma_c}{E_c} l + w_{cr} \qquad [2.13]$$

Wesentliches Merkmal ist, dass einerseits der elastische Anteil von der Länge des Betonstabes (l) abhängig ist und die Rissentfestigung andererseits von der Prüfkörperlänge unabhängig ist. Prüfkörper unterschiedlicher Länge weisen somit auch bei identischen Materialeigenschaften differente Spannungs-Verformungs-Beziehungen auf. Eine Überführung der Ergebnisse in eine Spannungs-Dehnungs-Beziehung für allgemeine Bauteilgeometrien wäre somit falsch, da das Zugverhalten nicht losgelöst von der Bezugslänge betrachtet werden kann (BAZANT et al. [37]). Dieser Zusammenhang wird auch als inobjektiv bezeichnet. Zur Beschreibung des Zugverhaltens von Beton muss daher die Bruchenergie G_f als bruchmechanische Größe eingeführt werden (siehe HILLERBORG et al. [38]). Sie beschreibt die bei einer Rissöffnung w_{cr} freigesetzte Energie in der Rissprozesszone:

$$G_f = \int \sigma(w_{cr}) dw_{cr} \qquad [2.14]$$

Für die numerische Simulation von Rissbildung und Rissfortschritt stellt die Bruchenergie einen wichtigen Parameter dar, da sie eine objektive Beschreibung und somit eine von der Bezugslänge losgelöste Beschreibung ermöglicht.

Die zur Beschreibung des Zugverhaltens notwendigen Parameter Bruchenergie und Zugfestigkeit f_{ct} können nach MODEL CODE 2010 [34] für einen Normalbeton aus der Druckfestigkeit und dem Größtkorndurchmesser d_g abgeleitet werden:

$$f_{ct} = 0{,}3\, f_{ck}^{\,2/3} \qquad [2.15]$$

$$G_f = G_{f0} \left(f_c/f_{cm0}\right)^{0{,}7} \qquad [2.16]$$

mit f_{ck} charakteristische Druckfestigkeit (5 %-Quantilwert)

$\qquad = f_c - 8\, N/mm^2$

f_{cm0} Bezugswert

$\qquad = 10\, N/mm^2$

G_{f0} Grundwert der Bruchenergie in Nmm/mm²

$\qquad = 0{,}025 \quad$ für $\quad d_g = 8\, mm$
$\qquad = 0{,}03 \quad$ für $\quad d_g = 16\, mm$
$\qquad = 0{,}038 \quad$ für $\quad d_g = 32\, mm$

Neben Größtkorndurchmesser und Druckfestigkeit des Betons ist die Bruchenergie noch von weiteren Einflüssen abhängig. Nach MECHTCHERINE [39] sind diese im Wesentlichen die Betonzusammensetzung (u. a w/z-Wert, Zuschläge), zeitliche Einflüsse (u. a. Betonalter, Lagerung usw.), Umwelteinflüsse (u. a Temperatur, Feuchte) sowie Prüfbedingungen (u. a Probekörpergeometrie, Maßstab). Daher wird in [34] bereits auf mögliche Abweichungen von Gleichung 2.16 um bis zu 30% hingewiesen. Dies wird beispielhaft durch SCHULER belegt, welcher experimentell eine doppelt so hohe, statische Bruchenergie im Vergleich zur Gleichung 2.16 ableitete [40].

Die vorab dargestellten Zusammenhänge beschreiben die einaxialen Eigenschaften von Beton. In kontinuumsmechanischen Modellen ermöglichen sie die notwendige Verknüpfung von Spannungen und Dehnungen [12] und können für Problemstellungen mit vorwiegend einaxialem Lastabtrag verwendet werden. Die Simulation eigener Versuche bei

Detonationen im Fernbereich erfordert die Erweiterung der vorgestellten einaxialen Modelle um Dehnrateneffekte (siehe Abschnitt 2.2.2). Die Überführung in ein Simulationsmodell wird in Kapitel 3.2 dargestellt.

Für Belastungen, welche mehraxiale Spannungszustände hervorrufen, wie z. B. Teilflächenpressung, Lasteinleitung bei Dübeln [41], Impakt oder Detonationen im Nahbereich [42] sind hingegen dreidimensionale Modelle erforderlich [43], welche das Verhalten von Beton unter mehraxialer Belastung beschreiben.

Mehraxiale Belastung

Die Festigkeit von Beton unter statischer einaxialer Zug- und Druckbelastung wird durch die Ausbildung von Mikrorissen senkrecht zur Beanspruchungsrichtung (Zug) und parallel zur Beanspruchungsrichtung (Druck) beschränkt. Im Falle von mehraxialen Belastungen wird die Ausbildung von Mikrorissen durch die zusätzlich wirkenden Spannungen reduziert bzw. verstärkt. Entsprechend verändert sich die beobachtete Festigkeit.

Dies belegen die Ergebnisse von KUPFER [44], siehe Bild 2.13. Er zeigte für ebene, zweiaxiale Spannungszustände eine Festigkeitssteigerung bei zweiaxialer Druckbelastung auf ($\sigma_1 = \sigma_2 < 0$). Diese ist durch die reduzierten Querzugspannungen durch die wirkende Druckkraft begründet. Im Falle einer zusätzlichen Zugbelastung in Querzugrichtung reduziert sich die Druckfestigkeit hingegen deutlich (Druck-Zug mit $\sigma_1 > 0$ und $\sigma_2 < 0$), da diese die Rissbildung unterstützt. Für eine zweiaxiale Zugbelastung ist die Festigkeit hingegen, unabhängig von der senkrecht wirkenden Belastung, auf die Zugfestigkeit begrenzt.

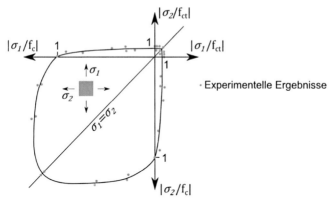

Bild 2.13: Zweiaxiale Bruchfestigkeit von Beton nach KUPFER [44].

Ähnliche Ergebnisse sind für dreiaxiale Belastungen festzustellen, bei denen ein erhöhter hydrostatischer Druck ($-\xi$) die Rissbildung verzögert und eine Festigkeitssteigerung der deviatorischen Spannung (ρ) hervorruft (Bild 2.14, rechts).

Zur einheitlichen Beschreibung des mehraxialen Verhaltens von Beton, stellen SPECK und CURBACH in [41] zusammenfassend Versuchsergebnisse zwei- und dreiaxialer Druckversuche vor. Die Datengrundlage ist sehr umfangreich und beinhaltet für eine übliche Betonfestigkeitsklasse C30 mehr als 400 Versuchswerte. Die gesammelten Ergebnisse dienten zur Kalibrierung des Bruchkriteriums nach OTTOSEN [13] für Betone der Festigkeitsklasse C12 bis C120. Für die Betonfestigkeitsklasse C30 zeigt Bild 2.14 die Übereinstimmung zwischen Modell und Versuchswerten auf. Über den MODEL CODE 10 [14] hat dieses Kriterium Einzug in die Bemessungsvorschriften gefunden.

Stand des Wissens

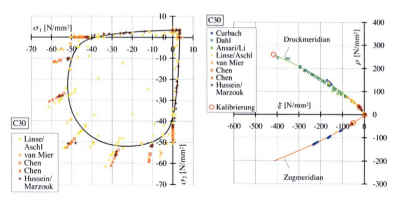

Bild 2.14: Versuchswerte und kalibriertes Bruchkriterium für zweiaxiale (*links*) und dreiaxiale Belastungen (*rechts*) für die Betonfestigkeitsklasse C30 aus SPECK und CURBACH [41].

Eine ausführliche Beschreibung des mehraxialen Verhaltens von Beton ist u. a. durch ROGGE in [45] gegeben. Zum Einfluss der Versuchseinrichtung auf die Ergebnisse mehraxialer Druckversuche wird stellvertretend für andere auf SPECK [46] und VAN MIER [47] verwiesen.

2.2.2 Beton unter kurzzeitdynamischer Belastung

Im Vergleich zur statischen Belastung weisen Werkstoffe unter schneller Belastung ein verändertes Verhalten auf. Die Beschreibung der Auswirkungen einer erhöhten Belastungsgeschwindigkeit auf das Materialverhalten von Beton, ist insbesondere für eine ganzheitliche Beschreibung von kombinierten, statischen und detonativen Belastungen von Interesse. Zur Darstellung einer erhöhten Belastungsgeschwindigkeit wird hierzu der Begriff der Dehnrate $\dot{\varepsilon}$ (definiert als die Ableitung der Dehnung über die Zeit) als Sonderfall der Verzerrungsrate für schnelle einaxiale Druck- und Zugbelastungen verwendet.

Zugbelastung

Eine Vielzahl von Forschern untersuchten die Auswirkungen einer erhöhten Belastungsgeschwindigkeit auf die Zugfestigkeit von Beton. In Abhängigkeit der Dehnrate ist eine Steigerung der Festigkeit (Bild 2.15) erkennbar.

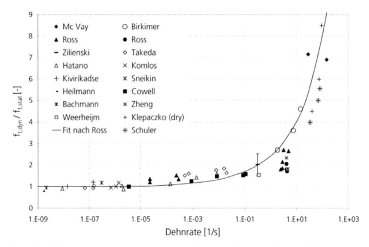

Bild 2.15: Einfluss der Dehnrate auf die Zugfestigkeit von Beton aus SCHULER [40].

Bis zu einer Dehnrate von in etwa $\dot{\varepsilon} = 1/s$ steigt die Festigkeit moderat bis zum circa Zweifachen der statischen Festigkeit an. Für höhere Dehnraten ($\dot{\varepsilon} > 1/s$) ist die Festigkeitssteigerung deutlich stärker ausgeprägt.

Die Gründe für die Festigkeitssteigerung sind vielfältig und wurden von unterschiedlichen Forschern untersucht. ZIELINSKI [48] führt die moderate Steigerung für Dehnraten kleiner als $1/s$ auf ein *vermehrtes Zuschlagskornversagen* zurück. Im Gegensatz zur statischen Belastung breiten sich Risse nicht entlang der schwächsten Materialzonen aus, sondern wählen kürzere Pfade mit erhöhten Materialfestigkeiten. Als Folge verlaufen die Risse nicht mehr vornehmlich entlang der Oberfläche der Zuschläge, sondern direkt durch die Zuschläge hindurch. Aufgrund der erhöhten Festigkeit der Zuschläge steigt die Materialfestigkeit.

Ab einer Dehnrate von mehr als $1/s$ führen nach REINHARDT [49] und CURBACH [50] Trägheitseffekte bei der Mikrorissbildung zu einer *Homogenisierung der Spannungsverteilung* im Querschnitt. Die unter statischer Belastung auftretende Spannungserhöhung an der Rissspitze bildet sich bei dynamischer Beanspruchung nicht aus und führt zu einer weiteren Festigkeitssteigerung. Neben der Spannungshomogenisierung auf Mikroebene führen *Trägheitseffekte* in der Rissprozesszone zu einer Reduktion der Rissgeschwindigkeit. Die beobachteten Rissgeschwindigkeiten liegen deutlich unterhalb der theoretisch maximalen Geschwindigkeit, der RAYLEIGHwellengeschwindigkeit, siehe CURBACH [50]. Als Folge sind Rissverzweigungen (multiple cracking) und Mehrfachrissbildungen (crack branching) bei sehr schnellen Belastungen zu beobachten. Die Trägheitseffekte sind für den starken Anstieg der Festigkeit bei hohen Dehnraten verantwortlich. Die von CURBACH dargestellte Addition der einzelnen Ursachen spiegelt die experimentell ermittelten Festigkeitssteigerung anschaulich wieder (siehe Bild 2.16).

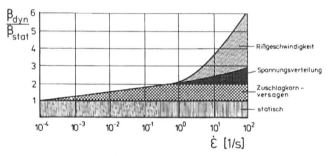

Bild 2.16: Ursachen der Zugfestigkeitssteigerung aus CURBACH [50].

Als weitere zusätzliche Ursache beobachteten ROSSI [51] und ROSS [52] eine Abhängigkeit der Festigkeitssteigerung von der Wassersättigung des Betons, auch als *Stefan-Effekt* bekannt. Die kapillaren Kräfte innerhalb der mit Wasser gefüllten Poren stellen bei schneller Belastung viskose Widerstandskräfte bereit und lassen die Festigkeit ansteigen.

Eine Beschreibung der dynamischen Festigkeitssteigerung für Zugbelastungen, definiert durch das Verhältnis von dynamischer zu statischer Festigkeit, ist im MODEL CODE 90 [53] zu finden:

$$f_{ct,dyn}/f_{ctm} = \left(\dot{\varepsilon}_{ct}/\dot{\varepsilon}_{ct0}\right)^{1{,}016\,\delta} \qquad \text{für} \quad \dot{\varepsilon}_c \leq 30 \; 1/s \qquad [2.17]$$

$$f_{ct,dyn}/f_{ctm} = \beta_s \left(\dot{\varepsilon}_c/\dot{\varepsilon}_{c0}\right)^{1/3} \qquad \text{für} \quad \dot{\varepsilon}_c > 30 \; 1/s \qquad [2.18]$$

mit $\qquad \dot{\varepsilon}_{c0} \quad = 3 \cdot 10^{-6} \; 1/s$

$$\delta = 1/(10 + 6 \cdot f_{cm}/f_{cm0}) \text{ mit } f_{cm0} = 10 \text{ N/mm}^2$$
$$log(\beta_s) = 7{,}112\,\delta - 2$$

Es wird hier bewusst die Formulierung der Festigkeitssteigerung des MODEL CODE 90 statt des MODEL CODE 2010 [54] aufgeführt, da dieser die abnehmende relative Festigkeitssteigerung bei steigender Druckfestigkeit im Gegensatz zum MODEL CODE 2010 berücksichtigt (siehe hierzu auch ORTLEPP [55]).

Für die Bruchenergie von Normalbeton ist im Gegensatz zur Zugfestigkeit nur eine geringe Anzahl von Versuchsergebnissen verfügbar. Die Gründe liegen in der im Gegensatz zur Messung der Zugfestigkeit sehr aufwendigen Versuchstechnik zu Ermittlung der Rissöffnungsbeziehung [56]. Neuere Ergebnisse und Zusammenfassungen stellen WEERHEIJM in [57,58], SCHULER in [40] und MILLON in [59] vor. Bis zu einer Dehnrate von in etwa $0{,}5\ 1/s$ stellt WEERHEIJM keinen Einfluss der Belastungsgeschwindigkeit auf die Bruchenergie fest. Erst bei höheren Dehnraten ist nach WEERHEIJM von einem Einfluss auszugehen. Dies deckt sich mit den Ergebnissen von SCHULER, welcher einen Anstieg der Bruchenergie bei Belastungen mit Dehnraten von mehr als $1/s$ feststellte. Der Anstieg wird auf die vorab erläuterten Trägheitseffekte zurückgeführt [57,58].

Druckbelastung

Für Druckbeanspruchungen ist eine zur Zugbeanspruchung ähnliche Steigerung der Festigkeit bei erhöhter Belastungsgeschwindigkeit erkennbar (Bild 2.17). Im Gegensatz zu Zugbelastungen ist ein starker, auf Trägheitseffekte zurückzuführender Anstieg der Festigkeit erst bei Dehnraten von mehr als $|\dot{\varepsilon}| > 10/s$ zu beobachten. Dieser Faktor entspricht nach [56] in etwa dem Verhältnis zwischen Druckbruch- und Zugbruchdehnung des Betons. Da Zug- und Druckbelastungen die gleichen Schädigungsmechanismen zu Grunde liegen (Mikrorissbildung und Risswachstum), kann von den gleichen Ursachen der Festigkeitssteigerung ausgegangen werden. Auch für dynamische Druckbelastungen ist eine Beschreibung der Festigkeitssteigerung im MODEL CODE 90 [53] angegeben:

$$f_{c,dyn}/f_c = \left(\dot{\varepsilon}_c/\dot{\varepsilon}_{c0}\right)^{1{,}026\,\alpha} \qquad \text{für } |\dot{\varepsilon}_c| \leq 30\ 1/s \qquad [2.19]$$

$$f_{c,dyn}/f_c = \gamma_s \left(\dot{\varepsilon}_c/\dot{\varepsilon}_{c0}\right)^{1/3} \qquad \text{für} \quad |\dot{\varepsilon}_c| > 30 \ 1/s \qquad [2.20]$$

mit $\quad \dot{\varepsilon}_{c0} \quad = -30 \cdot 10^{-6} 1/s$

$\qquad \alpha \quad = 1/(5 + 9 \cdot f_{cm}/f_{cm0})$ mit $f_{cm0} = 10 \ N/mm^2$

$\qquad log(\gamma_s) = 6{,}156 \ \alpha - 2$

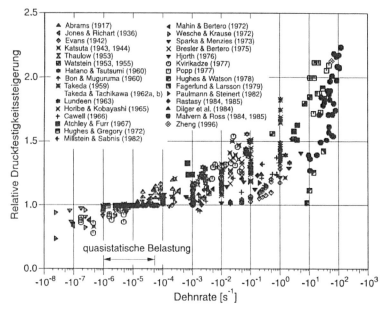

Bild 2.17: Einfluss der Dehnrate auf die Druckfestigkeit von Beton au BISCHOFF et al. [60].

Die Bruchdehnung unter dynamischer Belastung wurde in [60] untersucht, es konnte sowohl eine Zunahme als auch Abnahme der Bruchdehnung mit der Belastungsgeschwindigkeit festgestellt werden (Bild 2.18). Diese Streuung der Versuchsergebnisse ist nach SCHMIDT-HURTIENNE [56] durch die unterschiedlichen Testmethoden, abweichenden Messgrößen und Messtechniken zu begründen.

Stand des Wissens

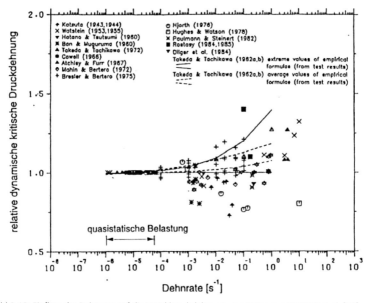

Bild 2.18: Einfluss der Dehnrate auf die Druckbruchdehnung von Beton aus BISCHOFF et al. [60].

Das Dehnungsverhalten des Betons ist für den Widerstand gegenüber dynamischer Belastung von besonderem Interesse, da sie neben der dynamischen Festigkeit (Spannung) die aufgenommene potentielle Energie des Werkstoffs bis zum Bruch bestimmt (Integral der Spannungs-Dehnungs-Beziehung). Neuere Ergebnisse u. a von SCHULER [40] und WERHEEIJM [58] belegen eine unveränderte Steifigkeit des Betons bei dynamischer Belastung (keine Mikrorissbildung). Dies hat bei beobachteter Festigkeitssteigerung eine erhöhte Bruchdehnung zur Folge. Diese Überlegungen werden durch Ergebnisse von ORTLEPP bestätigt [55], welcher ebenfalls eine Zunahme der Bruchdehnung bei Zugbelastung feststellte. Auch die Überlegung zur vermehrten Ausbildung von Rissen lassen rein phänomenologisch eine erhöhte Bruchdehnung erwarten, weswegen sich in der neueren Literatur zunehmend die Erkenntnis durchsetzt, dass die Bruchdehnung mit der Belastungsgeschwindigkeit ansteigt [56]. Eine Beschreibung zur Dehnungserhöhung ist dem MODEL CODE 10 [34] zu entnehmen:

$$\varepsilon_{c1,dyn}/\varepsilon_{c1} = \left(\dot{\varepsilon}_c/\dot{\varepsilon}_{c0}\right)^{0,02} \qquad \text{für } |\dot{\varepsilon}_c| \leq 30\ 1/s \qquad [2.21]$$

mit $\dot{\varepsilon}_{c0} = 30 \cdot 10^{-6}$ 1/s für Druck

$\dot{\varepsilon}_{c0} = 1 \cdot 10^{-6}$ 1/s für Zug

Verschiedene Einflüsse verändern, wie vorab beschrieben, bei dynamischer Belastung das Materialverhalten von Beton. Zur Simulation des Material- und Bauteilverhaltens unter schneller Belastung ist somit eine erweiterte Beschreibung des Materialverhaltens notwendig.

Bei Detonationsbelastungen werden häufig Finite-Elemente-Simulationen verwendet. Bei der Anwendung von Finite-Elemente-Simulationen stellt sich die Frage, in wie weit Dehnrateneffekte bei der Materialformulierung zu berücksichtigen sind. So werden z. B. Trägheitseffekte bei der Simulation automatisch in der Zeitverlaufsberechnung auf Elementebene berücksichtigt und die hiermit assoziierte Festigkeitssteigerung ist möglicherweise innerhalb der Materialbeschreibung zu vernachlässigen. Dieser Fragestellung wird im Weiteren aufgegriffen.

Abbildung in numerischen Finite-Elemente-Simulationen

OŽBOLT untersuchte in verschiedenen numerischen Simulationen die Auswirkungen der auf Trägheitseffekte basierenden hohen Festigkeitssteigerung [8,61,62]. Hierbei widmete er sich im Wesentlichen der Fragestellung, ob auf Trägheitseffekte zurückzuführende Festigkeitssteigerungen (siehe Bild 2.16) bei der Materialbeschreibung berücksichtigt werden müssen oder die numerische Simulation, Finite-Elemente-Simulation mit dynamischer Zeitverlaufsberechnung, diese bereits beinhaltet. Sowohl für die Zugfestigkeit als auch die Bruchenergie konnte er die durch Trägheitseffekte ausgelöste Zunahme der Materialparameter numerisch nachvollziehen, ohne hierbei eine erhöhte Festigkeitssteigerung für Dehnraten von mehr als $1/s$ bei der Materialbeschreibung zu berücksichtigen [62]. Innerhalb von Bild 2.19 ist das numerische Modell (Betonzugversuch) und die Rissentwicklung im Modell bei quasi-statischer Belastung und schneller dynamischer Belastung [8] abgebildet. Für hohe Belastungsgeschwindigkeiten ändert sich das Rissbild. Eine Rissverzeigung ist als Folge der Trägheitseffekte zu erkennen.

Nach OŽBOLT sollte daher eine Einbindung der Trägheitseffekte in der Materialbeschreibung nicht erfolgen, da dieser sonst doppelt abgebildet wird und die Festigkeit überschätzt wird.

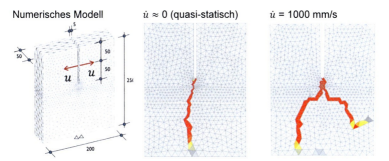

Bild 2.19: Numerisches Modell (*links*) und beobachtete Rissverzweigung bei quasi-statischer (*mittig*) und schneller (*rechts*) Belastung aus OŽBOLT [8].

Auch CURBACH konnte in [50] die durch Trägheitseffekte verursachte Festigkeitssteigerung durch experimentelle und numerische Untersuchungen nachvollziehen. Innerhalb der numerischen Simulationen verwendete er statische Materialmodelle und stellte bei einer dynamischen Zugbelastung gekerbter Betonzugproben einen Anstieg der Festigkeit als Folge der reduzierten Rissgeschwindigkeit und gleichmäßigen Spannungsverteilung fest. Er beobachtete, dass im Gegensatz zur Kerbfalllehre die Spannungen bei schneller Belastung infolge wirkender Trägheitskräfte gleichmäßiger entlang des Rissufers verlaufen. Bild 2.20 stellt für unterschiedliche Belastungsprofile, stark ansteigend (I-II), stark ansteigend und stagnierend (I-III) oder langsam (I-IV) ansteigend, die resultierenden Spannungsverläufe in der Rissspur dar. Je nach Belastungsprofil steigt die mittlere Spannung im Vergleich zur statischen Belastung (Rissspur IV) an und äußerlich kann ein Festigkeitsanstieg, größere mittlere Spannung, beobachtet werden.

Diese Abhängigkeit der Festigkeit von der Belastungsgeschichte bezeichnete CURBACH als Memory-Effekt. Entsprechend der Vorstellung, dass sich Beton an seine Belastung erinnert. Er assoziierte den Memory-Effekt mit hohen Dehnraten von mehr als $1/s$. Diese Überlegung wurde von anderen Forschern wie z. B. ZHENG [63], SCHMIDT-HURTIENNE [56] und LIN [7] aufgegriffen, welche eine Betrachtung der Belastungsgeschichte innerhalb der Materialformulierung postulieren.

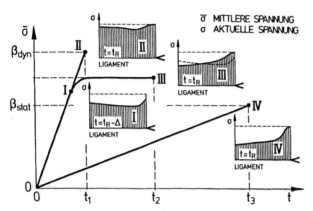

Bild 2.20: Spannungsverlauf in der Rissspur bei unterschiedlichen Belastungsprofilen aus CURBACH [50].

SCHMIDT-HURTIENNE stellt hierzu in [56] u. a ein rheologisches Riss-Masse-Modell mit einem Rissdämpfer zur Verzögerung der Materialschädigung vor. Das rheologische Modell erlaubt ihm die irreversible Schädigungsentwicklung durch einen dynamischen Schädigungsanteil zu verzögern. Somit wird die Beschreibung von der Belastungsgeschichte abhängig und Trägheitseffekte in der Materialmodellierung berücksichtigt.

SCHMIDT-HURTIENNE bemerkte zwar in [56] ebenfalls, dass innerhalb der kontinuumsmechanischen Berechnung Trägheitseffekte direkt in der Zeitverlaufsberechnung berücksichtigt werden und in der Material-modellierung somit entfallen können. Aber in diesem Fall die Netzgröße von der wirksamen Rissmasse in der Rissprozesszone abhängig ist. Da er bei hohen Belastungsgeschwindigkeiten von einer sehr kleinen Rissmasse als Folge der Mehrfachrissbildung ausgeht, ist bei der Modellierung eine sehr feine Diskretisierung erforderlich (wenige mm). Folglich steigt der Rechenaufwand sehr stark an.

Im Gegensatz hierzu empfiehlt WEERHEIJM in [58] den Ansatz einer konstanten, von der Belastungsgeschwindigkeit unabhängigen Rissprozesszone mit der dreifachen Breite des Größtkorndurchmessers und somit auch einer konstanten Rissmasse: ein Wert, der auf die Untersuchungen zum Bruchverhalten von Beton unter statischer Zugbeanspruchung von BAZANT [37] zurückgeht und auch durch HILLERBORG in [38] Anwendung findet.

Für die Modellierung des dynamischen Zugverhaltens von Beton mit einem Größtkorndurchmesser zwischen 8 mm und 16 mm könnten somit Volumenelemente mit einer Breite zwischen 24 mm und 48 mm verwendet werden, um die Rissmasse durch ein Element abzubilden.

Die Empfehlungen von BAZANT, HILLERBORG und WEERHEIJM werden durch Untersuchungen von OŠZBOLT [62] bestätigt, welcher für eine Elementgröße zwischen 25 mm und 100 mm eine gute Übereinstimmung zwischen experimentellen Werten und numerisch ermittelter dynamischer Festigkeitssteigerung bei hohen Dehngeschwindigkeiten erzielte. Ohne hierbei Festigkeitssteigerungen in der Materialformulierung für Trägheits–effekte zu berücksichtigen (siehe Bild 2.21).

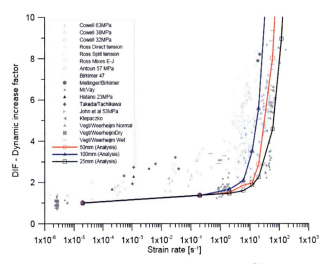

Bild 2.21: Festigkeitssteigerung infolge Trägheitseffekten aus OŽBOLT [62] für unterschiedliche Elementgrößen.

Die vorab dargestellten Überlegungen machen deutlich, wie wichtig eine Unterscheidung zwischen Materialeigenschaften und Struktureigenschaften bei hochdynamischen Belastungen ist. Neben einer Beschreibung der Zugentfestigung und der dynamischen Festigkeitssteigerung bei moderaten Dehnraten stellen sich in der Simulation bei sehr schnellen Belastungen Anforderungen an die Diskretisierung (Bild 2.21). Für die numerische Simulation scheint eine Diskretisierung sinnvoll und praktikabel, bei der die Elementlänge dem in etwa Dreifachen des Größtkorndurchmessers entspricht.

Diese Randbedingung soll ebenfalls für eigene Modellbildung als Grundlage dienen, um die auf Trägheitseffekte zurückzuführende Festigkeitssteigerung abzubilden. Eigene Vergleichsuntersuchungen auf Basis der Ergebnisse von OŽBOLT [8] und der Abbildung des Zugverhaltens auf Basis der Bruchenergie werden in Abschnitt 3.3.1 vorgestellt.

2.2.3 Betonstahl und Verbund unter statischer Belastung

Im Gegensatz zu Beton weist Betonstahl eine homogene Materialstruktur und entsprechendes Verhalten auf. Im Zugversuch verhält sich der Werkstoff bis zum Erreichen der Streckgrenze f_y elastisch (Elastizitätsmodul E_s). Bei weiterer Laststeigerung setzen plastische Verformungen und eine mögliche Verfestigung ein. Hierbei sind kaltverformte und warmgewalzte Betonstähle zu unterscheiden. Während warmgewalzte Betonstähle ein ausgeprägtes Fließplateau mit anschließender Verfestigung aufweisen, erfolgt bei kaltverformten Betonstählen ein annähernd direkter Übergang von Elastizität zu Verfestigung. Bei ausreichender Belastung wird die Zugfestigkeit f_t erreicht, nachfolgend kommt es beim Zugversuch zur Einschnürung der Probe und ein Abfallen der Spannungen ist zu beobachten. Die Bruchdehnung ε_{su} wird mit der Dehnung bei maximaler Last assoziiert. Bei der Einschnürung auftretende Dehnungsreserven bleiben in der Regel unberücksichtigt. Es ergibt sich der in Bild 2.22 dargestellte Zusammenhang zwischen Spannung und Dehnung.

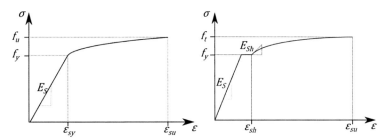

Bild 2.22: Spannungs-Dehnungs-Beziehung eines kaltverformten (*links*) und warmgewalzten (*rechts*) Betonstahls.

Das dargestellte Verhalten von Betonstahl ist für Druck und Zugbelastungen, insofern geometrische Einflüsse wie ein Stabausknicken ausgeschlossen werden können [64], identisch.

Innerhalb des Stahlbetons stehen Beton und Bewehrungsstahl im Verbund zueinander. Der Verbund hat Einfluss auf das Trag- und Verformungsverhalten. Die Verbundwirkung ist von der chemischen Haftung, der mechanischen Verzahnung und der Reibung abhängig [35]. Die prinzipielle Auswirkung des Verbundes können an einem bewehrten Betonzugstab erläutert werden (siehe Bild 2.24). Für diesen sind vier wesentliche Bereiche zu unterscheiden:

1. *Ungerissener Querschnitt (Zustand I)* $\sigma < \sigma_{sr}$
   Vor Rissbildung liegt im Zugstab ein idealer Verbundquerschnitt aus Beton und Stahl vor. Beide Werkstoffe besitzen gleiche Dehnungen und unterschiedliche Spannungen. Aufgrund der vorliegenden Dehnungsgleichheit treten keine Verbundspannungen zwischen Bewehrungsstab und Beton auf.

2. *Rissbildung* $\sigma_{sr} < \sigma < 1{,}3\,\sigma_{sr}$
   Bei weiterer Laststeigerung kommt es zur Ausbildung eines Trennrisses durch ein Reißen des Betons. Innerhalb dieses Risses wird die Zugkraft lediglich durch den Stahl aufgenommen. Eine Dehnungsgleichheit ist nicht mehr gegeben und die Dehnungen im Stahl steigen an. Eine Relativverschiebung zwischen Beton und Stahl ist die Folge, wodurch Verbundspannungen entstehen. Die Verbundspannungen leiten Kräfte in den Beton ein und führen mit zuneh-

mendem Abstand vom Riss zu einer Annäherung der Dehnungen zwischen Beton und Stahl (vgl. Bild 2.23). Wird die Zugfestigkeit erneut erreicht, entstehen entlang des Stabes weitere Trennrisse.

3. *Abgeschlossene Rissbildung* $1,3\,\sigma_{sr} < \sigma < f_y$
   Die abgeschlossene Rissbildung liegt vor, wenn der Verbund über die gesamte Stablänge gestört ist. Die vorhandenen Rissabstände reichen nicht aus, um über eingeleitete Zugspannungen weitere Risse zu initiieren. Das Rissbild bleibt für einen gewissen Belastungszeitraum konstant.

4. *Fließen der Bewehrung* $f_y < \sigma$
   Bei weiterer Laststeigerung kommt es schließlich zum Fließen des Bewehrungsstahls. Starke plastische Dehnungen des Stabes sind die Folge. Hierdurch wird der Verbund in der Nähe des Risses gestört. Erreicht der Bewehrungsstahl seine Zugfestigkeit kommt es zum Bruch.

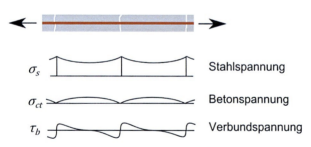

Bild 2.23: Auswirkungen des Verbundes im bewehrten Betonzugstab.

Im Vergleich zum Zugversuch am einzelnen Bewehrungsstab (Zustand II) bewirkt die Beteiligung des Betons zwischen den Rissen, wo der Verbund noch intakt ist, eine Zugversteifung, daher wird dieser Effekt wird auch als *tension stiffening* bezeichnet.

Zur ausreichend genauen Beschreibung des globalen Verformungsverhaltens hat sich eine Einbindung des Verbundverhaltens in die Werkstoffbeschreibung des Stahls erwiesen [65]. Durch die Berücksichtigung einer mittleren Spannungs-Dehnungs-Beziehung kann die Rissbildung des Querschnitts und die Verbundwirkung erfasst werden. In diesem Fall ist die Betonzugfestigkeit in der Berechnung nicht anzusetzen. Im Vergleich zur Verbundspannungs-Schlupf-Beziehungen (z. B. nach ELIGEHAUSEN et al. [66]) kann hierbei eine aufwendige lokale Formulierung des Verbundverhaltens mittels Kontaktelementen entfallen. Bild 2.24 zeigt die Spannung-Dehnungs-Beziehung für Bewehrungsstahl unter Berücksichtigung des Verbundes nach [53]. Die beschriebenen Bereiche der Verbundwirkung (ungerissener Zustand, Rissbildung, abgeschlossenes Rissbild und Fließen) werden durch den viergliedrigen Funktionsverlauf wiedergegeben.

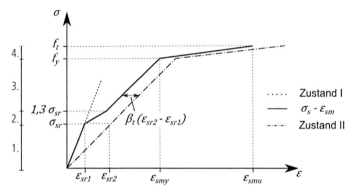

Bild 2.24: Spannung-Dehnungs-Beziehung eine kaltverformten Betonstahls unter Berücksichtigung der Verbundwirkung nach [35].

Eine dehnungsbasierte Beschreibung der Zugverfestigung kann nach Gleichungen 2.22 erfolgen. Diese wurden aus der spannungsbasierten Formulierung des MODEL CODES 2010 [54] abgeleitet. Eingangsgrößen sind neben den Materialkennwerten nach Bild 2.22 die Rissspannung σ_{sr}, die Stahldehnung im Zustand II ε_{sr2} unter Risslast und die Dehnung im Zustand I bei Erstrissbildung ε_{sr1}. Beispiele zur Ermittlung der Parameter sind durch GORIS et al. [67] und ZILCH et al. [35] gegeben.

$$\sigma(\varepsilon) = \frac{\sigma_{sr}}{\varepsilon_{sr1}}\varepsilon \qquad \text{für } 0 \leq \varepsilon \leq \varepsilon_{sr1}$$

$$\sigma(\varepsilon) = \frac{0{,}3\,\sigma_{sr}(\varepsilon - \varepsilon_{sr1})}{\varepsilon_{1{,}3\sigma_{sr}} - \varepsilon_{sr1}} + \sigma_{sr} \qquad \text{für } \varepsilon_{sr1} < \varepsilon \leq \varepsilon_{1{,}3\sigma_{sr}}$$

$$\sigma(\varepsilon) = \frac{(\sigma_y - 1{,}3\sigma_{sr})(\varepsilon - \varepsilon_{1{,}3sr})}{\varepsilon_{smy} - \varepsilon_{1{,}3sr}} + 1{,}3\sigma_{sr} \qquad \text{für } \varepsilon_{1{,}3\sigma_{sr}} < \varepsilon \leq \varepsilon_{smy}$$

$$\sigma(\varepsilon) = \frac{(\sigma_u - \sigma_y)(\varepsilon - \varepsilon_{smy})}{\varepsilon_{smu} - \varepsilon_{smy}} + \sigma_y \qquad \text{für } \varepsilon_{smy} < \varepsilon \leq \varepsilon_{smu}$$

[2.22]

mit

ε_{sr1} Stahldehnung im Zustand I bei Erstrissbildung

ε_{sr2} Stahldehnung im Zustand II bei Risslast

σ_{sr} Rissspannung

$\varepsilon_{1{,}3\sigma_{sr}}$ mittlere Stahldehnung bei Abschluss der Rissbildung

$$= \frac{1{,}3\sigma_{sr}}{E_s} - \beta_t(\varepsilon_{sr2} - \varepsilon_{sr1})$$

ε_{smy} mittlere Fließdehnung

$$= \varepsilon_{sy} - \beta_t(\varepsilon_{sr2} - \varepsilon_{sr1})$$

ε_{smu} mittlere Bruchdehnung

$$= \varepsilon_{sy} - \beta_t(\varepsilon_{sr2} - \varepsilon_{sr1}) + \delta_d\left(1 - \frac{\sigma_{sr}}{f_y}\right)(\varepsilon_{su} - \varepsilon_{sy})$$

β_t Völligkeitsbeiwert (0,4 für kurzzeitige Beanspruchungen)

δ_d Duktilitätsbeiwert (0,6 für hochduktilen Bewehrungsstahl)

2.2.4 Betonstahl unter kurzzeitdynamischer Belastung

Wie für Beton ist auch für den Werkstoff Betonstahl eine Veränderung der Materialeigenschaften bei schneller Belastung zu beobachten. Einen wesentlichen Beitrag zur Charakterisierung des kurzzeitdynamischen Materialverhaltens von Bewehrungsstahl lieferten BRANDES und LIMBERGER in [68]. In weggesteuerten Zugversuchen mit unterschiedlicher Belastungsgeschwindigkeit ermittelten sie Spannungs-Verformungs-Beziehungen und leiteten hieraus Spannungs-Dehnungs-Diagramme für kaltverformte und warmgewalzte Betonstähle ab (siehe Bild 2.25).

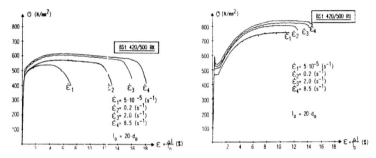

Bild 2.25: Spannungs-Dehnungs-Beziehungen für kaltverformten (*links*) und warmverformten (*rechts*) Betonstahl bei unterschiedlichen Dehnraten aus [68].

Sowohl für die Streckgrenze f_y, die maximale Längenausdehnung $\Delta l/l_0$ des Stabes als auch die Zugfestigkeit f_u ist ein Anstieg der einzelnen Werte bei schnellerer Belastung zu verzeichnen (Bild 2.25). Im Bereich elastischer Belastung hat die Dehnrate keinen Einfluss auf das Materialverhalten. Ähnliche Ergebnisse stellen HOCH [69] und AMMANN [70] bereit. Für die Streckgrenze und Zugfestigkeit kann somit von einer geschwindigkeitsabhängigen Festigkeitssteigerung ausgegangen werden.

Die Zunahme der Verformungseigenschaft des Betonstahls bei schneller Belastung wird jedoch kontrovers diskutiert [7]. So konnten WAKABAYASHI et al. [71] keinen Einfluss der Belastungsgeschwindigkeit auf die Längenänderung feststellen, wohingegen SCHMIDT-SCHLEICHER, HOCH und AMMANN [69,70,72] diesen postulieren.

Dies scheint durch die schwierige Unterscheidung zwischen Verfestigung, Bruch- und Nachbruchverhalten begründbar zu sein. Versucht man selbst den Einfluss der Dehnrate auf die Dehnung bei maximaler Spannung mithilfe der Versuche von HOCH, im Bild 2.25 zu erfassen, so ist die zur maximalen Spannung zugehörige Bruchdehnung aufgrund der flachen Gradienten im Bereich des Maximums für kaltverformte Stähle nur schwierig zu ermitteln. Im Falle warmverformter Betonstähle gelingt dies leichter und die ermittelten Maxima unterscheiden sich bzgl. ihrer Dehnung nur gering. Innerhalb weiterer Betrachtungen bleibt der Einfluss der Belastungsgeschwindigkeit auf die maximale Dehnung unberücksichtigt.

Eine empirische Beschreibung zur Beschreibung der Festigkeitssteigerung in Abhängig der Dehnrate liefert [73]:

$$f_{y,dyn}/f_y = 1 + {}^6/f_{yk} \ln\left(\dot{\varepsilon}_s/\dot{\varepsilon}_{s0}\right) \qquad \text{für} \quad |\dot{\varepsilon}_s| \leq 10 \ 1/s \qquad [2.23]$$

mit $\quad \dot{\varepsilon}_{s0} = 5 \cdot 10^{-5} \ [1/s]$

Für das Verbundverhalten bei kurzzeitdynamischer Belastung sind in der Literatur nur wenige Quellen zu finden. Biegehaft- und Ausziehversuche an Betonstählen mit einem Durchmesser von 16 mm führte HJORTH in [74] durch. Er stellte für gerippte Bewehrungsstäbe einen Einfluss der Belastungsgeschwindigkeit auf die Verbundspannung fest. Für glatte Bewehrungsstäbe war kein Einfluss erkennbar.

Weitere wesentlich umfassendere Untersuchungen stellen VOS und REINHARDT in [75] vor. Die an einem SPLIT-HOPKINSON-Bar durchgeführten hochdynamischen Ausziehversuche erlaubten es wesentlich schnellere Lastanstiegszeiten zu erzielen und erweiterten den von HJORTH aufgespannten Versuchsraum hin zu höheren Dehnraten. Qualitativ stimmen die Ergebnisse mit denen von HJORTH überein. Als wesentlich können folgenden Aussagen festgehalten werden:

- Verantwortlich für den Anstieg der maximalen Verbundspannungen bei schneller Belastung ist der Beton. Dies kann durch den nicht vorhandenen Einfluss bei glatten Bewehrungsstäben begründet werden.

- Der Anstieg der Betonfestigkeit bei schneller Belastung führt zu einem Anstieg der Verbundspannungen.

- Der Einfluss der Festigkeitssteigerung reduziert sich bei steigender Betonfestigkeit. Dies ist auf die geringere relative Zunahme der dynamischen Festigkeit bei erhöhter statischer Festigkeit des Betons zurückzuführen.

Aus den Versuchsergebnissen leitete REINHARDT in [75] eine geschwindigkeitsabhängige Verbundspannungsbeschreibung ab. Diese kann zur lokalen Beschreibung des dynamischen Verbundverhaltens verwendet werden, sieh hierzu auch GREULICH [29].

Ein vereinfachtes Verbundmodell zur Berücksichtigung des mittleren Bauteilverhaltens bei kurzzeitdynamischen Biegebelastungen stellt LIN in [7] vor. Das Modell beruht auf dem vorgestellten mittleren Spannungs-Dehnungs-Diagramm von Betonstahl (Bild 2.24) und berücksichtigt die Steigerung der Verbundfestigkeit durch eine Anpassung der Rissspannung σ_{sr} (Gleichung 2.22 und Bild 2.24). Die Anwendung wird in [7] an einem Rechenbeispiel dargestellt.

2.3 Stahlbetonbauteile unter kombinierter Belastung

Die vorangegangenen Abschnitte stellten das Materialverhalten von Beton und Betonstahl unter statischer und dynamischer Belastung dar. Das Verhalten von Stahlbetonbauteilen unter kombinierter, statischer und dynamischer Belastung ist Inhalt der nachfolgenden Abschnitte.

Eine kombinierte Belastung liegt zwangsläufig bei Detonationsbelastung vor, da Bauteile bereits durch ihr Eigengewicht belastet sind. Gleichzeitig sind in der Regel noch weitere quasi-statische Lasten wie Ausbaulasten und Verkehrslasten vorhanden und beanspruchen das Bauteil zusätzlich zur Detonationsbelastung.

Hinsichtlich ihrer Beanspruchungsart können diese im Wesentlichen in Biegemomente und Normalkräfte unterschieden werden, die einzeln oder gleichzeitig auftreten können. Biegebelastungen treten bei horizontalen Tragelementen wie Decken auf, wohingegen vertikale Bauteile wie Wände und Stützen überwiegend durch Normalkräfte beansprucht werden. Kombinationen der beiden Belastungsarten sind bei Rahmenkonstruktionen (Tunneltragwerke) vorzufinden.

Nachfolgend werden vorhandene Erkenntnisse zum Verhalten von Stahlbetonbauteilen unter dynamischer und kombinierter Belastung vorgestellt. Experimentelle Untersuchungen zum Anprall auf Stahlbetonbalken ohne Last (HENSELEIT [76], HOCH [69]) zeigen den Einfluss der erhöhten Belastungsgeschwindigkeit auf den Bauteilwiderstand auf. Experimentelle Untersuchungen an Stahlbetonstützen unter Normalkraft und Anprall (FEYERABEND [6]) sowie numerische Untersuchungen zu Stahlbetonstützen unter Detonationen im Fernbereich (MORENCY und KRAUTHAMMER [77,78]) untersuchen den Einfluss der Normalkraft auf den Bauteilwiderstand. Experimentelle Untersuchungen zu kombinierten detonativen und statischen Belastungen im Nah- und Fernbereich sind nicht bekannt. Es sind lediglich numerische Untersuchungen durch ARLERY in [79] und WU in [80] gegeben.

Im Weiteren wird auf die bei einer kombinierten statischen und detonativen Belastung zu erwartende Größe der statischen Belastung (Ausnutzung) eingegangen. Hierauf aufbauend kann mittels einer Fehlerabschätzung die Auswirkung einer Vernachlässigung innerhalb der Bemessung für Biegebelastungen aufgezeigt werden. Dies erlaubt es auch für diesen Fall der kombinierten Belastung, für den Untersuchungen Dritter nicht bekannt sind, den Einfluss der statischen Belastung darzustellen.

2.3.1 Untersuchungen zu statischer und dynamischer Belastung

Querschnittswiderstand unter schneller Belastung

Die Auswirkungen der erhöhten Belastungsgeschwindigkeit auf das Bauteilverhalten von Stahlbeton können an Versuchen von HENSELEIT [76] und HOCH aufgezeigt werden [69]. Innerhalb der durchgeführten Versuche wurden Stahlbetonbalken durch eine Stoßbelastung innerhalb sehr kurzer Zeit (ca. 40 ms) bis zum Bruch belastet (Bild 2.26).

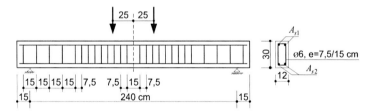

Bild 2.26: Geometrie und Belastung eines von HENSELEIT [76] und HOCH [69] untersuchten Stahlbetonbalkens aus LIN [7].

Die Belastung entspricht einer Vier-Punkt-Biegebelastung. Die Lagerung ist statisch bestimmt. Durch Aufzeichnung von Auflagerreaktionen, Stoßkraftzeitverlauf und Verformungsgeschichte in geringen Abständen entlang des Balkens sowie Dehnungen in der oberen und unteren Stahllage konnte durch HENSELEIT und HOCH eine von Trägheitseffekten »befreite« Momenten-Krümmungs-Beziehung abgeleitet werden. Die experimentellen Ergebnisse wurden in numerische Untersuchung von LIN in [7] aufgegriffen. Zur Simulation erweiterte LIN statische Materialmodelle um eine dynamische Festigkeitssteigerung zur Beschreibung des dynamischen Querschnittswiderstands mittels eines Fasermodells (Bild 2.27).

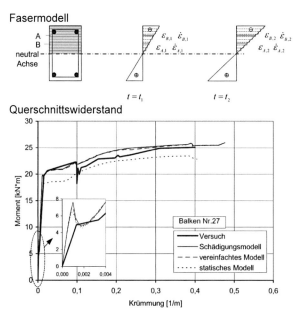

Bild 2.27: Fasermodell (*oben*) und Vergleich der experimentellen Ergebnisse aus [76] zu verschiedenen numerischen Modellansätzen (*unten*) nach LIN [7].

Er entwickelte zwei Modelle für die Erfassung der dynamischen Festigkeitssteigerung der Werkstoffe. Das erste Modell betrachtet, die Dehnrate zum aktuellen Zeitpunkt entsprechend Gleichung 2.68 (vereinfachtes Modell). Das zweite deutlich aufwendigere Modell berücksichtigt durch eine in Anlehnung an SCHMIDT-HURTIENNE [56] formulierte Schädigungsverzögerung den Memory-Effekt (Schädigungsmodell). Ein Vergleich der Modelle der dynamischen Tragfähigkeit zwischen experimentellen Ergebnissen und statischen Materialmodellen ist in Bild 2.27 gegeben.

Aus den Versuchsergebnissen und numerischen Untersuchungen können folgende Schlüsse gezogen werden:

- Festigkeit und Verformbarkeit auf Querschnittsebene steigen durch die schnelle Belastung an. Grund hierfür ist die Festigkeitssteigerung der Werkstoffe.

- Eine Zunahme der Querschnittsfestigkeit ist erst nach einer Überschreitung des Fließmomentes festzustellen. Der Betonstahl ist aufgrund der größeren Dehnungen und somit auch höheren Dehnraten für die Festigkeitssteigerung verantwortlich (siehe [81]).

- Eine Betrachtung der aktuellen Dehnrate (vereinfachtes Modell) ist ausreichend genau und stellt im Vergleich zur Beschreibung unter Berücksichtigung des Memory-Effekts (Schädigungsmodell) fast identische Ergebnisse bereit.

Die festgehaltenen Zusammenhänge werden durch experimentelle Untersuchungen von WAKABAYASHI et al. [71] und BRANDES [81] bestätigt.

Für die eigenen Untersuchungen sind die Versuche insbesondere von Interesse, da Belastungsform, Versagensform und Versagenszeit vergleichbar zum Fernbereich sind.

Fernbereich

Experimentelle Untersuchungen zu kombinierter Belastung im Fernbereich sind nicht bekannt. Untersuchungen ähnlicher Belastungsgeschwindigkeit und mit vergleichbarem Bauteilverhalten (Biegung) zur kombinierten Belastung unter Anprall führte FEYERABEND in [6] durch. Er untersuchte liegende Stützen (aus Stahlbeton und Stahl) unter Querstoß und Normalkraft. Die Normalkraft wurde mittels externen, vorgespannten Gewindestangen aufgebracht und simuliert im Versuch die Belastung durch einen gestützten Überbau. Am Stützenkopf wurde ein Betonkörper mit einer der Normalkraft entsprechenden Masse installiert. Hierdurch werden innerhalb des Versuchs durch die Längenänderung der Stütze wirkenden Trägheitskräfte des Überbaus abgebildet (Bild 2.28).

Stand des Wissens

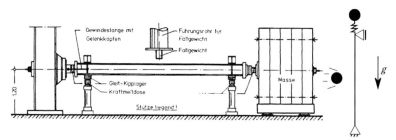

Bild 2.28: Versuchsaufbau für quergestoßene, statisch belastete Stützen aus FEYERABEND [6] (links) und zugrundeliegende Modellvorstellung (rechts).

Eine Längenänderung der Stütze resultiert bei einer Biegebeanspruchung der Stahlbetonstütze aus einem Aufreißen des Querschnitts. Nach Rissbildung sind unterschiedliche Dehnungen in der Druck- und Zugzone des Querschnitts vorhanden. Hieraus resultiert für Stützen aus Stahlbeton im Gegensatz zu Stützen aus Stahl eine Längsdehnung infolge von Biegerissen und folglich eine Stützenkopfverschiebung (Bild 2.29).

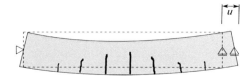

Bild 2.29: Verlängerung der Stabachse als Folge von Biegerissen nach FEYERABEND [6].

Durch eine Kraftmessung zwischen Masse und Stützenkopf konnten die wirkenden Normalkräfte in [6] ermittelt werden. Aufgrund des beobachteten hohen Anstiegs der Normalkraft in Bezug auf den statischen Wert ist die Erhöhung der Längskraft als Folge der behinderten Längsdehnung nach FEYERABEND bemessungsrelevant.

Die Veränderung der Längskraft hängt im Wesentlichen von der Steifigkeit des Überbaus, der gestützten Masse und der Längsdehnung der Stütze nach Rissbildung ab. Bei einer geringen Steifigkeit des Überbaus bewirkt eine Verschiebung des Stützenkopfes nur eine geringe Kraftänderung. Ebenso führt eine geringe Längsdehnung der Stütze zu kleineren Stützenkopfverschiebungen, wodurch sich die Kraftänderung wiederum reduziert. Die Höhe der Längsdehnung wird wesentlich durch die vorhandene Zugbewehrung und die wirkenden Normalkräfte beeinflusst. Eine Erhöhung der Druckkraft und Bewehrungsmenge resultiert in einer verminderten Längsdehnung nach einem Aufreißen des Querschnitts. Folglich ist nur eine geringe Stützenkopfverschiebung und Lasterhöhung zu beobachten. Da FEYERABEND in [6] nur eine geringe statische Ausnutzung im Versuch der Betondruckspannung von in etwa 5 % verwirklichen konnte und eine sehr hohe Steifigkeit des Überbaus ansetzte (ca. 500 MN/m bei einer Masse von 20t), ist es fraglich, ob der Effekt der Normalkraftänderung auch bei stärkerer Druckbeanspruchung und geringeren Steifigkeiten des Überbaus bemessungsrelevant ist.

Für eine übliche Tragwerkskonstruktion eines Hochbaus konnte durch eigene Betrachtungen in [82] gezeigt werden, dass die Masse des Auflagers in etwa eine Eigenkreisfrequenz ω von 8 Hz aufweist. Für die von FEYERABEND betrachtete Masse (m_A) kann hieraus eine innerhalb der Praxis übliche Steifigkeit der Kopfmasse abgeleitet werden:

$$k_A = \omega^2 \cdot m_A = (8Hz)^2 \cdot 20t = 12800 \ kN/m = 12,8 \ MN/m \qquad [2.24]$$

Diese Überlegung zeigt, dass der von FEYERABEND betrachtete Wert sehr hoch ist und der beobachtete Effekt einer veränderlichen Normalkraft für übliche Konstruktionen wahrscheinlich von untergeordnetem Interesse ist. Dies wird durch Untersuchungen an Hand des Bemessungsbeispiels in Kapitel 6.1 verdeutlicht.

Numerische Untersuchungen zur kombinierten Belastung aus Blast und konstanter Normalkraft an Stahlbetonstützen stellen MORENCY und KRAUTHAMMER in [77,78] vor. Sie untersuchten hierin u. a die Auswirkungen der Größe der einwirkenden Normalkraft auf den dynamischen Widerstand für langsame Stoßbelastungen (quasi-statisch) und schnelle Stoßbelastungen (impulsartig).

Sie stellten heraus, dass eine geringe Normalkraftbeanspruchung bei langsamer dynamischer Belastung den Widerstand erhöht, hohe Normalkraftbeanspruchungen den Widerstand jedoch reduzieren. Für schnelle Belastungen führt die Normalkraft zu einer Abnahme des Widerstandes [78]. Die erzielten Ergebnisse lassen sich auf die Interaktion zwischen Normalkraft und Moment zurückführen, siehe ZILCH [35] und FEYERABEND [6]. In Bild 2.30 spiegelt die Zunahme des Biegewiderstands bei geringer Normalkraft und Abnahme des Biegewiderstands bei hoher

Normalkraft im Momenten-Krümmungs-Diagramm die Ergebnisse für quasi-statische Belastungen aus [78] wieder. Für schnelle Belastungen ist neben Festigkeit die Verformbarkeit des Querschnitts (maximale Krümmung) von Interesse [83]. Diese wird durch eine erhöhte Normalkraft reduziert, was die Abnahme des Widerstandes bei schneller Belastung erklären lässt.

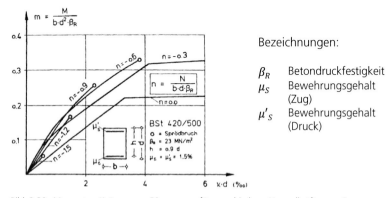

Bild 2.30: Momenten-Krümmungs-Diagramme für verschiedene Normalkräfte aus FEYERABEND [6].

Eine statische Normalkraft sollte daher in numerischen als auch experimentellen Untersuchungen stets berücksichtigt werden, da sie das Biegetragverhalten und somit auch die Widerstandsfähigkeit beeinflusst. Der Einfluss wird durch eigene experimentelle und numerische Untersuchungen betrachtet (siehe Kapitel 3.1.1 und 4.1).

Eigene Untersuchungen zur Auswirkung einer statischen Biegebelastung auf den Bauteilwiderstand werden in Abschnitt 2.3.3 vorgestellt.

Nahbereich

Für Nahbereichsdetonationen stellen GREULICH, EIBL, POLITZA und YI [16,29] Untersuchungen bereit. Sie untersuchten die Schädigung von Stahlbetonplatten und Stahlbetonstützen unter Detonationen in Experiment und Simulation. Zur Simulation werden Simulationsmethoden des Typs Hydrocode verwendet (siehe [12]). Die aufgeführten Beispiele zur Simulation betrachteten ausschließlich unbelastete Bauteile und hatten zum Ziel, die im Versuch beobachtete Schädigung wiederzugeben (Bild 2.31).

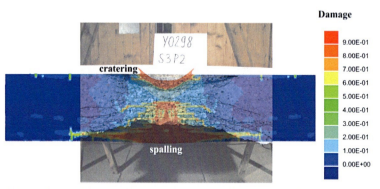

Bild 2.31: Betonschädigung im Versuch und zum Vergleich in numerischer Simulation [29].

Auf Basis der Simulationsergebnisse kann somit eine qualitative Bewertung eines Ereignisses erfolgen. Es können Fragestellungen zum Schädigungsausmaß (Größe von Abplatzungen, Durchbruch etc.) beantwortet werden. Eine Antwort auf diese Fragestellungen ist für Tragelemente, wie Platten und Wände, von Interesse, da sie als großflächige Bauteile in der Lage sind, die infolge der lokalen Schädigung notwendige Lastumlagerung zu gewährleisten.

Im Gegensatz hierzu stellt sich für Tragelemente mit nur geringen Möglichkeiten zur Lastumlagerung zwangsläufig die Frage hinsichtlich der zu erwartenden Resttragfähigkeit nach dem Ereignis. Beispiele hierfür sind Stützen und Balken, welche aufgrund ihrer vergleichsweise kleinen Abmessungen bei einer lokalen Schädigung direkt einen mitunter wesentlichen Anteil ihrer Querschnittsfläche und somit an Tragfähigkeit verlieren. Hierbei sind insbesondere Stützen als kritisch zu betrachten, da ein Ausfall dieser zu einem Einsturz eines Teils oder des gesamten Gebäudes führen kann [84].

Numerische Untersuchungen zur Resttragfähigkeit von Stahlbetonstützen unter Detonationen im Nahbereich stellen ARLERY in [79] und WU in [80] vor. Bei den Untersuchungen wurde eine statische Belastung berücksichtigt und die resultierende Resttragfähigkeit von geschädigten Stützenquerschnitten nach der Ansprengung ermittelt. Sie stellen eine deutliche Reduktion der Resttragfähigkeit durch die infolge der Detonation ausgelöste Betonschädigung und Querschnittsschwächung der Stütze fest (bei Kontaktladungen um bis zu 80 %).

Da Wu und Arlery die numerischen Modelle nur an durch Detonationen vollständig geschädigter, statisch unbelasteter Balken validierten jedoch für die Prognose von einer Detonation leicht bis gering geschädigter, statisch belasteter Stützen verwendeten, sind die Ergebnisse mit einer unbekannten Unschärfe belastet. Auf eine ausführliche Darstellung der Ergebnisse wird daher verzichtet.

2.3.2 Ausnutzung unter statischer Belastung

Wie vorab am Beispiel der Normalkraft dargestellt, wird der Bauteilwiderstand durch die Größe der statischen Belastung beeinflusst. Als statisch werden Belastungen verstanden, für welche als Folge ihrer langsamen Einwirkungshistorie dynamisches Verhalten vernachlässigt werden kann (Eigengewicht, Ausbaulasten, Verkehrslasten). Nachfolgend wird die vorhandene Ausnutzung von Bauteilen, die für statische Belastungen im Grenzzustand der Tragfähigkeit bemessen wurden, abgegrenzt. Für Bauteile, bei denen andere Anforderungen, wie die Gebrauchstauglichkeit, bemessungsrelevant sind, stellt die Abgrenzung einen oberen Grenzwert dar.

Innerhalb der Eurocodes wird durch die Verwendung eines semiprobabilistischen Sicherheitskonzepts eine definierte Zuverlässigkeit und einer hiermit assoziierten Versagenswahrscheinlichkeit sichergestellt. Hierzu werden die Einwirkungen entsprechend ihrer Auftretenshäufigkeit in repräsentative Werte (charakteristischer Wert, Kombinationswert, häufiger Wert und quasi-ständiger Wert) unterteilt (siehe Bild 2.32).

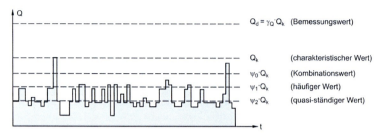

Bild 2.32: Streuung einer veränderlichen Einwirkung und repräsentative Werte im semiprobabilistischen Sicherheitskonzept des EUROCODE aus [35].

Durch die repräsentativen Werte können Kombinationen von Einwirkungen unter vereinfachter Berücksichtigung ihrer jeweiligen stochastischen Streuung gebildet werden. Diese sind nach EUROCODE 0 [85] getrennt für ständige oder vorübergehende Einwirkungen E_d und die außergewöhnliche Einwirkungen E_{dA}[1] zu ermitteln und ergeben sich unter Vernachlässigung einer Vorspannkraft zu:

$$E_d = \sum_j \gamma_{G,j} \cdot G_{k,j} + \gamma_{Q,i} \cdot Q_{k,i} + \sum_{j \geq 1} \gamma_{Q,i} \cdot \psi_{0,i} \cdot Q_{k,i} \qquad [2.25]$$

$$E_{dA} = G_{k,j} + A_d + \psi_{1,1} \cdot Q_{k,1} + \sum_{j \geq 1} \psi_{2,i} \cdot Q_{k,i} \qquad [2.26]$$

mit G_k charakteristische ständige Einwirkung (Mittelwert)

Q_k charakteristische veränderliche Einwirkung (98%-Quantil)

A_d Bemessungswert der außergewöhnlichen Einwirkung

γ_G Teilsicherheitsbeiwert der ständigen Einwirkung (=1,35 / 1,0)

γ_Q Teilsicherheitsbeiwert der veränderliche Einwirkung (=1,5 / 0,0)

$\psi_0 Q_k$ Kombinationsbeiwert einer veränderlichen Einwirkung

$\psi_1 Q_k$ häufiger Wert einer veränderlichen Einwirkung

$\psi_2 Q_k$ quasi-ständiger Wert einer veränderlichen Einwirkung

---

[1] Für außergewöhnliche Einwirkungen wird hier lediglich die für Anprall und Explosionsbelastungen maßgebliche Kombination aufgeführt. Für die außergewöhnliche Einwirkung Erdbeben sind abweichende veränderliche Einwirkungen zu berücksichtigen.

Für die Einwirkungen erfolgt der Nachweis der Tragfähigkeit. Er ist erbracht, wenn der Widerstand des Bauteils R_d den Auswirkungen der Einwirkungen E_d entspricht oder diese übertrifft. Eine Streuung der Bauteileigenschaften wird durch Sicherheitsbeiwerte auf der Widerstandsseite berücksichtigt, nach [85]:

$$E_d < R_d = R\left\{\eta_i \frac{X_{k,i}}{\gamma_M}, a_d\right\} \qquad [2.27]$$

mit $\quad X_k \quad$ charakteristischer Wert einer Baustoffeigenschaft

$\quad\quad\eta \quad$ Abweichungsbeiwert (Langzeitauswirkungen und Prüfung)

$\quad\quad\quad\;\;$ Beton (0,85), Betonstahl (1,0)

$\quad\quad\gamma_M \quad$ Teilsicherheitsbeiwert der Baustoffeigenschaften

$\quad\quad\quad\;\;$ Ständige und vorübergehende Bemessungssituation

$\quad\quad\quad\;\;$ Beton (=1,5), Betonstahl (=1,15)

$\quad\quad\quad\;\;$ Außergewöhnliche Bemessungssituation

$\quad\quad\quad\;\;$ Beton (=1,3), Betonstahl (=1,0)

$\quad\quad a_d \quad$ Bemessungswerte der geometrischen Größen

Für Kombinationen von ständiger Einwirkung und einer veränderlichen Einwirkung kann in Abhängigkeit des häufigen Kombinationsbeiwerts ψ_1 das Verhältnis der Einwirkungen in der außergewöhnlichen und ständigen oder vorübergehenden Kombination ermittelt werden (siehe Gleichung 2.25 und 2.26, Bild 2.33).

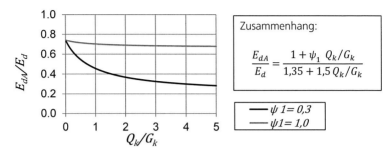

Bild 2.33: Verhältnis der Einwirkungen in der außergewöhnlichen E_{dA} und ständigen oder vorübergehenden Bemessungssituation E_d in Abhängigkeit des Verkehrlastanteils Q_k/G_k und des häufigen Kombinationswertes ψ_1.

Die Einwirkung in der außergewöhnlichen Kombination beträgt somit zwischen 30 % und 75 % des Wertes der ständigen oder vorübergehenden Kombination. Die Ausnutzung α der charakteristischen Baustoffeigenschaft bzw. des Bauteilwiderstands kann in Abhängigkeit des Abweichungswertes und Teilsicherheitsbeiwertes auf der Widerstandsseite abgeleitet werden:

$$\alpha = \frac{E_{dA}}{R_k} = \frac{E_{dA}\,\eta}{E_d \cdot \gamma_M} = \begin{cases} \alpha \geq 30\% \cdot 0{,}85 / 1{,}5 \approx 17\% \\ \alpha \leq 75\% \cdot 1{,}0 / 1{,}15 \approx 65\% \end{cases} \qquad [2.28]$$

Der Ausnutzungsgrad spiegelt die wahrscheinliche statische Beanspruchung eines Bauteils (Normalkraft oder Biegung) unter Vernachlässigung von Effekten aus Theorie zweiter Ordnung, wider, welches in der ständigen oder vorrübergehenden Einwirkungskombination bemessen wurde und zusätzlich durch eine außergewöhnliche Detonationseinwirkung belastet wird.

2.3.3 Fehlerabschätzung

In Abhängigkeit des Ausnutzungsgrades kann für biegebelastete Bauteile eine Fehlerabschätzung bei einer Vernachlässigung der statischen Belastung in der Bemessung gegenüber Detonationen im Fernbereich erfolgen. Die folgenden Zusammenhänge gelten für eine im Bezug zur Detonationsbelastung gleichgerichtete statische Belastung.

Für entgegengerichtet wirkende statische Belastungen können die nachfolgend formulierten Zusammenhänge ebenfalls abgeleitet werden. Hierauf wird jedoch verzichtet, da Detonationsbelastung und statische Belastung sich hierbei relativieren und die statische Belastung den Bauteilwiderstand gegenüber der Detonationsbelastung günstig beeinflusst.

Der dynamische Widerstand von Bauteilen gegenüber Stoßbelastungen kann durch die Grenzwerte für quasi-statisches p_{min} und impulsartiges i_{min} Verhalten charakterisiert werden. Diese Grenzwerte definieren den minimal erforderlichen Impuls und Druck, welcher notwendig ist um das Bauteil über seinen Widerstand hinaus zu belasten und somit zum Versagen zu bringen. Aus der Last-Verformungs-Beziehung $r(u)$ und der aktivierten Masse m des Bauteils können diese Grenzwerte durch die Bilanzierung von kinetischer Energie sowie potentieller Energie mit der inneren Energie abgeleitet werden [86]:

$$\int r(u)du = \frac{m \cdot V^2}{2} = \frac{i_{min}^2}{2m} \qquad \text{(impulsartig)} \qquad [2.29]$$

$$\int r(u)du = p_{min} \cdot u \qquad \text{(quasi-statisch)} \qquad [2.30]$$

Innerhalb der Praxis hat sich die Approximation des Bauteilverhaltens auf Basis der Plastizitätstheorie (Ausbildung von Fließgelenken) etabliert [4]. Das Bauteilverhalten wird hierbei durch eine bilineare Widerstandskennlinie beschrieben. Der maximale Widerstand ist von der statischen Bestimmtheit des Systems und dem Fließmoment des Querschnitts abhängig. Die Verformbarkeit wird durch die zulässige Gelenkrotation definiert. Eine Diskussion dieses Vorgehens ist [87] zu entnehmen. Der maximale Widerstand r_{max}, die statische Belastung p_0 und die zugehörigen Verformung u_0 sowie die elastische Verformung u_{el} und die maximale Verformung u_{ul} bestimmen den Verlauf (2.30). Der Ausnutzungsgrad α wird anhand des Verhältnisses des maximalen Widerstandes zur statischen Belastung und die Duktilität $\beta = (u_{ul} - u_{el})/u_{el}$ durch den Quotienten aus elastischer und plastischer Verformung definiert.

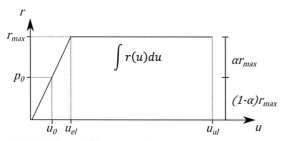

Bild 2.34: Bilineare Widerstands-Verformungsbeziehung.

Es kann in Abhängigkeit der statischen Ausnutzung die Grenzwerte nach Gleichung 2.29 und 2.30 ermittelt werden (Gleichung 2.31 und 2.32). Es wird vereinfacht davon ausgegangen, dass die der statischen Belastung entsprechende Masse bei der Schwingung nicht wirksam ist. Dies ist z. B. für die Einwirkung aus Eigengewicht der Fall, wenn die Masse berücksichtigt, die vorhandene Ausnutzung jedoch vernachlässigt wird.

$$i_{min} = \sqrt{2m\, u_{el} r_{max}\left(\frac{1-\alpha^2}{2} + \beta \cdot (1-\alpha)\right)} \qquad [2.31]$$

$$p_{min} = r_{max} \frac{\frac{1-\alpha^2}{2} + \beta \cdot (1-\alpha)}{1+\beta-\alpha} \qquad [2.32]$$

Die Grenzwerte für elastisches Widerstandsverhalten ($i_{min} = \sqrt{m u_{el} r_{max}}$, $p_{min} = r_{max}/2$, siehe [88]) werden von Gleichung 2.31 und 2.32 mit $\alpha = \beta = 0$ erfüllt. Gleichung 2.31 und 2.32 ermöglichen es, den Fehler bei einer Vernachlässigung der statischen Ausnutzung infolge Eigengewicht in der Bemessung für den quasi-statischen $\Delta_{p,min}$ und impulsartigen $\Delta_{i,min}$ Widerstand zu ermitteln:

$$\Delta_{i,min} = 1 - \frac{i_{min}(\alpha)}{i_{min}(\alpha=0)} = 1 - \sqrt{\frac{\frac{1-\alpha^2}{2} + \beta \cdot (1-\alpha)}{\frac{1}{2}+\beta}} \qquad [2.33]$$

$$\Delta_{p,min} = 1 - \frac{p_{min}(\alpha)}{p_{min}(\alpha=0)} = 1 - \frac{\frac{(1-\alpha)^2}{1+2\beta} + \frac{(1-\alpha)}{1/(2\beta)+1}}{1 - \alpha/(1+\beta)} \qquad [2.34]$$

Die Funktionsverläufe nach Gleichung 2.33 und 2.34 sind in Bild 2.35 dargestellt. Für den quasi-statischen Widerstand ergibt sich ein, ähnlich zur Superposition statischer Lasten, linearer Zusammenhang zwischen Fehler und statischer Ausnutzung, wobei der Einfluss der Duktilität vernachlässigbar ist. Für den impulsartigen Widerstand hingegen ist der Fehler von der Duktilität abhängig und im Vergleich zur quasi-statischen Belastung bei größerer Duktilität weniger progressiv.

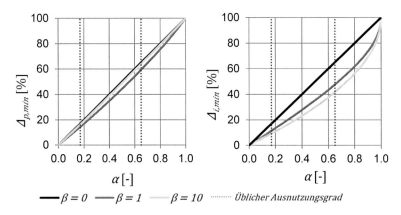

Bild 2.35: Fehler innerhalb der Bemessung bei einer Vernachlässigung der statischen Biegebelastung in Abhängigkeit des Ausnutzungsgrades α und der Duktilität β bei Detonationen im Fernbereich für eine quasi-statische Belastung (*links*) und impulsartige Belastung (*rechts*).

In Bezug auf die ermittelten Ausnutzungsrade zwischen 17 % und 65 % des maximalen Widerstandes wird für eine quasi-statische Belastung der Widerstand des Bauteils bei einer Vernachlässigung der statischen Belastung um 17 % bis 65 % und bei impulsartiger Belastung zwischen 10 % und 65 % überschätzt. Für Detonationsbelastung im Bereich dynamischer Belastung liegt der Fehler entsprechend zwischen den Werten des quasi-statischen und impulsartigen Bereichs. Dies verdeutlicht für den Fall von Biegebelastungen die Relevanz der statischen Belastung bei Detonationsbelastungen.

2.4 Bemessung für Detonationsbelastungen

Ein umfassendes, weltweit angewandtes Regelwerk zur Bemessung von Tragwerken gegenüber Explosionsbelastungen stellt der UFC-3-340-02 [4] bereit. Hierin werden sowohl Möglichkeiten zur Lastannahme als auch zur Bemessung von Bauteilen aus Stahl und Stahlbeton aufgezeigt. Die Bemessungsvorgaben beziehen sich auf Bauteile unter Biegebeanspruchung (Fernbereich). Für die Abgrenzung von lokaler Schädigung (Abplatzungen oder Durchbruch) werden empirische Formeln bereitgestellt. Die Formeln wurden aus einer Vielzahl von Versuchen mit Kontaktladungen und Abstandsladungen abgeleitet.

Für die Bemessung wird durch eine Erhöhung der Sprengstoffmasse um 20 % ein pauschaler Sicherheitswert eingeführt. Hierdurch sollen Abweichungen von den Bemessungsangaben, wie unerwartete Lasterhöhungen durch Reflektionen der Stoßwelle, Mängel bei der Herstellung und veränderte Baustoffeigenschaften abgedeckt werden. Die Grundlage des Sicherheitswertes ist nicht bekannt. Da dieser jedoch bereits in der vorrangegangen Bemessungsnorm (TM-5-1300) [89] Anwendung fand ist hierbei von einem pauschalen Sicherheitsbeiwert auszugehen.

Der Nachweis des Bauteils erfolgt auf Basis der Plastizitätstheorie. Durch die Ausbildung von Fließgelenken können plastische Verformungen und Lastumlagerungen berücksichtigt werden. Die Größe der plastischen Verformungen wird durch die zulässige Auflagerrotation, welche der halben Gelenkrotation entspricht, begrenzt. In Abhängigkeit der Querschnittsschädigung werden Querschnitte unterschieden und zulässige Auflagerrotationen definiert. Wird eine deutliche Schädigung in der Bemessung akzeptiert, können sehr große Verformungen bis hin zum Membranverhalten berücksichtigt werden. Hieraus ergeben sich erhöhte Anforderungen an die konstruktive Bewehrungsführung (Tabelle 2.1).

Tabelle 2.1: Rotationsgrenzen, Bauteilverhalten und Anforderungen an die Bewehrung für Stahlbetonquerschnitte nach UFC-3-340-02[4]

Quer-schnitt	Schädigung	Auflager-rotation	Bauteil-verhalten	Anforderungen Bewehrung Biegung	Schub
Typ A	Betondruckzone intakt	0°-2°	Biegung	Druckbewehrung halb so groß wie Biegebewehrung	falls rechnerisch erforderlich
Typ B	Betondruckzone über die Tragfähigkeit beansprucht	2°-6°		Druck- und Zugbewehrung identisch	Bügel oder Winkelhaken
Typ C	Betondeckung platzt beidseitig ab	6°-12°	Biegung und Membran-kräfte		umschnürendes Bewehrungs-fachwerk

Das Bemessungsvorgehen des UFC-3-340-02 ist auf Tragelemente mit einer ausschließlichen Biegebelastung (Stoßbelastung senkrecht zur Stabachse) beschränkt, kombinierte Einwirkungen werden nicht berücksichtigt. Für Stützen und Wände wird eine Vernachlässigung der Normalkraft innerhalb der Bemessung empfohlen, da nach [4] die Normalkraft in der Regel gering ist und den Widerstand somit erhöht (Ausnutzungsgrad geringer als 45 %). Dieses Vorgehen steht in Widerspruch zu den dargestellten Zusammenhängen zum Einfluss der Normalkraft auf den dynamischen Widerstand unter Berücksichtigung von Duktilität und Tragfähigkeit und den ermittelten Ausnutzungsgraden zwischen 17 % und 65 % infolge statischer Belastung (Kapitel 2.3.2). Des Weiteren ist die Ableitung von Auflagerkräften bei dem gewählten Vorgehen nicht konservativ, da diese aufgrund des niedrigeren Biegewiderstandes des Bauteils in der Bemessung unterschätzt werden.

Die Berücksichtigung kombinierter Belastungen für die Bemessung von Schutzbauten gegenüber Explosionsdruckwellen wird in der TWK 1994 [90] (Technische Weisung für die Konstruktion und Bemessung von Schutzbauten) gefordert. Die Bemessung erfolgt hierbei durch eine Kombination der einzelnen Einwirkungen, vergleichbar mit der Kombinationsvorschrift des EUROCODE 0 [85] (siehe Gleichung 2.26). Diese vereinfachte Superposition wird durch die quasi-statische Definition der Explosionsbelastung ermöglicht. Der Einfluss der Duktilität auf den Widerstand bleibt im Gegensatz zum Vorgehen des UFC 3-340-02 aber unberücksichtigt.

Neben Ingenieurmodellen, wie sie der UFC 3-340-02 zur Bemessung empfiehlt, werden bei Detonationsbelastungen auch kontinuumsmechanische Simulationen angewendet. Diese erlauben es das Material- und Bauteilverhalten unter detonativer und statischer Belastung detaillierter zu beschreiben. Der nachfolgende Abschnitt fasst für diese Methoden die Grundlagen zusammen.

2.5 Kontinuumsmechanische Simulation

Kontinuumsmechanische Modelle haben sich zur Simulation statischer und dynamischer Problemstellungen, wie sie im Rahmen dieser Arbeit behandelt werden, bewährt und sind daher potentiell auch für kombinierte, gekoppelte statische und dynamische Probleme verwendbar. Sie ermöglichen eine näherungsweise Lösung der zu Grunde liegenden partiellen Differentialgleichungen durch eine räumliche und zeitliche Diskretisierung der Struktur. Für die Beschreibung können unterschiedliche Diskretisierungsmethoden (Finite Differenzen, Finite Elemente, Finite Volumen und netzfreie Methoden) verwendet werden. Durch eine kinematische Beschreibung der diskretisierten Elemente können Verformungszustände einzelner Strukturpunkte mit Verzerrungen der Elemente und unter Verwendung einer Materialbeschreibung mit Spannungen bzw. Kräften verknüpft werden. Hierdurch kann die zeitlich und räumlich diskrete Lösung der gegebenen Problemstellung erfolgen. Literatur zu den Grundlagen der Kontinuumsmechanik sind u. a durch BETTEN in [91] gegeben. Für die Finite-Elemente-Methode fassen BATHE und ZIENKIEWICZ die wesentlichen Inhalte in [92] und [93] ausführlich zusammen. Die Grundlagen zur Kontinuumsmechanik und die Besonderheiten des Simulationswerkzeugs des Typs Hydrocode werden in den nächsten Abschnitten dargestellt.

2.5.1 Kinematik

Die Kinematik beschreibt die Bewegung materieller Punkte $\mathcal{P}$ innerhalb eines Körpers $\mathcal{B}$. Es können zwei wesentliche Formulierungen unterschieden und verwendet werden, die Formulierung nach LAGRANGE und EULER. Diese ergeben sich aus abweichend gewählten Referenzkoordinaten. Betrachtet man die Änderung die Koordinaten eines Punkts $\mathcal{P}$ im Ausgangszustand X und im Verformungszustand x, so ist die

Verformung des Materialpunktes u als Differenz zwischen den Koordinaten des Ausgangszustandes und des Verformungszustandes definiert:

$$u = x - X \qquad [2.35]$$

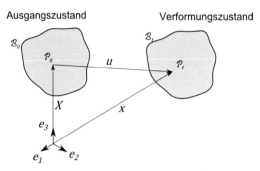

Bild 2.36: Körper $\mathcal{B}$ und Kinematik seines Punktes $\mathcal{P}$.

Wählt man fixe Koordinaten des Ausgangszustandes X, wird die Materialverschiebung durch eine Änderung der verformten Koordinaten x definiert. Die Beschreibung ist somit ortsfest und bezieht sich auf den Ausgangszustand, entsprechend der Formulierung nach Lagrange. Es ergeben sich ortsfeste Netze. Bei einer Formulierung nach EULER wird die Verformung hingegen durch einen variablen Ausgangszustand X definiert, der Koordinaten im verformten Zustand x hingegen sind fix. Die Formulierung ist somit raumfest. Die Betrachtungsweise nach EULER wird in der Regel bei fluiddynamischen Problemstellungen verwendet, bei denen die ursprüngliche Konfiguration von untergeordnetem Interesse ist. Die Langrange Betrachtungsweise kommt hingegen bei Feststoffen zum Einsatz, bei der die an örtlichen Koordinaten definierte Deformationsgeschichte benötigt wird. Die beiden Netze und ihrer Verformungszustände sind in Bild 2.37 dargestellt.

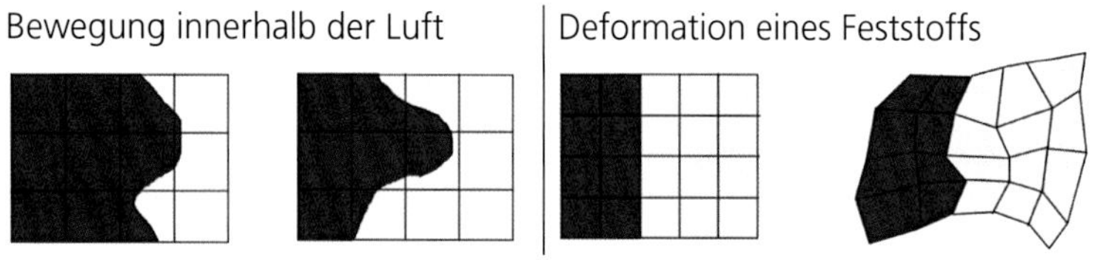

Stand des Wissens

Bewegung innerhalb der Luft | Deformation eines Feststoffs

Bild 2.37: Verformungszustände bei einer Formulierung nach EULER (*links*) und LAGRANGE (*rechts*) aus [94].

Aus den Verformungszuständen der Punkte lassen sich die Verzerrungen der Materialien ableiten. Analytische Ableitungen auf Basis der Deformationsgradienten sind in [12] und [91] gegeben. Zur Herleitung soll im Weiteren eine geometrische Darstellung nach Bild 2.38 dienen.

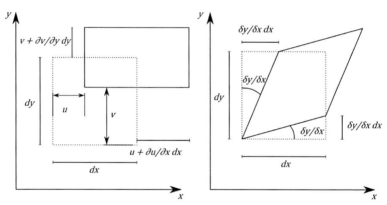

Bild 2.38: Infinitesimale Elemente zur Beschreibung von Dehnungen (*links*) und Gleitungen (*rechts*) nach [12].

Die Dehnung eines infinitesimalen Elementes in x-Richtung wird als Quotient aus Ausgangslänge und Ursprungslänge verstanden. Entsprechend gilt für die Verzerrungen des Elements nach Bild 2.38 in linearisierter Form (kleine Verschiebungen):

$$\varepsilon_{xx} = \frac{dx - \frac{\partial u}{\partial x}dx - dx}{dx} = \frac{\partial u}{\partial x} \qquad [2.36]$$

In gleicher Form können die Dehnungen in y-Richtung und die Schubverzerrungen γ_{yx} ermittelt werden. Diese können durch eine Darstellung der Form $2\gamma_{yx} = \varepsilon_{yx}$ ausgedrückt werden, wodurch sich eine eingehende Beschreibung in Indexnotation für die Formulierung nach LAGRANGE ergibt:

$$\varepsilon_{ij} = 1/2 \left(\frac{\partial u_i}{\partial x_j} + \frac{\partial u_j}{\partial x_i} \right) \qquad [2.37]$$

Bei einer Formulierung nach EULER sind die Differenzenquotienten entsprechend zu ersetzen, es folgt:

$$\varepsilon_{ij} = 1/2 \left(\frac{\partial u_i}{\partial X_j} + \frac{\partial u_j}{\partial X_i} \right) \qquad [2.38]$$

Gleichungen 2.25 und 2.26 stellen die Verzerrungsgrößen in linearisierter Form dar. Für kleine inkrementelle Verformungen, wie bei der expliziten Zeitverlaufsberechnung auftreten (vgl. Abschnitt 2.5.4), ist diese Abbildung ausreichend genau.

2.5.2 Materialmodelle

Durch die vorgestellten Zusammenhänge können durch die Verformungszustände einzelner Punkte eines Körpers die Verzerrung des Materials beschrieben werden. Zur Beschreibung des Materialverhaltens auf die wirkenden Verformungen sind Materialmodelle (konstituive Gleichungen) erforderlich. Durch das Materialmodell wird die notwendige Verknüpfung von Verzerrungen [12] und Spannungen hergestellt (Bild 2.39).

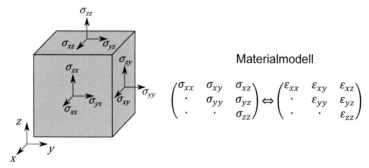

Bild 2.39: Räumliches Kontinuum mit zugehörigen Spannungs- und Dehnungstensoren nach [95].

Die Formulierung des Materialmodells kann in Anlehnung an die zu lösende Problemstellung ein-, zwei- oder dreidimensional erfolgen. Im Stahlbetonbau kommen z. B. bei Balken und Platten eindimensionale Modelle für Beton und Betonstahl zum Einsatz (siehe Bild 2.11 und Bild 2.22). Für Belastungen, welche mehraxiale Spannungszustände hervorrufen, wie z. B. Teilflächenpressung, Lasteinleitung bei Dübeln [41], Impakt oder Explosionen im Nahbereich [42] werden hingegen dreidimensionale Modelle verwendet [43].

Eingangsparameter dreiaxialer Modelle sind einaxiale, zweiaxiale sowie dreiaxiale Versuche zur Materialfestigkeit. Die Kalibrierung des Materialmodells anhand einer Vielzahl von Ergebnissen ist für eine universelle Anwendung anzustreben. In Abhängigkeit des Anwendungsbereichs des Materialmodells verschiebt sich das Augenmerk in der Formulierung. Während bei statischen Modellen für vorwiegend ruhende Belastungen (Kriechen, Schwinden und Ermüdung) die Beschreibung der Rissinitiierung und Rissfortpflanzung von wesentlichem Interesse ist, stellen Modelle zur Beschreibung hochdynamischer Vorgänge die Abbildung der Festigkeitssteigerung und Stoßwellenausbreitung (Zustandsgleichung) in den Vordergrund.

Einaxiale Modelle wurden bereits bei der Darstellung des Werkstoff–verhaltens in Abschnitt 2.2.1 vorgestellt. Die wesentlichen Parameter dreiaxialer Materialmodelle zur Abbildung des Materialverhaltens werden im Folgenden erläutert.

Parameter der Formulierung

Für die dreidimensionale Beschreibung des Materialverhaltens haben sich Formulierungen auf Basis der Hauptspannungen $\sigma_1, \sigma_2, \sigma_3$ bzw. Hauptdehnungen $\varepsilon_1, \varepsilon_2, \varepsilon_3$ etabliert. Bei einer spannungsbasierten Formulierung erfolgt die Beschreibung an Größen, die von der ersten Invarianten des Hauptspannungstensors (I_1) sowie der zweiten und dritte Invarianten des Schubspannungstensors (J_2, J_3) abgeleitet werden (Gleichung 2.28 bis 2.30). Eine Herleitung der Invarianten und Größen ist HIERMAIER [12] und ROGGE [45] zu entnehmen.

$$I_1 = \sigma_1 + \sigma_2 + \sigma_3 = -3p \qquad [2.39]$$

$$J_2 = (\sigma_1 + p)(\sigma_2 + p) + (\sigma_2 + p)(\sigma_3 + p) + (\sigma_1 + p)(\sigma_3 + p) \qquad [2.40]$$

$$J_3 = (\sigma_1 + p)(\sigma_2 + p)(\sigma_3 + p) \quad [2.41]$$

Mögliche Parameter zur Beschreibung sind die VON MISES-Vergleichsspannung σ_{eff}, der hydrostatische Druck p und der Ähnlichkeitswinkel θ. Diese sind wie folgt definiert:

$$p = -\frac{I_1}{3} = -\frac{\sigma_1 + \sigma_2 + \sigma_3}{3} \quad [2.42]$$

$$\sigma_{eff} = \sqrt{3J_2} \quad [2.43]$$

$$cos(3\theta) = \frac{\sqrt{27}J_3}{J_2^{3/2}} \quad [2.44]$$

Innerhalb des aufgespannten Raums werden durch die Parameter p, σ_{eff} und θ Polyfiguren der Grenzflächen des dreidimensionalen Werkstoffverhaltens beschrieben. Zu unterscheiden sind Grenzflächen der Elastizität, Bruchfestigkeit und Resttragfähigkeit des geschädigten Materials.

Eine typische Fläche für die Bruchfestigkeit von Beton und die Parameter für deren Beschreibung sind in Bild 2.40 dargestellt. Die deviatorische Festigkeit σ_{eff} nimmt mit dem hydrostatischen Druck p zu, da die Rissbildung durch die hydrostatische Druckbeanspruchung verzögert wird und höhere Scherfestigkeiten erzielt werden können.

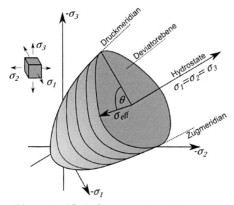

Bild 2.40: Bruchfläche für Beton im dreiaxialen Spannungsraum.

Die Grenzflächen der Elastizität, Bruchfestigkeit und des geschädigten Materials sind direkt mit den Begriffen Elastizität, Plastizität, Verfestigung und Schädigung verknüpft. Diese Begriffe werden nachfolgend kurz erläutert.

Elastizität, Plastizität, Verfestigung und Schädigung

Elastizität beschreibt das vollkommen reversible Verhalten eines Werkstoffs unter Last auf identischen Be- und Entlastungspfaden. Aufgebrachte Belastungen führen weder zu einer Schädigung des Materials noch sind plastischen Verformungen des Materials nach Entlastung zu beobachten.

Im Falle von *Plastizität* führt die Belastung des Materials hingegen zu bleibenden Verformungen, welche nach Überschreiten der Grenzfläche der Elastizität erzielt werden. Bei perfekt plastischen Verhalten wird nach Einsetzen von Plastizität keine Festigkeitssteigerung erzielt. Weist der Werkstoff beim Einsetzen von Plastitzität hingegen einen gleichzeitigen Festigkeitsanstieg auf. Erfolgt Plastitzität mit *Verfestigung*. Plastizität wird durch eine Aufspaltung der inkrementellen Änderung der Dehnung in einen elastischen und plastischen Anteil abgebildet:

$$d\varepsilon_{ij} = d\varepsilon_{ij}^{el} + d\varepsilon_{ij}^{pl} \tag{2.45}$$

Die Zusammensetzung der plastischen Dehnungen wird durch eine Fließregel bestimmt. Geeignet hierzu ist die Formulierung anhand des plastischen Potentials nach VON MISES:

$$d\varepsilon_{ij}^{pl} = d\lambda \frac{\partial g}{\partial \sigma_{ij}} \tag{2.46}$$

mit $d\lambda$ Proportionalitätsfaktor
$g(\sigma_{ij})$ plastisches Potential
$d\varepsilon_{ij}^{pl}$ plastisches Dehnungsinkrement

Assoziiertes Fließen wird abgebildet, wenn für das plastische Potential die Grenzfläche der Elastizitätsgrenze verwendet wird.

Innerhalb der kontinuumsmechanischen Beschreibung werden durch den Begriff der *Schädigung* auftretende irreversible Defekte innerhalb der

Materialstruktur abgebildet. Im Falle von Beton ist dies die Ausbildung vermehrter Mikrorisse und Makrorisse, welche zu Materialtrennungen führen und die Materialeigenschaften des Werkstoffs, insbesondere dessen Festigkeit, degradieren. Die Beschreibung der Schädigung erfolgt unter Verwendung eines Evolutionsgesetzes durch eine Schädigungsvariable. Ein möglicher Ansatz ist eine geometrische Beschreibung der Schädigung, welcher auf KACHANOV (1958) zurückzuführen ist. Hierbei wird das Material in geschädigte Flächenanteile A_D und ungeschädigte Flächenanteile unterschieden. Anhand des abgeleiteten Parameters D kann die Degradation des Materials beschrieben werden (Bild 2.41):

$$D = \frac{dA_D}{dA} \qquad [2.47]$$

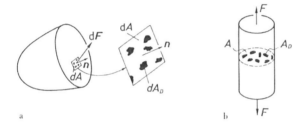

Bild 2.41: Schädigungsbeschreibung einer repräsentativen Fläche im Querschnitt aus [40].

In Abhängigkeit des Schädigungsparameters D kann nach RABOTNOV [96] eine effektive Spannung $\tilde{\sigma}$ des Materials formuliert werden:

$$\tilde{\sigma} = \frac{\sigma}{(1-D)} \qquad [2.48]$$

Dem Konzept der effektiven Spannungen liegen folgende Prinzipien zu Grunde:

- *Verzerrungsgleichheit*
  Eine Belastung des ungeschädigten Materials durch die effektive Spannung $\tilde{\sigma}$ führt zu identischen Verzerrungen, wie eine Belastung des degradierten Materials der Schädigung D mit der nominellen Spannung σ.

- *Energieäquivalenz*
  Die innerhalb des ungeschädigten Materials unter effektiven Spannungen gespeicherte Energie entspricht der Energie des geschädigten Materials unter nominellen Spannungen.

2.5.3 Erhaltungsgleichungen

Die bereits für die Beschreibung von Stoßwellen eingeführten Erhaltungsgleichungen sind auch für das Kontinuum gültig. Sie gewährleisten Impuls-, Massen- und Energiegleichheit. Aufgrund der abweichenden Referenzkoordinaten bei einer Beschreibung des Kontinuums nach EULER und LAGRANGE ergeben sich unterschiedliche zeitliche Ableitungen, siehe RIEDEL [14] und HIERMAIER [12].

Formulierung des Kontinuums nach LAGRANGE

$$\frac{D\rho}{Dt} + \rho \frac{\partial v_i}{\partial x_i} = 0 \qquad \text{(Masse)} \qquad [2.49]$$

$$\frac{Dv_i}{Dt} = f_i + \frac{1}{\rho} \frac{\partial \sigma_{ij}}{\partial x_j} \qquad \text{(Impuls)} \qquad [2.50]$$

$$\frac{De}{Dt} = f_i v_i + \frac{1}{\rho} \frac{\partial}{\partial x_j} (\sigma_{ij} v_i) \qquad \text{(Energie)} \qquad [2.51]$$

Formulierung des Kontinuums nach EULER

$$\frac{\partial \rho}{\partial t} + \frac{\partial}{\partial x_i} (\rho v_i) = 0 \qquad \text{(Masse)} \qquad [2.52]$$

$$\frac{\partial (v_i)}{\partial t} + v_j \frac{\partial (v_i)}{\partial x_j} = f_i + \frac{1}{\rho} \frac{\partial \sigma_{ij}}{\partial x_j} \qquad \text{(Impuls)} \qquad [2.53]$$

$$\frac{\partial e}{\partial t} + \frac{\partial e}{\partial x_i} = f_i v_i + \frac{1}{\rho} \frac{\partial}{\partial x_j} (\sigma_{ij} v_i) \qquad \text{(Energie)} \qquad [2.54]$$

mit ρ Dichte f Volumenkräfte
     v Geschwindigkeit e innere Energie
     σ_{ij} Cauchy-Spannungen

2.5.4 Explizite Zeitschrittintegration

Für die Lösung der vorgestellten Erhaltungsgleichungen ist eine zeitliche Diskretisierung der Differentialgleichungen erforderlich. Grundlage der zeitlichen Diskretisierung bildet der zeitliche Differenzenquotient. Je nach Formulierung des Quotienten ergeben sich unterschiedliche Integrationsverfahren, die explizite oder implizite Zeitschrittintegration.

Für die innerhalb dieser Arbeit betrachteten Phänomene wird innerhalb der Simulation in der Regel eine explizite Zeitschrittintegration verwendet. Im Vergleich zur impliziten Lösung bietet diese Formulierung insbesondere bei der numerischen Abbildung starker Nichtlinearitäten gewisse Vorteile:

Bei einer expliziten Beschreibung der zeitlichen Differenzen (Gleichung 2.55 nach [12]) ist der Verformungszustand des nächsten Zeitschritts $u(t + \Delta t)$ lediglich von den Verformungen des vorangegangen Zeitschritt $u(t)$ abhängig und kann somit unmittelbar aus den Zuständen zum Zeitpunkt t bestimmt werden.

$$u(t + \Delta t) = u(t) + \frac{\partial u(t)}{\partial t} \Delta t \quad \text{(explizite Lösung)} \quad [2.55]$$

Bei der impliziten Lösung hingegen ist die gesuchte Verformung bzw. ihre Ableitung (Gleichung 2.56) Teil der Lösung, wodurch ein Einsetzen nicht möglich ist. In diesem Fall muss die Gleichung iterativ gelöst werden. Die erzielte Lösung ist zwar im Vergleich zur expliziten Formulierung genauer, bei Problemen mit sehr starken Nichtlinearitäten erfordert die Formulierung jedoch einen größeren Aufwand, was den Vorteil eines größeren Zeitschritts in Bezug auf die Berechnungsdauer relativiert.

$$u(t + \Delta t) = u(t) + \frac{\partial u(t + \Delta t)}{\partial t} \Delta t \quad \text{(implizite Lösung)} \quad [2.56]$$

Die Genauigkeit und Stabilität der expliziten Formulierung wird durch die Wahl des Zeitschritts Δt gesteuert. Ist die Zeitschritt klein genug, ist die Approximation der Ableitung im Zustands t ausreichend genau und das

Ergebnis somit stabil. Stabilität wird durch das COURANT-FRIEDRICHS-LEVY-Kriterium (CFL-Kriterium) [92] gewährleistet. Das Kriterium fordert einen Zeitschritt der kleiner als das Verhältnis aus Elementlänge l_{el} und Longitudinalwellengeschwindigkeit c_l ist (Gleichung 2.57).

$$\Delta t \leq \frac{l_{el}}{c_l} \qquad [2.57]$$

Wird der Zeitschritt zu $\Delta t = l_{el}/c_l$ gewählt, erreicht die Lösung maximale Genauigkeit. Da die Wellenausbreitungsgeschwindigkeit mit der Informationsgeschwindigkeit der gewählten Diskretisierung übereinstimmt. Wird die Zeitschrittweite kleiner gewählt, übertrifft die Informationsgeschwindigkeit der Diskretisierung die Wellengeschwindigkeit, die Lösung ist zwar weiterhin stabil, aber ungenauer. Zu große Zeitschritte sind zu vermeiden, da diese zu Instabilitäten führen [12].

2.5.5 Hydrocodes

Ein Berechnungsverfahren, welches die explizite Formulierung der zeitlichen Diskretisierung zur Lösung starker nichtlinearer Probleme nutzt und für die Berechnung von Impakt-, Detonations- und Stoßproblemen Anwendung findet, sind die sogenannten Hydrocodes.

Hydrocodes erlauben die Abbildung dynamischer Vorgänge unter Berücksichtigung von Stoßwellenbildung und deviatorischen Festigkeiten. Sie bedienen sich der bereits bei der Materialbeschreibung vorgestellten Aufspaltung der Spannungen in deviatorische und hydrostatische Anteile:

$$\sigma_{ij} = s_{ij} - p\delta_{ij} \qquad [2.58]$$

mit $\quad s_{ij}\quad$ deviatorische Spannung

$\quad\quad\ p\quad$ hydrostatischer Druck

$\quad\quad\ \delta_{ij}\quad$ KRONECKER-Delta

$\quad\quad\quad\quad \delta_{ij} = 1$ für $i = j$ und $\delta_{ij} = 0$ für $i \neq j$

Der hydrostatische Anteil wird hierbei unter Verwendung der Massenerhaltung, der Energieerhaltung und einer zugrunde liegenden Zustandsgleichung bestimmt. Hierdurch kann die Kompaktierung des Werkstoffes bis hin zur Ausbildung von Stoßwellen beschrieben werden. Die deviatorischen Spannungen werden aus den deviatorischen Verzerrungen, Verzerrungsgeschwindigkeiten und dem Schädigungszustand unter Berücksichtigung der konstituiven Gleichungen für den ermittelten hydrostatischen Druck bestimmt. Dem gewählten Ansatz liegt isotropes Materialverhalten zu Grunde. Dies setzt voraus, dass hydrostatische Belastungen lediglich eine Volumenänderung und keine Gestaltänderung hervorrufen und deviatorische Spannungen eine Gestaltänderung aber keine Volumenänderung hervorrufen.

Zusammenfassend weisen Hydrocodes neben der expliziten Formulierung nach [12] folgende Charakteristika auf:

- Lösung der Erhaltungsgleichungen für Masse, Impuls und Energie
- Zustandsgleichung für die Beschreibung von Stoßwellen
- numerische Behandlung diskontinuierlicher Stoßwellen
- entkoppelte Betrachtung deviatorischer und hydrostatischer Spannungen
- Konstitutive Beziehungen für nichtlineares Werkstoffverhalten und geschwindigkeitsabhängige Festigkeitssteigerung

Der in Bild 2.42 dargestellte Ablauf veranschaulicht die einzelnen Rechenschritte innerhalb eines Rechenzyklus bei einer Simulation mittels Hydrocodes.

Stand des Wissens

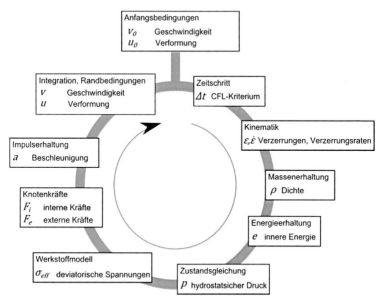

Bild 2.42: Rechenzyklus innerhalb der expliziten Zeitschrittintegration nach [12].

Bei anderen Berechnungsverfahren, z. B. bei einer Berechnung mit Balkenelementen und expliziter Zeitschrittintegration ohne die Beschreibung von Stoßwellen (siehe [6]), können einzelne Berechnungsschritte (wie die Massenerhaltung, Energieerhaltung und Zustandsgleichung) entfallen.

2.5.6 Statischer Belastungszustand

Für die Abbildung kombinierter Belastungen ist es notwendig, den Anfangszustand im Modell zutreffend abzubilden. Der Belastungszustand ist korrekt wiedergegeben, wenn für aufgebrachte statische Lasten die Verformungen u_0 innerhalb der Zeitverlaufsberechnung konstant sind, also die zeitliche Ableitung der Verformungen nach einem Rechenzyklus $\partial u_0 / \partial t = 0$ erfüllt ist (Gleichung 2.59).

$$u(t + \Delta t) = u_0 + \frac{\partial u_0(t)}{\partial t} \Delta t = u_0 \qquad [2.59]$$

Zur Aufbringung des statischen Lastzustandes F_0 innerhalb der expliziten Berechnung sind verschiedene Möglichkeiten denkbar. Die statische Last kann z. B. kontinuierlich aufgebracht und die dynamische Schwingung gedämpft werden. Bei einer ausreichenden Rechenzeit t_0 pendelt sich der statische Verformungszustand in der dynamischen Berechnung ein. Anschließend kann die dynamische Belastung aufgebracht werden (Bild 2.43).

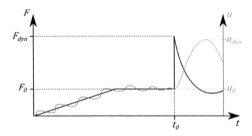

Bild 2.43: Skizze des Last-Zeit-Verlaufs $F(t)$ und des Verformungs-Zeit-Verlaufs $u(t)$ bei expliziter Zeitschrittintegration und kontinuierlicher Lastaufbringung.

Alternativ zur kontinuierlichen Belastung kann zusätzlich zur statischen Belastung die äquivalente Verformung als Anfangsbedingung definiert werden. Sind nach dem ersten Berechnungszyklus interne F_i und externe Knotenkräfte F_e identisch, erfahren die Knoten nach dem ersten Rechenzyklus (vergleiche Bild 2.42) keine Beschleunigungen und somit auch keine Geschwindigkeiten. Der statische Zustand ist somit exakt wiedergegeben ($\partial u_0 / \partial t = 0$).

Im Vergleich zur kontinuierlichen Lastaufbringung bietet dieses Vorgehen den Vorteil, dass die zum Einpendeln notwendige Rechenzeit entfallen kann. Die Bestimmung der statischen Verformung der Knoten kann bei elastischen Problemstellungen durch die Lösung der Gleichgewichtsbedingungen erfolgen. Bei nichtlinearen Problemen sind Iterationsverfahren erforderlich (siehe [92,97]).

2.6 Materialmodelle für beliebige mehrdimensionale Kontinua

Die innerhalb dieser Arbeit verwendeten Materialmodelle für den Detonativstoff, Beton und Betonstahl werden nachfolgend vorgestellt. Sie repräsentieren den aktuellen Stand der Materialmodellierung bei Detonationsbelastungen und wurden u. a von GREULICH [29], RIEDEL [14] und RUPPERT [42] zur Abbildung des Werkstoffverhaltens von Stahlbeton unter Detonationen und Impact verwendet.

2.6.1 Sprengstoff

Die Beschreibung der Stoßwellenausbreitung und Energieentwicklung im Sprengstoff kann mittels einer Zustandsgleichung z. B. nach JONES, WILKINS und LEE [98,99] (JWL-EOS) erfolgen. Die Gleichung wurde aus einer Vielzahl experimenteller Untersuchungen abgeleitet und unter anderem von EIBL [19], HERRMANN [100] und PLOTZITZA [9] verwendet.

2.6.2 Beton-Modell nach Riedel, Hiermaier und Thoma

Für Detonationen im Nahbereich hat sich in den vergangenen Jahren das RHT-Modell etabliert, das nachfolgend verwendet und dargestellt wird. Das Modell [14,101] wurde von RIEDEL, HIERMAIER und THOMA zur Beschreibung des Materialverhaltens von Beton bei hochdynamischen Belastungen entwickelt. Die Zielsetzung bei der Entwicklung des Modells war »die Modellbildung des mechanischen Verhaltens von Beton unter dynamischen Lasten unterschiedlicher Dauer und Intensität« (RIEDEL [14], Seite 2, Abschnitt 1.2). Zur Abbildung von Lasten hoher Intensität, wie sie u. a bei Detonationen auftreten, wurde eine Hugoniotkurve (Zustandsgleichung) zur Beschreibung der Druck-Dichte-Beziehung von Beton bei Drücken von bis zu 70 GPa abgeleitet, siehe Bild 2.44. Als Grundlage für die abgeleitete Zustandsgleichung dienten meso- und makromechanische Simulationen und begleitende Experimente (Planarplatten-Impakt). Durch die Zustandsgleichung lässt sich die Ausbreitung von Stoßwellen beschreiben.

Die Zustandsgleichung verknüpfte RIEDEL mit einer deviatorischen Festigkeitsbeschreibung. Für dynamische Belastungen niedriger Intensität gewinnt die Festigkeitsbeschreibung zur Abbildung des Materialverhaltens an Bedeutung.

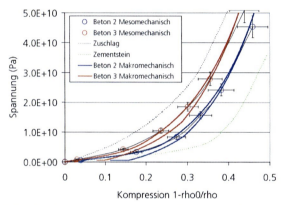

Bild 2.44: Abgeleitete Hugoniotkurve zur Beschreibung des Kompaktierungsverhaltens von Beton aus RIEDEL [14].

Die im Folgenden auftretende Indizierung mittels des Exponenten $*$ bezeichnet durch die einaxiale Druckfestigkeit normierte Werte (z. B. $p^* = p/f_c$).

Festigkeitsbeschreibung

Die Festigkeit wird innerhalb des RHT-Modells im Spannungsraum mittels einer Versagensfläche Y_{Fail} beschrieben. Die Festigkeit ist vom hydrostatischen Druck p^*, dem Winkel θ sowie der Dehnrate $\dot{\varepsilon}$ abhängig und definiert in Abhängigkeit der VON MISES Vergleichsspannung σ_{eff} das Bruchkriterium f:

$$f(p^*, \theta, \dot{\varepsilon}) = \sigma_{eff} - Y_{Fail} = \sigma_{eff} - Y_{TXC}(p^*) \cdot R_3(\theta, p) \cdot F_{Rate}(\dot{\varepsilon}) \qquad [2.60]$$

Y_{TXC} (TXC – triaxial compression) beschreibt die Festigkeit auf dem Druckmeridian. Weitere Meridiane werden mithilfe des Winkels θ der HAIGH-WESTERGAART-Koordinaten durch Rotation um die Hydrostate und dem relativen Radius R_3 vom Druckmeridian abgeleitet. Die Erhöhung der Festigkeit mit zunehmender Dehnrate wird durch den Faktor F_{Rate} erfasst.

Im Bereich niedriger hydrostatischer Drücke, die kleiner als einem Drittel der Druckfestigkeit f_c sind, wird die Funktion durch einen multilinearen Verlauf beschrieben, um die herangezogenen Eingangswerte Schubfestigkeit f_s und Zugfestigkeit f_t abbilden zu können. Für größere Drücke wird die Festigkeit des Druckmeridians durch eine Exponentialfunktion beschrieben:

$$Y_{TXC} = B_{fail} \cdot (p^* - HTL'^*)^N \qquad [2.61]$$

In der Gleichung 2.61 wird der Parameter HTL' (Hydrostat Tensile Limit) so gewählt, dass für einen Druck von $f_c/3$ die einaxiale Druckfestigkeit erreicht wird. Die zur Beschreibung notwendigen Parameter N und B_{fail} für hohe Drücke ist an Versuchswerten von HANCHAK [102] kalibriert (Bild 2.45).

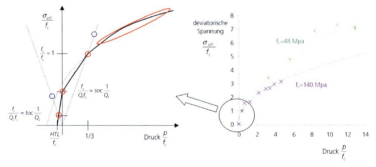

Bild 2.45: Eingangsgrößen der Versagensfläche im RHT-Modell (*links*) und abgeleitete Druckmeridiane auf Basis der Versuchswerte von HANCHAK [102] (*rechts*) aus [14].

Als Eingangsgrößen zur Festigkeitsbeschreibung dienten somit bei der Herleitung des RHT-Modells folgende Parameter:
- einaxiale Druckfestigkeit
- dreiaxiale Festigkeit auf dem Druckmeridian aus [102]
- einaxiale Zugfestigkeit
- Schubfestigkeit

Anhand des Druckmeridians wird die Versagensfläche für weitere Meridiane durch die dritte Invariante des Spannungsraums, den Winkel θ, definiert. Die Formulierung ist aus der Beschreibung von WILLAM und WARNKE [103] abgeleitet:

$$R_3(\theta, Q_2) = \frac{2(1 - Q_2)\cos(\theta) + (2Q_2 - 1)\sqrt{4(1 - Q_2)^2 \cos^2(\theta) + 5Q_2 - 4Q_2}}{4(1 - Q_2^2)\cos^2(\theta) + (1 - Q_2)^2} \quad [2.62]$$

Die gewählte Normierung der ursprünglichen Formulierung von WILLAM und WARNKE liefert für den Druckmeridian ($\theta = 60°$) Werte von 1,0. Für den Zugmeridian ergibt sich der Wert zu Q_2. Dieser Wert wird zur Beschreibung des Übergangs des Materialverhaltens von spröde ($Q_2=0,5$) zu duktil ($Q_2=1,0$) bei hohen hydrostatischen Drücken verwendet (siehe Bild 2.46) und in Abhängigkeit vom Druck mittels des konstanten Anteils $Q_{2,0}$ und des druckabhängigen Anteils B definiert:

$$0,5 < Q_2 = Q_{2,0} + Bp^* < 1,0 \quad [2.63]$$

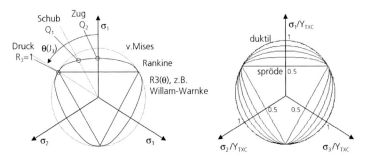

Bild 2.46: Deviatorschnitt der Versagensfläche nach WILLAM und WARNKE [103] aus [14].

Dehnratenabhängige Festigkeit

Zur Beschreibung der dehnratenabhängigen Festigkeit werden Ansätze von BISCHOFF und SCHLÜTER verwendet [104], welche den dargestellten Formulierungen des MODEL CODE 90 nach Gleichung 2.17 und 2.19 mit einer leicht veränderten Ermittlung der Eingangsgrößen entsprechen. Die auf Trägheitseffekte zurückzuführende Festigkeitssteigerung nach Gleichung 2.18 und 2.20 bleibt unberücksichtigt.

Beschreibung der elastischen Grenzfläche

Durch die dargestellten analytischen Gleichungen ist die Versagensfläche im Spannungsraum definiert. Aus dieser wird die elastische Grenzfläche Y_{el} abgeleitet. Bei einem Überschreiten der elastischen Fläche setzt Verfestigung und inelastische Verformung ein, bis die maximale Traglast erreicht ist. Das Verhältnis zwischen Festigkeit und Elastizität wird mittels der Funktion YOF formuliert. Die hierin enthaltenen Faktoren *comprat* und *tensrat* tragen dem unterschiedlichen Verhältnis zwischen Festigkeit und elastischem Verhalten bei Zug- und Druckbelastung Rechnung. Im Bereich hoher hydrostatischer Drücke wird die elastische Grenzfläche durch die Kappenfunktion F_{cap} begrenzt (Gleichung 2.64).

$$Y_{el}(p, \theta, \dot{\varepsilon}) = Y_{TXC}(p^*, \theta, \dot{\varepsilon}) \cdot YOF(p) \cdot F_{cap}(p) \qquad [2.64]$$

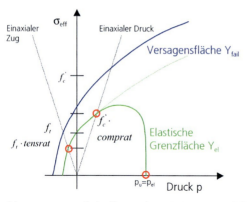

Bild 2.47: Versagensfläche Y_{Fail} und mittels der Faktoren YOF und F_{cap} abgeleitete elastische Grenzfläche Y_{el} [14].

Schädigung und Restfestigkeit

Eine Schädigung des Materials tritt nach Überschreiten der Versagensfläche ein. Die Schädigungsentwicklung wird durch den Parameter D (Damage) beschrieben. Im ungeschädigten Zustand gilt $D = 0$ und bei vollständiger Schädigung $D = 1$. Bei vollständiger Schädigung kann nur unter hydrostatischem Druck noch Scherfestigkeit Y_{fric} mobilisiert werden, vergleichbar mit dem Verhalten eines granularen Materials:

$$Y_{fric}(p^*) = B_{fric}(p^*)^{N_{fric}} \qquad [2.65]$$

Die Akkumulation der Schädigung erfolgt anhand der plastischen Dehnungen nach Überschreiten der Versagensfläche und lautet in inkrementeller Form:

$$D_{i+1} = D_i + \frac{\varepsilon_{eff,i+1} - \varepsilon_{eff,i}}{\varepsilon_p^f(p_i^*)} \qquad [2.66]$$

Die erforderliche Dehnung zur vollständigen Schädigung ε_p^f wurde von HOLMQUIST et.al. [105] übernommen (Bild 2.48).

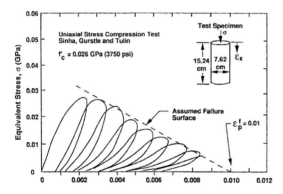

Bild 2.48: Ableitung der maximalen plastischen Dehnung zur Beschreibung der Schädigung aus [105] (Versuche aus [106]).

Um die zunehmende Verformbarkeit von Beton bei hohen Drücken abbilden zu können, werden die Grenzdehnungen in Abhängigkeit vom relativen hydrostatischen Druck definiert:

$$\varepsilon_p^f(p^*) = D_1(p^* - HTL^*)^{D_2} > 0{,}01 \qquad [2.67]$$

Mittels der vorgestellten Schädigungsevolution werden Grenzfläche und Versagensfläche linear interpoliert. Neben einer Reduktion von Festigkeit tritt nach Überschreiten der maximalen Last ebenfalls eine Steifigkeitsreduktion ein (siehe Bild 2.48). Hierzu wird die Schubsteifigkeit reduziert. Auch hier erfolgt die Interpolation linear.

Diskussion

Für die Formulierung des Zugversagens ohne die Bruchenergie merkte RIEDEL bereits an: »In die Schädigungsbeschreibung […] gehen weder Diskretisierungslänge noch Bruchenergie des Materials ein. Dadurch ist eine Netzabhängigkeit des Ergebnisses bei lokalisiertem Versagen unter Zugzuständen möglich« [14].

Die vereinfachte Abbildung der Zugentfestigung ist durch die Zielsetzung der Materialformulierung begründet, der Beschreibung von Impaktvorgängen. Bei dieser Beanspruchung treten sehr hohe Drücke (nahe der Hydrostate) weit über der Materialfestigkeit auf. Die hierbei initiierte Schädigung des Materials wird durch Kompressions- und Scherversagen dominiert (siehe Bild 2.49).

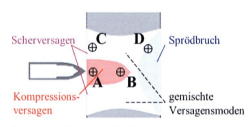

Bild 2.49: Schädigungsbereiche bei Impaktvorgängen aus [14].

Bei den untersuchten kombinierten, statischen und detonativen Belastungen kann prinzipiell nicht mehr von einem dominierenden Kompressionsversagen ausgegangen werden, da insbesondere auf der Rückseite des Bauteils Dekompressionswellen entstehen und hierdurch Zugversagen initiert wird.

Weitergehend ist die Festigkeitsformulierung im für statische Belastungen relevanten Bereich niedriger hydrostatischer Drücke an nur wenigen Versuchsergebnissen abgeleitet. Um die Datengrundlage zu erweitern, wird sie daher an weitaus umfassenderen Versuchsergebnissen aus [41] im für statische Belastungen relevanten Bereich neu kalibriert.

Die zur Modellierung durchgeführten Anpassungen des Materialmodells (Bruchenergie und Grenzfläche) werden in Abschnitt 3.2 vorgestellt.

2.6.3 Materialmodell für Betonstahl

Die Beschreibung des dynamischen Materialverhaltens von Betonstahl erfolgt in der Regel durch eine Aufspaltung der konstitutiven Beschreibung in statische Festigkeit und dynamische Festigkeitssteigerung, wobei erstere von der Dehnung und letztere von der Dehnrate abhängig ist. Die statische Festigkeit f_{stat} kann unter Vernachlässigung des Verbundes mittels bilinearer oder exponentieller Funktionen beschrieben werden (siehe Bild 2.22). Bei Berücksichtigung des Verbundes im Materialmodell des Stahls sind die Funktionen entsprechend zu erweitern, wie z. B. durch eine multilineare Formulierung nach Gleichung 2.22 dargestellt. Durch einen weiteren von der Dehnrate $\dot{\varepsilon}$ abhängigen Faktor f_{dyn} kann die Festigkeitssteigerung bei schneller Belastung abgebildet werden:

$$\sigma(\varepsilon, \dot{\varepsilon}) = f_{stat}(\varepsilon) \cdot f_{dyn}(\dot{\varepsilon}) \qquad [2.68]$$

Ein häufig angewendetes Modell das zur Beschreibung unterschiedlicher Stahlsorten angewendet werden kann, wurde von JOHNSON und COOK [107] entwickelt. Neben Festigkeit und dynamischer Festigkeitssteigerung wird hier auch die Auswirkung einer Temperaturerhöhung berücksichtigt (f_T). Diese ist jedoch aufgrund der kurzen Einwirkungsdauer von detonativen Belastungen in dieser Arbeit von untergeordnetem Interesse [29]. In diesem Modell wird die Fließspannung durch die vorab erläuterten Funktionstherme abhängig von der plastischen Dehnung ε_{pl} und der plastischen Dehnrate $\dot{\varepsilon}_{pl}$ ermittelt. Sie lautet:

$$Y(\varepsilon_{pl}, \dot{\varepsilon}_{pl}, T) = f_{stat}(\varepsilon_{pl}) \cdot f_{dyn}(\dot{\varepsilon}_{pl}) \cdot f_T(T) \qquad [2.69]$$

mit $\quad f_{stat}(\varepsilon_{pl}) = A + B\,\varepsilon^n$

$\qquad f_{dyn}(\dot{\varepsilon}_{pl}) = 1 + C\,ln(\dot{\varepsilon}_{pl}/\dot{\varepsilon}_0)$

$\qquad f_T(T) \quad = 1 - T^m$

$\qquad\qquad \dot{\varepsilon}_0 \quad$ Referenzdehnrate

$\qquad\qquad T \quad$ Parameter für Temperaturentwicklung

Durch die Parameter (A, B, C und ε_0) kann eine Anpassung an die Materialeigenschaften des verwendeten Betonstahl erfolgen.

2.7 Zusammenfassung

Werkstoff- und Bauteilverhalten
- Das Werkstoffverhalten wird für die in dieser Arbeit betrachteten detonativen Belastungen durch Dehnrateneffekte maßgeblich beeinflusst, da diese den Materialwiderstand ansteigen lassen. Dieser Effekt kann auch in Bauteilversuchen beobachtet werden.

Kombinierte, statische und detonative Belastung
- Eigene Betrachtungen zeigen, dass der Einfluss statischer Biegebelastungen im Fernbereich auf den dynamischen Widerstand signifikant ist und nicht vernachlässigt werden darf. Neben Widerstand wir durch statische Normalkräfte ebenso die Duktilität des Bauteils beeinflusst. Axiale und laterale statische Belastungen sind daher bei Detonation im Fernbereich für die Abbildung des Bauteilverhaltens von Interesse.

- Experimentelle Untersuchungen zum Einfluss der statischen Belastung auf das Verhalten von Stahlbetonbauteilen unter Detonation fehlen und sind zur Bewertung des Einflusses der statischen Last erforderlich.

Simulation
- Die Validierung der für Detonation verwendeten Simulationswerkzeuge beschränkt sich auf eine Schädigungsprognose. Für Fragen hinsichtlich der Resttragfähigkeit geschädigter Systeme, wie sie bei Stahlbetonstützen auftreten, sind die Simulationsmodelle um statische Belastungen und die Ableitung von Resttragfähigkeiten zu erweitern und zu überprüfen.

Bemessung
- Das weit verbreite Regelwerk des UFC-3-340-02 vernachlässigt die statische Belastung bei Detonationsbelastung. Dies ist als kritisch zu bewerten, da die zugrunde liegenden Ansätze zur Ermittlung der Tragfähigkeit und Duktilität durch statische Belastungen maßgeb-

lich beeinflusst werden können und unter Umständen zu nicht konservativen Ergebnissen führen.

3 Versuchsentwicklung und Simulationsmodelle für kombinierte statische und detonative Belastungen

Nachfolgend werden die im Rahmen dieser Arbeit entwickelten Versuchsaufbauten und Simulationsmodelle vorgestellt. Numerisch und experimentell werden typische Elemente des Stahlbetonbaus (Stützen, Wände und Platten) unter Detonationsbelastungen und statischer Belastung untersucht. Für Stützen wird eine lokale Belastung durch eine nahe Detonation betrachtet. Für Wände und Platten hingegen ist die lokale Belastung hinsichtlich der Tragfähigkeit von untergeordnetem Interesse. Deswegen wird hier eine globale Belastung durch eine Fernfelddetonation untersucht.

Die Stütze werden vor der Detonation statisch in axialer Richtung beansprucht, während die Stahlbetonwände in axialer und lateraler Richtung belastet werden.

Diese Randbedingungen werden innerhalb der Simulationsmethoden abgebildet. Es werden zwei verschiedene Simulationswerkzeuge für den Nah- und Fernbereich entwickelt. Die Entwicklung von zwei Methoden resultiert aus den verschiedenen Belastungen im Nah- und Fernbereich. Im Falle der Nahdetonation ist es erforderlich, die auftretende lokale Belastung des Bauteils, die Interaktion zwischen Luftstoßwelle und Sprengstoff sowie die Ausbreitung dreidimensionaler Wellen innerhalb des Querschnitts zu beschreiben. Deswegen werden hierzu Simulationen mittels Hydrocodes verwendet. Für den Fernbereich hingegen kann aufgrund der vorliegenden geometrischen Abmessungen und Belastungen eine vereinfachte kinematische Beschreibung auf Basis der BERNOULLI-Hypothese erfolgen. Hierdurch wird die Rechenzeit deutlich reduziert.

Mittels der entwickelten Methoden können die experimentellen Ergebnisse nachgebildet werden (Abschnitt 4). Hierauf aufbauend dienen sie zur Ableitung von Ingenieurmodellen sowie zur Durchführung von Sensitivitätsanalysen (Abschnitt 5.3.1).

3.1 Experimentelle Konfiguration

Es werden skalierte Versuche in einer zum Originalbauteil relativen Größe s durchgeführt. Die Skalierung der physikalischen Größen des Modells ist in Tabelle 3.1 angegeben.

Tabelle 3.1: Skalierung nach HOPKINSON und CRANZ

Größe	Skalierung	Einfluss für $s = 1/2$
Masse	s^3	1 : 8
Kraft	s^2	1 : 4
Länge	s	1 : 2
Zeit	s	1 : 2
Druck	s^0	1 : 1
Geschwindigkeit	s^0	1 : 1
Beschleunigung	s^{-1}	2 : 1
Dehnrate	s^{-1}	2 : 1

Die gewählten Skalierungsfaktoren für die Platte und Stütze liegen zwischen 1/2 (Platte bzw. Wand) und 1/2 bzw. 1/4 (Stütze). Die innerhalb der Versuchseinrichtung zu realisierenden statischen Kräfte reduzieren sich hierdurch um mehr als 90 % (Skalierung durch s^2). Es bleibt zu berücksichtigen, dass die Skalierung neben der Kraft auch die Dehnrate beeinflusst. Somit sind die resultierenden Dehnraten im Vergleich zum Originalmaßstab um den Faktor 2 bis 4 größer. Da die Abhängigkeit zwischen Festigkeitszuwachs und Dehnrate logarithmisch ist, fällt dieser Aspekt nur gering ins Gewicht (vgl. Bild 2.15).

3.1.1 Fernbereich

Die experimentelle Abbildung kombinierter Belastungen an Stahlbetonplatten im Fernbereich erfolgt in der Stoßrohr-Versuchsanlage des EMI (Bild 3.1). Ein Stoßrohr ist in der Lage, eine auf einen Prüfkörper gerichtete eindimensionale Luftstoßwelle (Blastwelle) zu erzeugen, wie sie bei einer Detonation im Fernbereich auftritt. Hierzu wird innerhalb eines Füllsegments Luft stark komprimiert. Nachfolgend wird die angrenzende Membran des Füllsegments mittels einer Anstechvorrichtung zerstört. Hieraufhin expandiert die komprimierte Luft innerhalb des Stoßrohrs, bis sie als Druckwelle an der Abschlusswand den installierten Prüfkörper belastet. Der auf das Bauteil einwirkende Luftstoß kann durch die Größe des Füllsegments und den Kompressionsdruck bzgl. seiner Einwirkungsgröße und -dauer variiert werden.

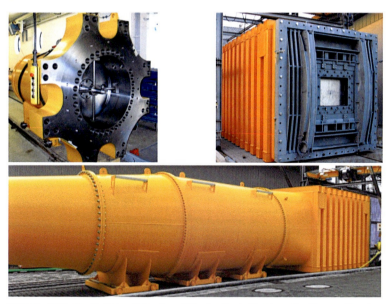

Bild 3.1: Bilder des Stoßrohrs (*links oben*: Füllsegment, *rechts oben*: Abschlusswand, *unten*: Expansionsstück).

Ein Vorteil dieser Versuchseinrichtung im Vergleich zu Freifelddetonationen mittels Sprengstoffen ist es, dass durchgeführte Versuche sehr gut reproduziert werden können. Streuungen infolge der Detonation des Sprengstoffs sind nicht gegeben und die Belastung bei Versuchen gleicher Konfiguration annähernd identisch.

Zur Abbildung kombinierter Belastungen wird die Versuchseinrichtung des Stoßrohrs erweitert. Zur statischen Biegebelastung des Prüfkörpers wird ein Luftkompressor am Stoßrohr installiert, der einen Über- bzw. Unterdruck im Stoßrohr erzeugt. Somit wird der Prüfkörper bereits vor der Luftstoßwelle in gleicher oder entgegengesetzter Richtung belastet. Im Rahmen dieser Arbeit werden Belastungen in gleicher Richtung betrachtet. Um den erforderlichen statischen Druck von ca. 15 kPa zu verwirklichen und eine möglichst gleichmäßige statische Belastung des Bauteils zu gewährleisten, ist es erforderlich, die Abschlusswand luftdicht abzuschließen (Bild 3.2).

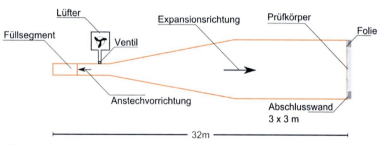

Bild 3.2: Komponenten des für die kombinierten Belastungen erweiterten Stoßrohrs.

Zur Einbindung einer statischen Normalkraft wird der Prüfkörper innerhalb der Abschlusswand durch zwei Querträger (Kastenprofile) und externe Zugstangen eingefasst. Durch eine Vorspannung der Zugstangen, kann eine statische Normalkraft im Prüfkörper aufgebracht werden. Die Profile haben aufgrund ihrer großen Blechdicken eine sehr hohe Steifigkeit, sodass eine gleichmäßige Belastung des Prüfkörpers in axialer Richtung gewährleistet wird (Bild 3.3). Die horizontale Auflagerung des Prüfkörpers erfolgt durch ein mit Querstreben ausgesteiftes L-Profil, an welchem Stahlleisten befestigt werden.

Die Höhe der Vorspannkraft wird durch Dehnungsmessstreifen (DMS) überprüft. Die DMS werden mittig auf gegenüberliegenden Seiten jeder Spannstange installiert. Die DMS zeigen untereinander keine wesentlichen Abweichungen bzgl. der gemessenen Dehnungen auf (siehe Bild 3.4). Somit kann von einer gleichmäßigen vertikalen Lasteinleitung ausgegangen werden. Durch eine Mittelwertbildung der vier gemessenen Dehnungsgrößen wird die Vorspannkraft bestimmt:

$$N_{stat} = \frac{2(\varepsilon_{DMS1} + \varepsilon_{DMS2} + \varepsilon_{DMS3} + \varepsilon_{DMS4})}{4} E_{SZ} A_{SZ} \qquad [3.1]$$

mit $\quad A_{SZ} \quad$ Fläche Zugstangen ($=(60mm)^2 \pi / 4$)

$\quad\quad\;\; E_{SZ} \quad$ Steifigkeit Zugstangen ($= 210000\ N/mm^2$)

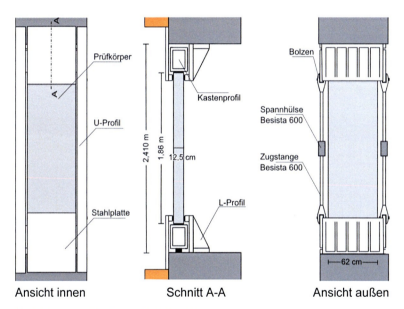

Bild 3.3: Versuchsaufbau innerhalb der Abschlusswand.

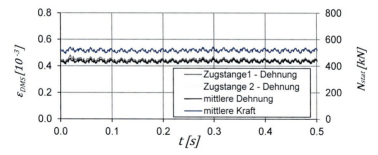

Bild 3.4: Dehnungen der Spannstangen nach dem Anspannen und resultierende Belastung.

Piezoelektrische Druckaufnehmer dienen zur Messung des statischen und dynamischen Luftdrucks. Die dynamischen Belastungen werden in Anlehnung an die Belastungsstufen der DIN EN 13231-1 [108] definiert (Tabelle 3.2).

Tabelle 3.2: Belastungsstufen im Stoßrohr nach [108]

Belastungsstufe	1 (EPR1)	2 (EPR2)	3 (EPR3)
Minimaler Druck [kPa]	50	100	150
Minimaler Impuls [kPams]	370	900	1500

Neben Luftdruck und Dehnungen der Spannstangen werden am Auflager, am Mittels- und Viertelspunkt zwischen den Auflagern der Platte die Verformungen durch Triangulationslaser gemessen. Des Weiteren werden DMS an zwei Bewehrungsstäben in der Mitte der Stahlbetonplatte an der Ober- und Unterseite angebracht. Messtechnik und ein Foto des Versuchsaufbaus sind in Bild 3.5 dargestellt.

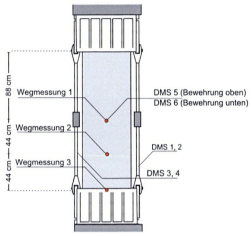 

Bild 3.5: Messtechnik und Foto des Versuchsaufbaus.

Als Belastungskombinationen werden vier Fälle mit den vorgestellten Belastungsstufen (1 bis 3) untersucht:

1. Stoßwelle ohne statische Belastung
   (Versuchsbezeichnung: BL -1 bis 3)
2. Stoßwelle und Normalkraft
   (Versuchsbezeichnung: BL – N_0 -1 bis 3)
3. Stoßwelle und Biegebelastung
   (Versuchsbezeichnung: BL – p_0 -1 bis 3)
4. Stoßwelle, Biegung und Normalkraft
   (Versuchsbezeichnung: BL – N_0 - p_0 -1 bis 3)

Um Abweichungen zwischen den Versuchen mit und ohne statische Belastung durch einen unterschiedlichen Versuchsaufbau ausschließen zu können, wurde auch für den Fall ohne Normalkraft die Platte durch einen Querträger eingefasst, wobei die Spannhülsen der Zugstangen entsprechend gelöst wurden.

Die Parameter der Stahlbetonplatte sind in Tabelle 3.3 angegeben.

Tabelle 3.3: Versuchskennwerte der Stahlbetonplatte

Geometrie	Länge	[mm]	1860
	Stützweite	[mm]	1760
	Breite	[mm]	620
	Dicke	[mm]	125
Bewehrung	Längsbewehrung – oben (8ø8)	[cm²]	4,02 cm²
	Längsbewehrung – unten (8ø8)	[cm²]	4,02 cm²
	Bewehrungsgrad	[%]	1,03
	Betondeckung	[mm]	15
Material	Betonfestigkeit f_c	[-]	C 45/55
	Zuschlag Größtkorn	[mm]	8
	Betonstahl	[-]	B500B
Statische Belastung	Druckkraft	[kN]	525
	Ausnutzungsgrad – Druckkraft	[%]	12
	lateral	[kN/m²]	15
	Ausnutzungsgrad - lateral[2]	[%]	17
Bewehrungsskizze	ø 8 ø 4,5 125 620		

Die statische Ausnutzung der Wände ist etwas niedriger als die Ausnutzung der unter Nahbereichsdetonationen untersuchten Stahlbetonstützen. Eine geringere Ausnutzung von Wänden im Vergleich zu Stützen durch Normalkräfte ist plausibel, da Wände neben dem vertikalem Lastabtrag auch zum Abtrag horizontaler Lasten herangezogen werden sowie zusätzlichen Anforderungen der Risssicherheit genügen müssen.

---

[2] Bezogen auf den charakteristischen Biegewiderstand ohne Normalkraft.

Baustoffkennwerte

Die an Würfelproben ermittelten Betondruckfestigkeiten der Platten sind in Tabelle 2.1 angegeben.

Tabelle 3.4: Betondruckfestigkeit $f_{c,zyl}$ Stahlbetonplatte

	Proben	Mittelwert
	[-]	[N/mm²]
Betonplatte	3	51,7

Es wird die gleiche Längsbewehrung (Stabdurchmesser 8mm) wie für die Stahlbetonstützen verwendet. Die Materialeigenschaften sind in Tabelle 3.7 angegeben.

3.1.2 Nah- und Kontaktbereich

Der zur Untersuchung von Stahlbetonstützen unter statischer und detonativer Belastung entwickelte Versuchsaufbau erlaubt es, Stützen unter statischer Last durch eine zusätzliche detonative Belastung zu beanspruchen. Hierdurch wird entsprechend dem Verhalten realer Tragelemente im Versuch ein statischer Ausgangsspannungszustand aufgebracht. Anschließend kann für den geschädigten Prüfkörper die Resttragfähigkeit ermittelt werden. Der Versuch wird in drei wesentliche Schritte unterteilt (siehe Bild 3.6):

    i.   Aufbringen einer statischen Belastung,
    ii. Detonationsbelastung und
    iii. Bestimmung der Resttragfähigkeit.

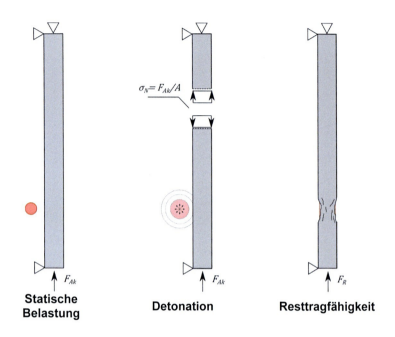

Bild 3.6: Versuchsablauf zur Ermittlung der Resttragfähigkeit von Stahlbetonstützen unter statischer Belastung und Detonation.

Der entwickelte Versuchstand ist in Bild 3.7 dargestellt. Die statische Last wird mittels eines hydraulischen Prüfzylinders am Stützenfuß aufgebracht, die Größe wird durch eine Kraftmessdose am Stützenkopf gemessen und entsprechend gesteuert. Der hydraulische Prüfzylinder hat eine Durchflussmenge von 4 l/min, hierdurch kann die Stütze innerhalb weniger Sekunden auf die gewünschte Belastung gebracht werden. Ein schnelles Aufbringen der Drucklast ist notwendig, um die Stütze während der Detonation annähernd gleichmäßig zu belasten. Durch die auftretende Schädigung nach der Detonation entzieht sich die Stütze kurzfristig der Belastung (Steifigkeitsreduktion). Der Zylinder überdrückt die Stütze daraufhin innerhalb weniger Sekunden wieder mit der Ausgangslast.

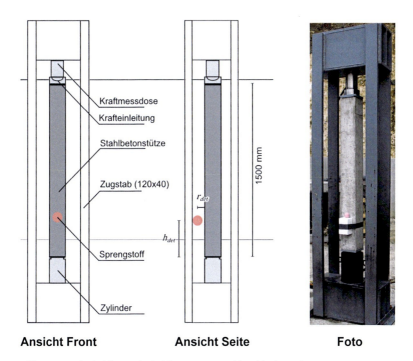

Ansicht Front   **Ansicht Seite**   **Foto**

Bild 3.7: Versuchseinrichtung der Stahlbetonstützen Nahbereichsdetonation.

Die Druckkräfte werden durch Zugprofile verankert, die an den Auflagerträgern angebracht sind. Die Anordnung der Zugstangen ist in Bezug auf die Längsachse der Stütze hinsichtlich Lage und Steifigkeit symmetrisch. Hierdurch kann eine Verdrehung der Auflagerträger nahezu ausgeschlossen werden und von einer ausschließlichen Belastung der Stütze durch eine Längsdruckkraft ausgegangen werden.

Die horizontale Lagerung der Stütze erfolgt durch die zwischen Zylinder sowie Kraftmessdose und Stütze auftretenden Reibkräfte. Eine Verschiebung der Stütze am Kopf und Fuß lässt sich nach dem Versuch nicht feststellen. Die Stütze befindet sich weiterhin in der ursprünglichen Schwereachse.

Es wird sowohl eine Rechteckstütze mit einer hohen Betonfestigkeit und einem hohem Bewehrungsgrad als auch eine Stahlbetonstütze mit vergleichsweise niedriger Betonfestigkeit und niedrigem Bewehrungsgehalt untersucht. Die Rechteckstütze repräsentiert hierbei einen Brückenpfeiler mit einer Höhe im Originalmaßstab von 6 m (Skalierung 1/4). Die Rundstütze kann als maßstäbliche Stütze eines Hochbaus mit einer Höhe von 3 m bei einer Skalierung von 1/2 betrachtet werden. Der Ausnutzungsgrad der beiden Stützen beträgt unter statischer Belastung in etwa 18 % und liegt innerhalb der in Kapitel 2.3.2 vorgestellten Grenzen. Für die Rundstütze wurde nur ein einzelner Versuch durchgeführt. Dieser Tastversuch dient zur stichprobenartigen Überprüfung des entwickelten Simulationswerkzeugs für abweichende Bauteilgeometrie, Baustoffeigenschaften und Belastungen.

Als Sprengstoff wird PETN mit einer Dichte ρ_{petn} von 1,5g/cm³ verwendet. Der Sprengstoff ist als Kugelladung geformt. Für diese Ladungsform kann die geometrische Abmessung, der Radius r_{petn}, direkt in Abhängigkeit aus der Sprengstoffmasse m_{exp} und Dichte abgeleitet werden:

$$r_{petn} = \sqrt[3]{\frac{3 m_{exp}}{4 \pi \rho_{petn}}} \qquad [3.2]$$

Um die möglichen Belastungsszenarien im Nahbereich zu betrachten, wird sowohl eine Kontaktladung (Rechteckstütze) als auch eine Abstandsladung mit einem Abstand von 10 cm untersucht. Der skalierte Abstand ist jeweils deutlich kleiner als 0,5 m/kg$^{1/3}$. Lokale Abplatzungen und Schädigungen sind somit zu erwarten. Die Versuchskennwerte der beiden Stützen sind in Tabelle 3.5 angegeben.

Tabelle 3.5: Versuchskennwerte der Stahlbetonstützen

			Rechteckstütze (RES)	Rundstütze (RUS)
Geometrie	Maßstab	[-]	1 : 4	1 : 2
	Breite /Durchmesser	[mm]	175	150
	Höhe	[mm]	1500	1500
Bewehrung	Längsbewehrung	[cm²]	24,1 cm²	4,02 cm²
	geom. Bewehrungsgrad	[%]	7,9	2,3
	Schubbewehrung	[cm²/m]	4,5	2,4
	Art	[-]	Bügel	Wendel
	Betondeckung	[mm]	10	10
Detonation	Sprengstoffmenge	[g]	123	212,6
	Radius der Ladung r_{petn}	[mm]	26,95	32,34
	Höhe der Ladung h_{det}	[mm]	350	350
	Abstand	[mm]	26,95	100
	skalierter Abstand	[m/kg$^{1/3}$]	0,053 (Kontakt)	0,16
Material	Betonfestigkeitsklasse	[-]	C 45/55	C 16/20
	Zuschlag Größtkorn	[mm]	8	8
	Betonstahl	[-]	B500B	B500B
Statische Belastung	Druckkraft	[kN]	435	235
	Ausnutzungsgrad [3]	[%]	18	20
Bewehrungsskizze				

---

[3] Der Ausnutzungsgrad ist auf die charakteristischen Werte des Tragwiderstandes der Stütze gemäß Abschnitt 2.3.2 bezogen mit $\alpha = N_{Ak}/R_k$ und $R_k = f_{ck}A_c + f_{yk}A_s$

Bei der Versuchsdurchführung wird die Stütze mittig in den Versuchsaufbau platziert und unter statische Belastung gesetzt. Nach der Zündung der Sprengladung kommt es zur Detonation. Im Anschluss an den Versuch werden die auftretenden Schädigungen (Rissbildung und Abplatzungstiefen der Seitenflächen) dokumentiert.

Nach der Detonationsbelastung wurden die Stützen aus dem Versuchsstand ausgebaut und die Resttragfähigkeit innerhalb einer hydraulischen Prüfmaschine ermittelt.

Baustoffkennwerte

Die ermittelten Baustoffkennwerte des Betons (Würfeldruckversuche) sind in Tabelle 3.6 und des Betonstahls in Tabelle 3.7 angegeben (Zugversuche).

Tabelle 3.6: Betondruckfestigkeiten $f_{c,zyl}$ der Versuchsserien

Stützentyp	Versuchsstützen	Proben [-]	Mittelwert [N/mm²]
RES	1-6	4	54,7
RUS	1	3	24,8

Tabelle 3.7: Materialeigenschaften der Längsbewehrung (B500B)

Fließspannung	f_y	[N/mm²]	550
Fließdehnung	ε_{sy}	[10⁻³]	2,61
Streckgrenze	f_u	[N/mm²]	640
Bruchdehnung	ε_{su}	[10⁻³]	120

3.2 Simulationsmodell für kombinierte Belastungen im Fernbereich

Generell können auch im Fernbereich Hydrocodes für die Simulation von Stahlbetonbauteilen herangezogen werden. Für die eigene Arbeit wurde jedoch ein Modell entwickelt, welche aus folgenden Gründen bevorzugt wurde:

Bei der Simulation von Biegeproblemen ist der Stahlbetonquerschnitt sehr fein mit in etwa 20 Elementen über die Höhe zu diskretisieren, um die resultierende Spannungsverteilung ausreichend genau abbilden zu können [109]. Die notwendigen Elementabmessungen erfordern bei der Simulation einen sehr kleinen Zeitschritt. Hierdurch steigt die Berechnungszeit an. Diese lässt sich für die gegebene Problemstellung jedoch durch eine kinematische Formulierung auf Basis der Balkentheorie erheblich reduzieren, da für diesen Fall nicht mehr die Anzahl der Querschnittsunterteilungen über die Höhe sondern die Länge des Biegeelements von Bedeutung ist. Hierdurch wird die Rechenzeit von einigen Stunden auf wenige Minuten reduziert.

Ein weiterer Vorteil der Modellierung mittels Balkenelementen ist die im Vergleich zum Hydrocode leichte Erfassung der Verbundwirkung und somit der Abbildung des mittleren Querschnitts- und Verformungsverhaltens. Dies kann bei Balkenelementen durch eine modifizierte Spannungs-Dehnungslinie des Betonstahls erfolgen (vgl. Abschnitt 2.2.3), bei Hydrocodes hingegen ist eine aufwendige Modellierung des Verbundes durch Kontaktelemente erforderlich.

Das entwickelte Modell ermöglicht es, das Verhalten von Balken, einachsig gespannten Platten[4] sowie Wänden unter kombinierter statischer und detonativer Belastung abzubilden und die innerhalb des Abschnitts 4.1 vorgestellten Ergebnisse nachzuvollziehen. Auch von anderen Autoren wurde zur Simulation von dynamischen Belastungen unter Anprall oder Blast eine Vielzahl von Simulationsmodellen entwickelt Tabelle 3.8 fasst einige Modelle zusammen. Die aufgeführten Modelle

---

[4] Balken werden nach EUROCODE 2 als Bauteile definiert, deren Stützweite die Bauteildicke um das Dreifache übertrifft. Platten sind durch eine mehr als fünffache Stützweite im Vergleich zur Bauteildicke definiert. Bei zwei freien, nahezu parallelen Rändern oder bei einem Seitenverhältnis der kürzeren zur längeren Stützweite von mehr als zwei kann die Platte als einachsig spannend betrachtet werden.

wurden zur Simulation dynamischer Belastungen angewandt. Jedoch besitzen sie, insbesondere im Hinblick auf die Simulation kombinierter Belastungen Einschränkungen:

Die dehnratenabhängige Festigkeitssteigerung wird in einigen Modellen funktional (in der Materialformulierung) und anderen Modellen pauschal (mittels eines Faktors) erfasst. Bei einer pauschalen Erfassung muss die Festigkeitssteigerung vorerst abgeschätzt ermittelt werden, da die auftretenden Dehnraten im Vorfeld nicht bekannt sind. Nach der Simulation ist der gewählte Faktor zu überprüfen und die Rechnung gegebenenfalls zu wiederholen. Dieses Vorgehen ist sehr aufwändig und kann dazu führen, dass die durch Dehnrateneffekte verursachte Festigkeitssteigerung unberücksichtigt bleibt oder eine Überprüfung nicht erfolgt. Der vorhandene Materialwiderstand wird somit über- oder unterschätzt.

Tabelle 3.8: Simulationsmodelle unterschiedlicher Autoren

Autor	Anwendung	Finite Elemente	Statische Belastung	Festigkeitssteigerung	Quelle
LIN	Anprall	-	-	funktional	[7]
FEYERABEND	Anprall	Stäbe	Normalkraft	pauschal	[6]
PORTMANN	Anprall	Scheiben und Stäbe	Normalkraft	funktional	[110]
CARTA	Blast	Stäbe	-	funktional	[111]
AMMANN	Anprall	Stäbe	-	funktional $(M - \kappa)$	[70]
KRAUTHAMMER	Blast	Volumen	Normalkraft	keine Angabe	[77]

Die Untersuchungen und Modelle nach Tabelle 3.8 berücksichtigen, wenn überhaupt, nur vorhandene Belastungen aus Normalkräften. Biegebelastungen, wie sie vor allem bei Platten auftreten, werden nicht berücksichtigt. Da durch diese die Widerstandsfähigkeit mitunter deutlich reduziert wird (vergleiche Kapitel 2.3) und eigentlich bei horizontalen Tragelementen immer vorhanden ist, muss generell die Möglichkeit geschaffen werden, diese innerhalb des Modells zu berücksichtigen.

Zur Modellierung werden teilweise sehr aufwendige Diskretisierungen mittels Volumen- oder Scheibenelementen gewählt. Dies ist für die betrachteten Belastungen (Biegebeanspruchung) nicht notwendig, wie vergleichbare Simulationsergebnisse aus [6] und [110] belegen.

Die dargestellten Einschränkung vorhandener Modelle und die Erkenntnisse aus Kapitel 1 führen zur Formulierung eines eigenen Modells. An dieses Modell wurden folgenden Anforderungen gestellt:

- *Festigkeitssteigerung*
  Die Festigkeitssteigerung der Werkstoffe bei schneller Belastung führt zur Erhöhung des Querschnittswiderstands. Die Materialmodelle sind daher dehnratenabhängig zu formulieren (funktionale Beschreibung). Die Verwendung der aktuellen Dehnrate ist zur Abbildung ausreichend genau. Eine Betrachtung der Belastungsgeschichte ist nicht erforderlich (vgl. LIN [7]).

- *Statische Belastung*
  Als statische Belastung können sowohl Biegebelastungen (Platten) und/oder Normalkräfte (Wände) auftreten. Da eine explizite Formulierung der zeitlichen Auflösung gewählt wird, sind Methoden zu entwickeln, welche die aus der statischen Belastung resultierende Anfangsbedingung zutreffend ermitteln.

- *Verbundverhalten*
  Das Verbundverhalten zwischen Beton- und Betonstahl ist zur Wiedergabe des mittleren Bauteilverhaltens notwendig. Andernfalls wird die Verformungsfähigkeit und somit das dynamische Energiedissipationsvermögen des Bauteils überschätzt. Für Biegebelastungen ist die Abbildung durch eine mittlere Spannungs-Dehnungs-Linie des Betonstahls geeignet (vgl. Kapitel 2.2.3).

- *Große Verformungen*
  Die betrachteten Belastungen bewirken Verformungen des Bauteils senkrecht zu seiner Stabachse. Dies führt bei einwirkenden Normalkräften zu zusätzlichen Biegebeanspruchungen, die die Tragfähigkeit signifikant beeinflussen. Innerhalb der kinematischen Formulierung sind daher große Verformungen (Effekte aus Theorie zweiter Ordnung) zu berücksichtigen.

- *Variable Randbedingungen*
  Zur Erfassung möglicher Auflagersteifigkeiten und schwingender Massen am Kopf und Fuß des Bauteils sind variable Randbedingungen zu formulieren.

3.2.1 Numerischer Lösungsalgorithmus

Die gewählte Lösung mittels eines Finite-Differenzen-Verfahrens basiert auf den von FEYERABEND [6], COWLER und HANCOK [94,112] vorgestellten Ansätzen. Grundlage der Formulierung bildet die BERNOULLI-Hypothese, welche voraussetzt, dass die Querschnitte eben bleiben und die resultierenden Schubverformungen gering sind. Nach [35] können Schubverformungen bei einer Schlankheit $l/d>12$ vernachlässigt werden, hierbei bezeichnet l die Spannweite und d die statische Nutzhöhe des Querschnitts. Dieses Kriterium ist für die in dieser Arbeit betrachteten Biegebauteile gegeben. Für schnelle Belastungsgeschwindigkeiten wurde die BERNOULLI-Hypothese durch die Untersuchungen von HOCH und LIN (Abschnitt 2.3.1) bestätigt.

BERNOULLI-Hypothese

Bei schlanken Biegebauteilen wird vom Ebenbleiben der Querschnitte ausgegangen (BERNOULLI-Hypothese). Die Verformung u eines beliebigen Punktes P kann somit aus der Längenänderung der Stabachse $u(x)$ der Verdrehung der Stabachse w' berechnet werden (Bild 3.8):

$$u(z,x) = u(x) - w'(x) \cdot z \qquad [3.3]$$

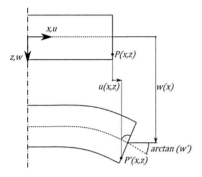

Bild 3.8: Kinematik des Balkenquerschnitts nach [113].

Die Dehnung entspricht der Änderung der Verformung in einem geringen Längenabschnitt und ergibt sich für den Balkenquerschnitt zu:

$$\varepsilon = \frac{\partial u}{\partial x} = \frac{du}{dx} - \frac{d[w']}{dx}z = \frac{du}{dx} - \frac{d^2w}{dx^2}z = \varepsilon_{sa} + \kappa \cdot z \qquad [3.4]$$

Die Dehnung unterteilt sich in einen Anteil aus der Stabdehnung ε_{sa} der Längsachse und der Krümmung κ des Querschnitts. Gleichung 3.4 ist für kleine Verformungen w zulässig. Bei großen Verformungen ist die Dehnung der Längsachse von der Verformung w abhängig (vergleiche [113]). Für die Dehnung der Stabachse gilt in diesem Fall:

$$\varepsilon_{sa} = \frac{du}{dx} + \frac{1}{2}\left(\frac{dw}{dx}\right)^2 \qquad [3.5]$$

Diese Formulierung wird zur Abbildung von Effekten aus Theorie zweiter Ordnung verwendet.

Verformungen und Dehnungen

Die Verformung des Bauteils wird anhand einzelner Elementknoten beschrieben. Unterschieden werden für einen Knoten i Verformungen in Stablängsrichtung u_i und senkrecht zur Stabrichtung w_i (siehe Bild 3.9).

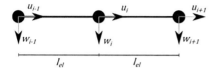

Bild 3.9: Freiheitsgrade der Elementknoten.

Die Verdrehung dw/dx der Stabachse wird in finiter Form durch den Drehwinkel des Elements ϕ definiert (
Bild 3.10).

Bild 3.10: Verdrehung der Elemente.

Die Dehnung des Elements zwischen den Knoten i und $i+1$, bezeichnet durch den mittleren Index $i+1/2$ mit $\varepsilon_{sa,i+1/2}$, kann unter Berücksichtigung der Stabverdrehung in Differenzform beschrieben werden:

$$\varepsilon_{sa,i+1/2} = \frac{u_{i+1} - u_i}{l_{el}} + \frac{1}{2}\left(\phi_{i+1/2}\right)^2 = \frac{u_{i+1} - u_i}{l_{el}} + \frac{1}{2}\left(\frac{w_{i+1} - w_i}{l_{el}}\right)^2 \qquad [3.6]$$

Die Krümmung κ kann durch die Änderung der Verdrehungen der Elemente beschrieben werden. Es folgt für die Krümmung des Knotens i in Differenzform:

$$\kappa_i = -\frac{\phi_{i+\frac{1}{2}} - \phi_{i-\frac{1}{2}}}{l_{el}} = -\frac{w_{i+1} - 2w_i + w_{i-1}}{l_{el}^2} \qquad [3.7]$$

Die vorgestellten Gleichungen beschreiben die Krümmung am Knoten und die Dehnung des Stabelements. Die Krümmung des Stabelements $\kappa_{i+1/2}$ und die Dehnung des Knotens ε_i können durch Mittelwertbildung aus den Werten der benachbarten Knoten bzw. Elemente abgeleitet werden:

$$\kappa_{i+1/2} = \frac{\kappa_{i+1} + \kappa_i}{2} \qquad [3.8]$$

$$\varepsilon_{sa,i} = \frac{\varepsilon_{sa,i+1/2} + \varepsilon_{sa,i-1/2}}{2} \qquad [3.9]$$

Durch die vorgestellten Gleichungen sind die Dehnungen und Krümmungen der Knoten und Stabelemente mit den Verformungen der Knoten entlang der Stabachse verknüpft.

Schnitt- und Knotenkräfte

Aus Dehnungen und Krümmungen können unter Verwendung der Materialgesetze und Querschnittseigenschaften Momente und Normalkräfte abgeleitet werden. Eine dehnratenabhängige, nichtlineare Formulierung mittels eines Fasermodells wird in Abschnitt 3.2.2 dargestellt. Bei elastischem Materialverhalten und konstanten Querschnittseigenschaften gilt:

$$N = \varepsilon_{sa} \, EA \qquad [3.10]$$

$$M = \kappa \, EI \qquad [3.11]$$

Die resultierenden Schnittkräfte am Stabelement sind in Bild 3.11 dargestellt.

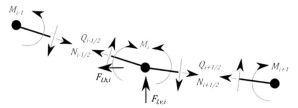

Bild 3.11: Innere Schnittkräfte.

Die Querkraft des Stabelements entspricht der Ableitung des Momentes. Diese Ableitung ist konstant und ergibt sich für das Stabelement *i+1* zu:

$$Q_{i+1/2} = \frac{M_{i+1} - M_i}{l_{el}} \qquad [3.12]$$

Die auf den Knoten i wirkenden internen Kräfte in horizontaler und vertikaler Richtung können aus dem Kräftegleichgewicht abgeleitet werden. In vertikaler Richtung ergeben sich die internen Kräfte ($F_{I,v,i}$) unter Berücksichtigung der jeweiligen Verdrehung des Elementes zu:

$$\begin{aligned}F_{I,v,i} = &Q_{i-1/2}\cos(\phi_{i-1/2}) - Q_{i+1/2}\cos(\phi_{i+1/2}) \\ &+ N_{i-1/2}\sin(\phi_{i-1/2}) - N_{i+1/2}\sin(\phi_{i+1/2})\end{aligned} \qquad [3.13]$$

In der Gleichung 3.13 wird die Normalkraft im vertikalen Gleichgewicht berücksichtigt. Die Formulierung beinhaltet somit, wie die Formulierung der Dehnungen, große Verformungen, wodurch Effekte nach Theorie zweiter Ordnung berücksichtigt werden. Gleichung 3.13 kann für kleine Verdrehungen mit $sin(\phi) \approx \phi$ und $cos(\phi) \approx 1$ vereinfacht werden:

$$F_{I,v,i} = Q_{i-1/2} - Q_{i+1/2} + N_{i-1/2}\frac{w_i - w_{i-1}}{l_{el}} - N_{i+1/2}\frac{w_{i+1} - w_i}{l_{el}} \qquad [3.14]$$

Unter Verwendung von Gleichung 3.12 kann schließlich eine Formulierung mittels Momenten und Normalkräften gewählt werden, welche die direkte Ableitung der internen horizontalen Kräfte aus Dehnungen und Krümmungen nach Gleichung 3.10 und 3.11 ermöglicht:

$$F_{I,v,i} = \frac{M_{i+1} - 2M_i + M_{i-1}}{l_{el}} + N_{i-1/2}\frac{w_i - w_{i-1}}{l_{el}} - N_{i+1/2}\frac{w_{i+1} - w_i}{l_{el}} \qquad [3.15]$$

Die internen horizontalen Kräfte ($F_{I,h,i}$) am Knoten werden in gleicher Weise ermittelt. Für das Kräftegleichgewicht in genereller Form gilt,

$$\begin{aligned}F_{I,h,i} = &-Q_{i-1/2}\sin(\phi_{i-1/2}) + Q_{i+1/2}\sin(\phi_{i+1/2}) \\ &+ N_{i-1/2}\cos(\phi_{i-1/2}) - N_{i+1/2}\cos(\phi_{i+1/2})\end{aligned} \qquad [3.16]$$

und unter Berücksichtigung kleiner Stabverdrehungen:

$$F_{I,h,i} = -Q_{i-1/2}\frac{w_i - w_{i-1}}{l_{el}} + Q_{i+1/2}\frac{w_{i+1} - w_i}{l_{el}} + N_{i-1/2} - N_{i+1/2} \qquad [3.17]$$

Querkräfte können wiederum durch Momente ersetzt werden:

$$F_{I,h,i} = (M_i - M_{i-1})\frac{w_{i-1} - w_i}{l_{el}^2} + (M_{i+1} - M_i)\frac{w_{i+1} - w_i}{l_{el}^2}$$
$$+ N_{i-1/2} - N_{i+1/2} \qquad [3.18]$$

Ergänzend wird an dieser Stelle auf die Herleitungen von FEYERABEND, CAWLER und HANCOCK [6,94,112] verwiesen, deren Darstellungen die Basis für die aufgezeigte Ableitung der Schnitt- und Knotenkräfte bilden.

Lösung der Bewegungsgleichung

Durch die dargestellten Gleichungen können in Abhängigkeit der Knotenverformungen die wirkenden internen Kräfte am Knoten ermittelt werden. Das Kräftegleichgewicht am Knoten unter Berücksichtigung der äußeren Kräfte und Trägheitskräfte ist in
Bild 3.12 dargestellt.

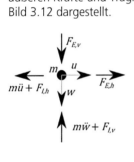

Bild 3.12: Kräftegleichgewicht am Knoten.

$$m\begin{pmatrix}\ddot{u}\\\ddot{w}\end{pmatrix} + c\begin{pmatrix}\dot{u}\\\dot{w}\end{pmatrix} + \begin{pmatrix}F_{I,h}\\F_{I,v}\end{pmatrix} = \begin{pmatrix}F_{E,h}\\F_{E,v}\end{pmatrix} \qquad [3.19]$$

Unter Verwendung einer expliziten Zeitschrittintegration mittels zentraler Differenzen (siehe [114]) kann die Bewegungsgleichung nach Gleichung 3.19 unter Berücksichtigung der äußeren horizontalen und vertikalen Kräfte ($F_{E,h}, F_{E,v}$) und einer geschwindigkeitsproportionalen Dämpfung c in Differenzenform für den Knoten i formuliert werden (Gleichung 3.20), wobei die Hochzahlen n Zeitschritte und die Indices i Knotenpunkte beschreiben.

$$m_i \begin{pmatrix} \dfrac{u_i^{n+1} - 2u_i^n + u_i^{n-1}}{\Delta t^2} \\ \dfrac{w_i^{n+1} - 2w_i^n + w_i^{n-1}}{\Delta t^2} \end{pmatrix} + c \begin{pmatrix} \dfrac{u_i^n - u_i^{n-1}}{\Delta t} \\ \dfrac{w_i^n - u_i^{n-1}}{\Delta t} \end{pmatrix} + \begin{pmatrix} F_{I,h,i}^n \\ F_{I,v,i}^n \end{pmatrix} = \begin{pmatrix} F_{E,h,i}^n \\ F_{E,v,i}^n \end{pmatrix} \quad [3.20]$$

Die explizite Formulierung erlaubt die direkte Auflösung von Gleichung 3.20 nach der gesuchten Größe, der Verformung des nachfolgenden Zeitschritts:

$$\begin{pmatrix} u_i^{n+1} \\ w_i^{n+1} \end{pmatrix} = \begin{pmatrix} F_{E,h,i}^n - F_{I,h,i}^n - c\dfrac{u_i^n - u_i^{n-1}}{\Delta t} \\ F_{E,v,i}^n - F_{I,v,i}^n - c\dfrac{w_i^n - w_i^{n-1}}{\Delta t} \end{pmatrix} \dfrac{\Delta t^2}{m_i} + \begin{pmatrix} 2u_i^n - u_i^{n-1} \\ 2w_i^n - w_i^{n-1} \end{pmatrix} \quad [3.21]$$

Die eingeführten Gleichungen ermöglichen es, die Verformungen der freien Knoten im danach folgenden Zeitschritt zu berechnen.

Randbedingungen

Für die Randbedingungen am Auflager sind spezielle Betrachtungen nötig (siehe hierzu auch [6]). Aus dem Kräftegleichgewicht am Auflager können die wirkenden Kräfte bestimmt werden und die Bewegungsgleichung aufgestellt werden. Aus dieser kann die Verformung im nächsten Zeitschritt ermittelt werden. Tabelle 3.9 fasst für verschiedene Randbedingungen, die resultierenden internen Kräfte zur Formulierung des Kräftegleichgewichts am Knoten zusammen.

Für Auflager mit einer Festhaltung kann die Lösung der Bewegungsgleichung nach Gleichung 3.21 in der entsprechenden Richtung entfallen, da die Verformungen konstant gleich Null sind. Zur Lösung der Bewegungsgleichung gilt wiederum Gleichung 3.21.

Tabelle 3.9: Ermittlung der internen Kräfte und der Verformungen des nachfolgenden Zeitschritts $n + 1$ für verschieden Randbedingungen

Randbedingung		Interne Kräfte	Verformung Zeitschritt $n + 1$
Starr		$F_{I,h}$ nicht erforderlich	$u_0^{n+1} = 0$
		$F_{I,v}$ nicht erforderlich	$w_0^{n+1} = 0$
horizontal verschieblich		$F_{I,h} = -N_{1/2} + M_1 \dfrac{w_1}{l_{el}^2}$	Gleichung 3.21
		$F_{I,v}$ nicht erforderlich	$w_0^{n+1} = 0$
vertikal verschieblich		$F_{I,h}$ nicht erforderlich	$u_0^{n+1} = 0$
		$F_{I,v} = \dfrac{M_1}{l_{el}} - N_{1/2} \dfrac{w_1 - w_0}{l_{el}}$	Gleichung 3.21
vertikale Feder		$F_{I,h}$ s. horizontal verschieblich	Gleichung 3.21
		$F_{I,v} = \dfrac{M_1}{l_{el}} - N_{1/2} \dfrac{w_1 - w_0}{l_{el}} + k_{0,v} w_0$	Gleichung 3.21
horizontale Feder		$F_{I,h} = -N_{1/2} + M_1 \dfrac{w_1}{l_{el}^2} + k_{0,h} u_0$	Gleichung 3.21
		$F_{I,v}$ s. vertikal verschieblich	Gleichung 3.21

3.2.2 Querschnittswiderstand unter schneller Belastung

Der für lineares Materialverhalten vorgestellte Algorithmus kann für nichtlineares und von der Belastungsgeschwindigkeit abhängiges Material- und Querschnittsverhalten erweitert werden. Hierzu sind die Gleichungen 3.10 und 3.11 entsprechend zu substituieren. Eine Möglichkeit hierzu stellt das Fasermodell dar. Dieses unterteilt den Querschnitt über dessen Höhe in mehrere Abschnitte. In Abhängigkeit der Dehnung ε_{sa} und Krümmung κ der Stabachse kann die Dehnung der Faser ε_j und die zugehörige Spannung unter Verwendung nichtlinearer einaxialer Materialgesetze für Beton und Betonstahl ermittelt werden. Wird neben der Krümmung und Dehnung auch die Krümmungsrate und Dehnungsrate der Stabachse berücksichtigt, kann der Querschnittswiderstand geschwindigkeitsabhängig formuliert werden (Bild 3.13).

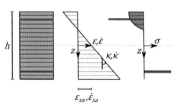

Bild 3.13: Fasermodell des Stahlbetonquerschnitts.

Für die Dehnung und Dehnrate der Faser j gilt (vgl. Gleichung 3.4):

$$\varepsilon_j = \varepsilon_{sa} + \kappa \cdot z_j \quad \text{und} \quad \dot{\varepsilon}_j = \dot{\varepsilon}_{sa} + \dot{\kappa} \cdot z_j \qquad [3.22]$$

Die Spannung der Faser kann unter Verwendung dehnratenabhängiger Materialgesetze $f(\varepsilon_j, \dot{\varepsilon}_j)$ ermittelt werden:

$$\sigma_j = f(\varepsilon_j, \dot{\varepsilon}_j) \qquad [3.23]$$

Die Integration der Spannungen über die Querschnittshöhe h liefert, unter Berücksichtigung einer konstanten Querschnittsbreite b und der Höher der Faser h_j die resultierenden Schnittkräfte:

$$N = b \int_{-h/2}^{h/2} \sigma(z) dz \approx b \sum \sigma_j(\varepsilon_j, \dot{\varepsilon}_j) \cdot h_j \qquad [3.24]$$

$$M = b \int_{-h/2}^{h/2} \sigma(z) \cdot z \, dz \approx b \sum \sigma_j(\varepsilon_j, \dot{\varepsilon}_j) \cdot z_j \cdot h_j \qquad [3.25]$$

Dehnratenabhängige Materialbeschreibung

Mittels der innerhalb des Abschnitts 2.2.2 für Beton und des Abschnitts 2.2.4 für Betonstahl vorgestellten Beziehungen kann eine dehnratenabhängige Beschreibung des Materialverhaltens erfolgen.

Für Beton basiert die gewählte Formulierung auf der statischen Beschreibung der Spannungs-Dehnungs-Beziehung nach Gleichung 2.12.

Zur Erfassung des Dehnrateneffekts werden die Eingangsgrößen zu Dehnung und Festigkeit nach Gleichung 2.19 und 2.21 dehnratenabhängig formuliert. Es wird sowohl eine Erhöhung der Dehnung bei maximaler Last ε_{c1} als auch der eine Erhöhung der Bruchdehnung ε_{c1u} berücksichtigt. Diese Dehnungszunahme ist phänomenologisch durch die vermehrte Rissbildung unter schneller Belastung zu begründen und wurde von CARTA und STOCHINO in ähnlicher Form in [111] verwendet. Die Formulierung lautet:

$$\sigma_c = -f_{c,dyn}(\dot{\varepsilon}_c) \frac{k\, \eta(\varepsilon_c, \dot{\varepsilon}_c) - \eta^2(\varepsilon_c, \dot{\varepsilon}_c)}{1 + (k-2)\eta(\varepsilon_c, \dot{\varepsilon}_c)} \quad \text{für} \quad 0 \geq \varepsilon_c \geq \varepsilon_{c1u}(\dot{\varepsilon}_c) \quad [3.26]$$

mit $f_{c,dyn}(\dot{\varepsilon}_c)$ Betonfestigkeit mit dynamischer Festigkeitssteigerung nach Gleichung 2.19 (MODELCODE 90). Der minimale Wert wird auf f_c beschränkt.

$\eta(\varepsilon_c, \dot{\varepsilon}_c)$ relative Betondehnung mit dynamischer Zunahme der Dehnungen nach Gleichung 2.21 (MODELCODE 2010)

$= \varepsilon_c / (\varepsilon_{c1,dyn}(\dot{\varepsilon}_c))$

$\varepsilon_{c1u}(\dot{\varepsilon}_c)$ Bruchdehnung mit dynamischer Zunahme der Dehnungen nach Gleichung 2.21 (MODELCODE 2010)

$= \varepsilon_{c1u} \cdot \varepsilon_{c1,dyn}(\dot{\varepsilon}_c) / \varepsilon_{c1}$

k, ε_{c1u} siehe Gleichung 2.12

Das Ausgangselastizitätsmodul bleibt in Anlehnung an [40] bei der gewählten Formulierung unverändert ($k = c$). Die Zugfestigkeit des Betons wird innerhalb der Materialbeschreibung des Betonstahls berücksichtigt. Ent- und Wiederbelastungsast werden mit derselben Steigung wie dem Ausgangselastizitätsmodul abgebildet.

Die resultierenden Spannungs-Dehnungs-Beziehungen für unterschiedliche Belastungsgeschwindigkeiten sind in Bild 3.14 dargestellt.

Versuchsentwicklung und Simulationsmodelle für kombinierte statische und detonative Belastungen

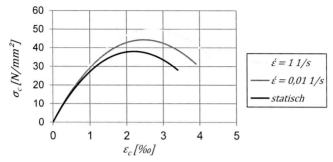

Bild 3.14: Spannungs-Dehnungs-Beziehung für einen Beton mit einer Druckfestigkeit von $38\,N/mm^2$ ($\varepsilon_{c1} = -2{,}2\,‰$, $\varepsilon_{c1u} = -3{,}5\,‰$) in dehnratenabhängiger Formulierung für verschiedene Dehnraten.

Für Betonstahl erfolgt die Beschreibung durch die innerhalb des Kapitels 2.2.4 vorgestellten Formulierungen. Die Spannungs-Dehnungs-Beziehung beinhaltet für Zugdehnungen den viergliedrigen Funktionsverlauf nach Gleichung 2.22, wodurch das Verbundverhalten wiedergegeben wird. Für Druckbelastungen wird das Werkstoffverhalten durch einen bilinearen Funktionsverlauf approximiert (siehe Bild 2.22). Die Fließgrenze und Zugfestigkeit wird entsprechend Gleichung 2.23 in Abhängigkeit der Dehnrate nach Überschreiten der Fließdehnung erhöht. Der Übergang erfolgt jedoch nicht sprungartig, sondern wird in Abhängigkeit der elastischen Steifigkeit und Dehnung durch $f_{dyn}(\varepsilon, \dot{\varepsilon})$ formuliert:

$$\sigma(\varepsilon, \dot{\varepsilon}) = \begin{cases} \sigma(\varepsilon) \cdot f_{dyn}(\varepsilon, \dot{\varepsilon}), & -\varepsilon_{su} \leq \varepsilon < -\varepsilon_{sy} \\ \sigma(\varepsilon), & -\varepsilon_{sy} \leq \varepsilon \leq \varepsilon_{smy} \\ \sigma(\varepsilon) \cdot f_{dyn}(\varepsilon, \dot{\varepsilon}), & \varepsilon_{smy} < \varepsilon \leq \varepsilon_{smu} \end{cases} \qquad [3.27]$$

mit $\quad\sigma(\varepsilon)\quad$ statische Festigkeit nach Gleichung 2.32

$f_{dyn}(\varepsilon, \dot{\varepsilon})\quad$ Festigkeitszunahme durch Dehnrateneffekte

$$= \begin{cases} \dfrac{E_s(\varepsilon_{sy} - \varepsilon)}{f_y} + 1 \leq DIF_s(\dot{\varepsilon}), & \varepsilon \leq \varepsilon_{sy} \\ \dfrac{E_s(\varepsilon - \varepsilon_{smy})}{f_y} + 1 \leq DIF_s(\dot{\varepsilon}), & \varepsilon \geq \varepsilon_{smy} \end{cases}$$

mit $DIF_s = \frac{f_{y,dyn}}{f_y}$ nach Gleichung 2.23

Bild 3.15 stellt den Funktionsverlauf der gewählten Formulierung für Betonstahl für einen üblichen Parametersatz dar.

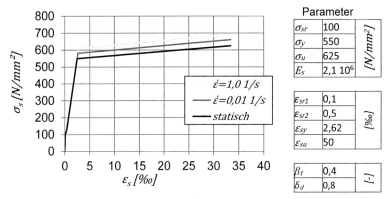

Bild 3.15: Mittlere Spannungs-Dehnungs-Linie für Betonstahl in dehnratenabhängiger Formulierung für verschiedene Dehnraten.

Wie für Beton erfolgt ebenso für Betonstahl Ent- und Wiederbelastung mit elastischer Steifigkeit (E_s).

3.2.3 Einbindung statischer Belastung

Für die Abbildung der statischen Belastung in der expliziten Zeitverlaufsberechnung sind die Knotenverformungen des ersten Zeitschritts zu ermitteln (Kapitel 2.5.6). Ist das Ergebnis exakt, sind die resultierenden Knotengeschwindigkeiten als Resultat des ersten Berechnungsdurchlaufs gleich Null, die Verformung konstant und der Gleichgewichtszustand somit wieder gegeben.

Zur Berechnung der Knotenverformungen wird das Prinzip der virtuellen Arbeit (bzw. Kräfte) verwendet. Das gewählte Vorgehen liefert die Lösung der gesuchten Verformungen für statisch bestimmte Systeme unter Berücksichtigung von Effekten aus Theorie zweiter Ordnung. Für statisch unbestimmte Systeme sind im Gegensatz zu bestimmten Systemen Schnittkräfte und somit Stabdehnung und Krümmung von den Knotenverformungen abhängig, weswegen bei nichtlinearem Materialverhalten Iterationsverfahren zur Lösung des Gleichgewichts benötigt werden. Mögliche Verfahren zur Anpassung auf statisch unbestimmte Systeme werden in [93] beschrieben.

Für statisch bestimmte Systeme sind die Schnittgrößen (N, M) bekannt und der Dehnugszustand $(\varepsilon_{sa}, \kappa)$ des Bauteils entlang seiner Stabachse kann aus den Kräften abgeleitet werden. Die Ableitung erfolgt bei linearem Materialverhalten durch Gleichung 3.8 sowie 3.9 und bei nichtlinearem Verhalten durch Iterationsverfahren, wie die Bisektionsmethode oder das NEWTON-RAPHSON-Verfahren welches hier verwendet wurde (siehe [115]). Die Verformung an einer beliebigen Stelle des Stabes kann für den ermittelten Dehnungszustand durch eine virtuelle Last δF_i in Richtung w oder u ermittelt werden. Hierbei gilt, dass sich innere Arbeit δW_i und äußere Arbeit δW_a der virtuellen Kraft bei gegebenen Gleichgewicht aufheben [35]:

$$\left.\begin{array}{l} \delta W_a = \int \delta F_w \, w + \int \delta F_u \, u \\ \delta W_i = \int (\delta M \cdot \kappa + \delta N \cdot \varepsilon_{sa}) dx + \sum \dfrac{\delta FF}{k} \end{array}\right\} \Rightarrow \delta W_a = \delta W_i \qquad [3.28]$$

Betrachtet man eine Einheitskraft der Größe 1 in u Richtung kann durch Gleichung 3.28 die Verformung ermittelt werden:

$$1 \cdot u = \int M_1 \cdot \kappa + N_1 \varepsilon_{sa} \, dx + \sum \frac{F_1 F}{k} \qquad [3.29]$$

mit M_1, N_1, F_1 virtuelle Schnittkräfte und Federkräfte

F, k Federkraft und Steifigkeit

Sind Wirkungsort und Richtung der virtuellen Kraft identisch mit dem Freiheitsgrad des Knotens, liefert das Ergebnis der Gleichung 3.29 die entsprechende Verformung. Durch mehrfache Anwendung können die gesuchten Knotenverformungen aller Freiheitsgrade u_i und w_i bestimmt werden.

Durch einen weiteren Berechnungszyklus werden große Verformungen berücksichtigt. Hierzu werden die ermittelten Verschiebungen zur wiederholten Herleitung der Schnittkräfte herangezogen, um die Verformungen erneut zu berechnen. Dieses Vorgehen wird solange durchgeführt, bis ein Konvergenzkriterium, geringe Änderungen von Verformungen oder Schnittkräften, im nächsten Berechnungszyklus erfüllt ist. Das Ergebnis stellt das Gleichgewicht am verformten System dar.

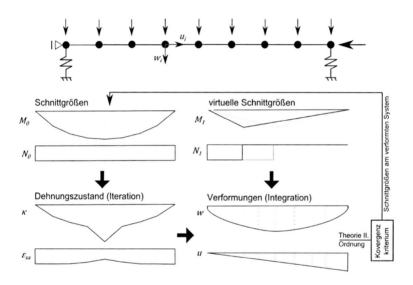

Bild 3.16: Ermittlung der Knotenverformungen für statische Belastungen.

3.2.4 Hinweise zur Implementierung

Die programmtechnische Umsetzung der dargestellten Zusammenhänge erfolgte objektorientiert innerhalb der Programmiersprache PYTHON. Die Programmstruktur ist in Bild 3.17 dargestellt.

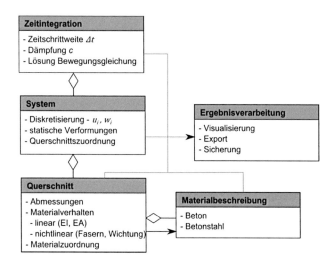

Bild 3.17: Objektorientierte Implementierung des Simulationsmodells.

3.3 Simulationsmodell für kombinierte Belastungen im Nahbereich

Zur Simulation des Bauteilverhaltens unter Detonationen im Nahbereich werden Hydrocodes verwendet. Beispiele für die Anwendung von Hydrocodes zur Simulation von Detonationen sind in [10,16,19,29,42] zu finden.

Um sowohl eine statische Belastung während des Detonationsereignisses als auch eine Resttragfähigkeit abbilden zu können, müssen die numerischen Modelle erweitert werden um die sehr unterschiedlichen Belastungen erfassen zu können. Hierdurch kann ebenfalls innerhalb der Simulation die Fragestellung beantwortet werden, welche Resttragfähigkeit durch das Bauteil nach einer Detonation noch gewährleistet werden kann. Neben einer Erweiterung des Simulationsmodells für statische Belastungen wird das Materialmodell für Beton angepasst. Hierdurch kann zum einen eine Inobjektvität unter Zugversagen ausgeschlossen werden (Kapitel 3.3.1) und zum anderen durch die Kalibrierung der Festigkeitsfiguren an umfassenderen Versuchswerten eine gesicherte Abbildung der mehraxialen Festigkeit (3.3.2) gewährleistet werden. Die wesentlichen Inhalte des Simulationsmodells werden nachfolgend vorgestellt.

Statische Belastung

Stahlbetonstützen sind im Wesentlichen durch axiale Kräfte beansprucht, welche die Querschnittstragfähigkeit und somit die zulässige Betondruckspannung um 17 % – 65 % ausnutzen (vgl. Kapitel 2.3.2). Das Werkstoffverhalten des Betons ist innerhalb dieses Belastungsbereichs näherungsweise elastisch und wird auch beim verwendeten RHT-Modell bis zu einer Druckbelastung von bis zu etwa 50 % der Druckfestigkeit elastisch beschrieben. Der statische Verformungszustand kann somit bis zu einer Belastung von 50 % durch elastische Materialmodelle im Vorfeld ermittelt werden. Da dieser Grenzwert bei den betrachteten Versuchen nicht erreicht wird, kann die Lösung durch die statische Gleichgewichtsbedingung erfolgen:

$$\boldsymbol{F_0} = \boldsymbol{K}\,\boldsymbol{u_0} \qquad [3.30]$$

Innerhalb von Gleichung 3.30 bezeichnet K die Steifigkeitsmatrix F_0 die statische Knotenkräfte und u_0 die Knotenverformungen. Ein wesentlicher Vorteil dieses Vorgehens ist es, dass im Gegensatz zu einer Berechnung der statischen Belastung im Zeitschrittverfahren (vgl. Kapitel 2.5.6) der Rechenaufwand deutlich verkürzt wird, da ein »Einschwingen« der statischen Belastung nicht abgebildet werden muss.

Detonation

Für die Simulation der räumlichen Ausbreitung der Detonation im Sprengstoff und der Luft ist es notwendig, sehr starke Verformungen zu beschreiben, da sich einzelne Partikel über sehr große Entfernungen bewegen. Für dieses fluiddynamische Verhalten wird die raumfeste Formulierung nach EULER verwendet. Die Zustandsgleichung des Sprengstoffs wird hierbei jenen Elementen zugewiesen, die den Sprengstoff repräsentieren.

Für die Festkörper Beton und Betonstahl wird eine ortsfeste Formulierung nach LAGRANGE verwendet. Die Bewehrungsstäbe werden als Stabelemente in einem festen Verbund mit dem umgebenden Beton modelliert. Eine Interaktion des Betons mit der Luft findet durch Kopplungsbedingungen zwischen den beiden Netzen statt. Hierdurch wird Impuls- und Druckübertragung gewährleistet.

Dieses Vorgehen wird von RUPPERT in [42] ausdrücklich empfohlen und beschrieben. Weiterhin empfiehlt er zur Abbildung der Interaktion zwischen EULER- und LAGRANGEnetzen eine um das zwei- bis dreifach feinere Diskretisierung des EULERnetzes im Vergleich zum LAGRANGEnetz. Dieser Ansatz wird auch im Rahmen dieser Simulationen verwendet.

Resttragfähigkeit

Die Ermittlung der Resttragfähigkeit erfolgt in einer expliziten Zeitverlaufsberechnung. Hierzu wird eine Geschwindigkeitsrandbedingung von 0,1 mm/ms am Stützenkopf aufgebracht und die auftretenden Reaktionskräfte der Randbedingung bestimmt. Die Berechnung wird solange durchgeführt, bis nach ausreichender Zeitdauer die Reaktionskräfte abfallen und die Stütze versagt. Bei dieser Berechnung beinhaltet die Lösung neben dem Materialverhalten auch Trägheitskräfte. Da jedoch eine statische Lösung angestrebt wird, sind die innerhalb der Berechnung auftretenden Trägheitskräfte soweit zu reduzieren, dass eine quasi-statische Lösung erzielt wird. Hierzu wird zum einen die Verformungsrandbedingung langsam aufgebracht und zum anderen eine zusätzliche Dämpfung im System eingeführt. Die resultierenden Beschleunigungen sind in diesem Fall sehr gering ($\ddot{u} \approx 0$). Die Lösung entspricht somit einer quasi-statischen Problemstellung. Mittels Energiebetrachtungen kann der Einfluss von Trägheitseffekten abgeschätzt werden, indem die kinetische Energie mit der Formänderungsenergie (innere Energie) verglichen wird. Ist der Anteil der kinetischen Energie nur gering, liegt eine quasi-statische Lösung vor. In [116] wird zur Abbildung quasi-statischer Prozesse ein Anteil der kinetischen Energie von weniger als 10 % an der Gesamtenergie als Grenzwert definiert und für diesen Fall eine gute Übereinstimmung mit Versuchsergebnissen erreicht. Dieser Grenzwert gilt auch für die eigenen Untersuchungen als Maßstab.

Materialmodelle

Für die Modellierung des fluiddynamischen Verhaltens von Sprengstoff und Luft wird für den Sprengstoff die Formulierung nach JONES-WILKINS-LEE verwendet. Die Gleichung wurde aus einer Vielzahl experimenteller Untersuchungen abgeleitet und unter anderem von EIBL [19], HERRMANN [100] und PLOTZITZA [9] verwendet.

Der Zustand der Luft, wird durch die ideale Gasgleichung nach Gleichung 2.8 beschrieben. Für die betrachtete Belastung beträgt der Luftdruck $p \approx 101\ kPa$ unter Berücksichtigung der Dichte der Luft $\rho = 1{,}225\ kg/m^3$ und des Isentropenexponent $\gamma = 1{,}4$ kann der innere Energiezustand bestimmt werden:

$$e_i = \frac{p}{(\gamma-1)\rho} = 2{,}06 \cdot 10^{-5}\ \left[\frac{J}{kg}\right] \qquad [3.31]$$

Für Betonstahl wird zur Materialformulierung die Beschreibung nach JONSON-COOK (vgl. Kapitel 2.6.3) verwendet, wobei die Festigkeitssteigerung durch Gleichung 2.23 erfasst wird.

Für die Modellierung des Verbundwerkstoffverhaltens wird das bereits vorgestellte RHT-Modell verwendet. Das RHT-Modell wird innerhalb dieser Arbeit auf die Abbildung gekoppelter statischer, dynamischer und hochdynamischer Vorgänge erweitert. Es kann prinzipiell nicht mehr von einem dominanten Kompressionsversagen zur Abbildung des Bauteilverhaltens ausgegangen werden, welches die Grundlage bei seiner Entwicklung darstellte. Es ist notwendig, das Werkstoffmodell so zu erweitern, dass andere Beanspruchungen, welche mehraxiales Druck- und Zugversagen hervorrufen, wirklichkeitsnah abgebildet werden.

Hierzu wird zum einen die Bruchfläche, für die Beschreibung mehraxialer Belastungen angepasst. Die Anpassung dient zur verbesserten Beschreibung des Materialverhaltens im Bereich niedriger hydrostatischer Drücke, welche insbesondere bei statischer Belastung auftreten. Das Bruchkriterium wird an den von SPECK und CURBACH [46] bereitgestellten Versuchsdaten mehraxialer Druckversuche kalibriert. Das Modell erfüllt hierdurch die zukünftig durch den MODEL CODE 2010 gestellten Anforderungen zur Beschreibung mehraxialer Festigkeit. Zum anderen wurde zur Beschreibung des Zugverhaltens, im Gegensatz zur ursprünglichen Modellformulierung nach RIEDEL [14], eine netzunabhängige Beschreibung auf Basis der Bruchenergie verwendet.

Die am RHT-Modell durchgeführten Anpassungen werden nachfolgend dargestellt.

3.3.1 Abbildung des Zugverhaltens

Die ursprüngliche netzabhängige Formulierung der Zugentfestigung innerhalb des RHT-Modells, wird durch eine netzunabhängige Entfestigungsformulierung auf Basis der Bruchenergie ersetzt. Vergleichbare Erweiterungen des RHT-Modells durch die Bruchenergie wurden von SCHULER [40] für normal feste Betone und NÖLDGEN [43] für ultrahochfeste Betone verwendet. Auch innerhalb anderer Materialmodelle u. a von HÄUßLER-COMBE [117] und OŽBOLT [8,61,62] hat die Bruchenergie zur Abbildung des dynamischen Verhaltens von Beton Anwendung gefunden. Als Kriterium für Zugversagen wird das RANKINE-Kriterium verwendet [118]:

$$f(p,\theta) = 2\sigma_{eff} \cdot cos(\theta) - 3p - 3f_{ct} = 0 \qquad [3.32]$$

Dieses Kriterium wir auch als »Principal Stress Concept (PSC)« oder »Hypothese von konstanten Hauptspannungen« bezeichnet [46], da es die maximale Hauptspannung σ_1 auf die Zugfestigkeit f_{ct} beschränkt. Hierdurch wird dem mehraxialen Verhalten von Beton unter Zugbelastung

Rechnung getragen. Die Festigkeit ist in diesem Fall fast ausschließlich von der Zugbelastung der maximalen Hauptspannung abhängig und wird durch die beiden orthogonalen Spannungen nur geringfügig beeinflusst (vgl. Bild 2.13, Seite 29). Daher kann die einaxiale Festigkeit zur Beschreibung der mehraxialen Festigkeit verwendet werden [119].

Durch die Einbindung eines zweiten Kriteriums in die Formulierung der Versagensfläche können die unterschiedlichen Versagensformen von Beton, quasi-spröde unter Zug und duktil unter Druck, unterschieden werden. Die Einbindung eines zweiten Bruchkriteriums in der Materialformulierung stellt eine Verzweigungshypothese der Schädigungsmechanismen dar und wird in [120] weiter erläutert. Das Druckfestigkeitskriterium wird durch die Formulierung nach Gleichung 2.60 abgebildet.

Die maximale Dehnung des Elements nach Rissbildung ε_{max} ist durch die Bruchenergie G_f, die Elementlänge l_{el} und die Zugfestigkeit f_t definiert (vgl. Bild 3.18):

$$\varepsilon_{max} = \frac{w_{max}}{l_{el}} = \frac{2 \cdot G_f}{f_t \cdot l_{el}} \qquad [3.33]$$

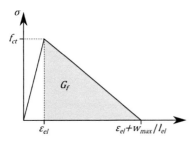

Bild 3.18: Spannungs-Dehnungs-Beziehung von Beton unter Zugbeanspruchung.

Für dreidimensionale Abbildungen kann die Elementlänge anhand des Volumens V_{el} des Elements berechnet werden:

$$l_{el} = \sqrt[3]{V_{el}} \qquad [3.34]$$

Die Schädigungsevolution wird in inkrementeller Form durch die Rissöffnung dw_{cr} des Elements nach Überschreiten der Zugfestigkeit der maximalen Rissöffnung w_{max} definiert:

$$dD = \frac{dw_{cr}}{w_{max}} \qquad [3.35]$$

Zug- und Druckschädigung werden additiv behandelt und richtungsunabhängig akkumuliert.

Eine dehnratenabhängige Zugfestigkeitssteigerung wird bei der gewählten Abbildung anhand der jeweils maximalen Dehnrate berücksichtigt. Es wird hier keine Unterscheidung zwischen mittlerer Dehngeschwindigkeit und maximaler Dehnrate durchgeführt, wie sie z. B. von ORTLEPP in [55] diskutiert wird und in gleicher Weise von SCHULER in [40] verwendet wird. Zwar führt die Verwendung der maximalen Dehngeschwindigkeit um in etwa 30 % höhere Werte. Aufgrund des logarithmischen Zusammenhangs zwischen Festigkeitssteigerung und Dehnrate (siehe Bild 2.15), führt diese Unterscheidung jedoch lediglich zu Abweichungen in der Prognose der dynamischen Zugfestigkeit von unter 2 %. Für die Abbildung der dehnratenabhängigen Festigkeitssteigerung wurde diese Unterscheidung daher vernachlässigt.

Numerisches Anwendungsbeispiel

Für die dargestellten Formulierung des Zugverhaltens mit einer auf der Bruchenergie basierten Schädigungsevolution stellt sich die Frage, ob die innerhalb des Kapitel 2.2.2 diskutierten Trägheitseffekte (Rissverzweigung, reduzierte Rissgeschwindigkeit) innerhalb des numerischen Modells abgebildet werden. An einem Anwendungsbeispiel soll diese Fragestellung beantwortet werden.

Beispielhaft wird der bereits in Kapitel 2.2.2 vorgestellte gekerbte Spaltzugversuch aus [8] numerisch untersucht. Die Abmessungen des Modells sind in Bild 2.19 (Seite 37) dargestellt. Die Materialkennwerte werden aus [8] entnommen und sind in Tabelle 3.10 aufgeführt.

Tabelle 3.10: Materialparameter für den dynamischen Spaltzugversuch nach [8]

E-Modul	Zugfestigkeit	Bruchenergie	Querdehnzahl
E_c	f_{ct}	G_f	v
[N/mm²]	[N/mm²]	[N/m]	[-]
30.000	3,5	90	0,18

Bei dem numerischen Versuch wird ein gekerbter Betonprüfkörper durch eine Verformungsrandbedingung an den beiden Seiten der Kerbe belastet. Bei ausreichendem Verformungsweg wird die Betonzugfestigkeit an der Spitze der Kerbe überschritten. Rissbildung und Risswachstum sind bei einer weiteren Belastung die Folge. Das Rissbild, das sich einstellt, ist jedoch von der Verformungsgeschwindigkeit abhängig, denn es ist ein unterschiedliches Risswachstum zu beobachten:

Bei einer quasi-statischen Belastung breitet sich der Riss annähernd geradlinig in Richtung der Kerbe aus, bis der Riss den Körper durchtrennt. Dieses Rissbild ist auch noch bei Verformungsgeschwindigkeiten von bis zu 0,1 m/s zu beobachten (siehe Bild 3.19). Bei einer schnellen Verformung der Kerbe mit einer Geschwindigkeit von ca. 1m/s hingegen verändert sich das Rissbild. Der Riss verzweigt sich und breitet sich in mehrere Richtungen aus. Dies ist nach OŽBOLT durch die Trägheitskräfte an der Rissspitze begründet, welche ein Risswachstum behindern und die Rissgeschwindigkeit reduzieren.

Die Ergebnisse stimmen mit jenen von OŽBOLT (vgl. Bild 2.19) gut überein. Das aufgeführte Beispiel zeigt auf, dass die bei hohen Belastungsgeschwindigkeiten wirkenden Trägheitskräfte, welche das Risswachstum begrenzen und zur Mehrfachrissbildung beitragen innerhalb der Zeitverlaufsberechnung direkt berücksichtigt werden. Auf eine Einbindung der Festigkeitssteigerung, die auf Trägheitseffekte bei hohen Dehnraten zurückzuführen ist, wird somit innerhalb des Materialmodells verzichtet. Des Weiteren ist die ursprüngliche Formulierung des RHT-Modells zur Abbildung der Zugschädigung für den vorgestellten Anwendungsfall ungeeignet. Die Abbildung führt zu einer unphysikalischen Lokalisierung von Schädigung und Rissentwicklung (siehe Bild 3.19, *unten*).

Versuchsentwicklung und Simulationsmodelle für kombinierte statische und detonative Belastungen

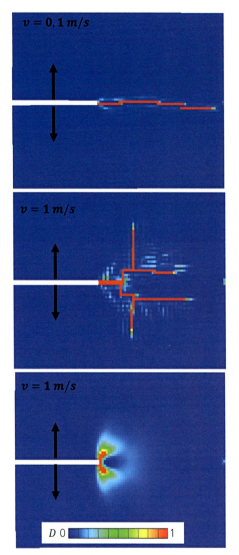

Bild 3.19: Rissbilder des Spaltzugversuchs nach [8] für unterschiedliche Verformungsgeschwindigkeiten und Zugschädigungsformulierungen.

3.3.2 Mehraxiale Festigkeitsbeschreibung im RHT-Modell

Die Ableitung der Versagensfläche innerhalb des RHT-Modells erfolgt auf Basis von dreiaxialen Druckversuchen von HANCHAK [102]. Die Druckversuche wurden am ERDC-WES (Engineer Research and Development Center – Waterways Experiment Station) durchgeführt. Innerhalb der Versuchsdurchführung wurde die Probe (Zylinder – $f_{c,Zyl}$ = 35 N/mm²) zuerst gleichzeitig durch einen radialen Druck mittels Flüssigkeiten und einer axialen Druck Last in einen hydrostatischen Druckzustand versetzt ($\sigma_3 = \sigma_2 = \sigma_1$). Anschließend wurde die Probe durch Steigerung der axialen Last ($\sigma_3 < \sigma_2 = \sigma_1$) bis zum Bruch auf dem Druckmeridian belastet. Die hierbei erreichte hydrostatischen Drücke betrugen maximal 500 N/mm².

Für im Falle statischer Belastungen auftretende Drücke von bis zu 250 N/mm² stellen SPECK und CURBACH in [41] zusammenfassend Ergebnisse zwei- und dreiaxialer Druckversuche für Betone vor, welche zum Vergleich mit den Werten von HANCHAK bzw. der Festigkeitsformulierung im RHT-Modell herangezogen werden können. Die von SPECK und CURBACH dargestellte Datengrundlage diente zur Kalibrierung des Bruchkriteriums nach OTTOSEN [121] für Betone der Festigkeitsklasse C12 bis C120. Über den MODEL CODE 10 [34] hat dieses Kriterium Einzug in die Bemessungsvorschriften gefunden.

Für die zur Betonfestigkeit von HANCHAK vergleichbare Festigkeitsklasse eines C30/37 wurden in etwa 400 Versuchen erfasst, wovon mehr als 200 Versuche dreiaxiale Versuche auf dem Druck- und Zugmeridian mit hydrostatischen Drücken von bis zu 250 N/mm² sind. Diese Daten werden zur genaueren Beschreibung der Festigkeitsfläche des RHT-Modells herangezogen. In Bild 3.20 ist ein Auszug der Daten von SPECK und CURBACH, die Versuchsergebnisse von HANCHAK sowie die Festigkeitsformulierung des Druckmeridians des RHT-Modells dargestellt.

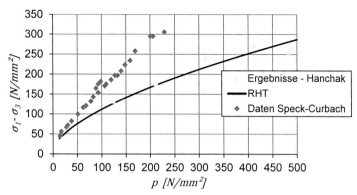

Bild 3.20: Festigkeitsbeschreibung des Druckmeridians ($\sigma_1 - \sigma_3 > 0$) im RHT-Modell, Ergebnisse von HANCHAK [102] und Daten von SPECK und CURBACH aus [41].

In den Versuchen nach HANCHAK wurden deutlich höhere hydrostatische Drücke realisiert, als sie die Datengrundlage nach SPECK und CURBACH bereitstellt. Der maximale im Versuch realisierte hydrostatische Druck ist etwa doppelt so groß. Trotz dieses deutlich größeren hydrostatischen Drucks werden bei den Versuchen nach HANCHAK generell aber auch bei maximaler Druckbeanspruchung deutlich niedrigere Scherfestigkeiten σ_1-σ_2 ermittelt. Das RHT-Modell unterschätzt daher die Festigkeit im Vergleich zu den Versuchsdaten aus [41] deutlich. Diese Abweichung ist durch die geringen einaxialen Druckfestigkeitsunterschiede der verwendeten Betone 38 N/mm² (SPECK-CURBACH) statt 35 N/mm² (HANCHAK) nicht zu begründen. Die Gründe sind eher in der Versuchsdurchführung zu vermuten.

Innerhalb von [46] wird auf die Schwierigkeiten bei der Durchführung von dreiaxialen Versuchen eingegangen. Ziel der dreiaxialen Versuche ist es, den Prüfkörper in einen homogenen Dehnungs- oder Spannungszustand zu versetzen. Dabei wird das Ergebnis durch die Probekörpergröße, die Probekörperform und Art der Lasteinleitung maßgeblich beeinflusst. Diese Einflüsse können das Ergebnis zugunsten einer erhöhten oder reduzierten Festigkeit beeinflussen. Da die Daten von SPECK und CURBACH Ergebnisse unterschiedlicher Versuchseinrichtungen beinhalten und bei der Auswahl auf ideale Versuchsbedingungen geachtet wurde, ist davon auszugehen, dass sie für die Erweiterung des RHT-Modells auf niedrige hydrostatische Drücke eine geeignete Grundlage bilden.

Die Festigkeitsformulierung des RHT-Modells wurde daher auf Basis der Datengrundlage von SPECK und CURBACH angepasst. Die Anpassung erfolgte durch eine Kalibrierung der Parameter B_{fail}, N, $Q_{2,0}$ und B nach Gleichung 2.61 und 2.63. Durch die gewählte Anpassung wird eine annähernd konsistente Festigkeitsformulierung zum MODEL CODE 10 gewährleistet, da die gleiche Datengrundlage zur Kalibrierung verwendet wird. Bei der Kalibrierung wurde darauf geachtet, dass eine konservative Abschätzung der Festigkeit im Bereich höherer Drücke als 250 N/mm², für welche eine ausreichende Datengrundlage nicht vorhanden ist, gewährleistet wird. Hierzu wurde die Regressionskurve für höhere Drücke bewusst niedriger gewählt. Durch die Anpassung der Eingangsparameter im RHT-Modell wird sowohl für zwei- als auch dreiaxiale Versuchsergebnisse die Übereinstimmung deutlich verbessert (siehe Bild 3.21).

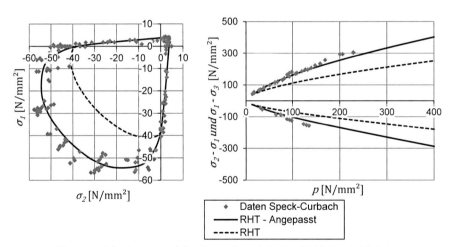

Bild 3.21: Festigkeit im RHT-Modell und Versuchsergebnisse aus [41] für zweiaxiale Belastungen (*links*) und dreiaxiale Belastungen (*rechts*) vor und nach Anpassung der Parameter (C30/37).

Während die ursprüngliche Festigkeitsbeschreibung eine zweiaxiale Druckfestigkeit von nur 75 % der einaxialen Druckfestigkeit prognostiziert, wird nach einer Anpassung der Parameter der u. a von KUPFER [44] beobachtete Festigkeitszuwachs von in etwa 10 % bei zweiaxialer Belastung abgebildet. Auch bei dreiaxialer Belastung wird nach einer Anpassung der Parameter die Festigkeit im Modell erhöht. Die mehraxiale Festigkeit steigt im Vergleich zur vorherigen Formulierung um bis zu 50 % an.

Neben den Eingangsparametern für einen Beton der Festigkeitsklasse C30/37 wurden auch Parameter des RHT-Modells für die Festigkeitsklasse C20/25 und C50/60 anhand des Bruchkriteriums des MODEL CODES 10 [34] kalibriert. Die ermittelten Eingangsparameter sind in Tabelle 3.11 zusammengefasst.

Tabelle 3.11: Parametersatz des RHT-Modells zur verbesserten Beschreibung der mehraxialen Festigkeit in Anlehnung an den MODEL CODE 2010 [54]

Parameter	Betonfestigkeitsklasse			Ursprünglicher Parametersatz
	C 20/25	C 30/37	C 50/60	
B_{fail}	2,5	2,3	2,2	1,3
N	0,7	0,65	0,6	0,6
$Q_{2,0}$	0,61	0,61	0,61	0,68
B	0,010	0,010	0,013	0,01

Da die mehraxiale Festigkeit in der ursprünglichen Formulierung deutlich unterschätzt wird und zu den Anforderungen des MODEL CODE 10 [54] eine zu hohe Abweichung aufweist, wird für die eigenen Untersuchungen der abgeleitete angepasste Parametersatz verwendet.

4 Experimentelle und numerische Ergebnisse kombiniert belasteter Stahlbetonbauteile

Es fehlt an experimentellen Grundlagen zum Verhalten von Stahlbetonbauteilen unter kombinierten statischen und detonativen Belastungen, so dass entwickelte Versuchsaufbauten herangezogen werden um den Einfluss der Vorbelastung zu untersuchen. Die Ergebnisse erlauben es weitergehend für Stahlbetonstützen Resttragfähigkeiten abzuleiten. Dies ermöglicht die quantitative Bewertung des Detonationsereignisses, da die Resttragfähigkeit einer Stütze im Tragwerk mit einwirkenden Lasten verglichen werden kann. Nachfolgend werden die experimentellen Ergebnisse der durchgeführten Versuche im Nah- und Fernbereich vorgestellt. Die experimentellen Ergebnisse dienen weitergehend dazu die entwickelten Simulationswerkzeuge nach Abschnitt 3.2 und 3.2 zu validieren. Mittels der Simulationswerkzeuge können durch abschließende Sensitivitätsanalysen sowie Vergleiche des Modells im Fernbereich mit Ingenieurmodellen weitere Aufschlüsse zum Bauteilverhalten und der Bemessung gewonnen werden (Kapitel 4.2.3 und 6).

4.1 Stahlbetonplatten unter Detonationen im Fernbereich

Als generelle Hypothesen an das Verhalten von Stahlbetonplatten unter kombinierter Belastung können für die verschiedenen statischen Belastungen vorab folgende Zusammenhänge festgehalten werden:

- *Normalkraft*
  Die zusätzliche Belastung durch eine Normalkraft unterdrückt im Vergleich zum Fall ohne Normalkraft die Rissbildung und ein Fließen der Zugbewehrung. Eine geringere Verformung sowie je nach Normalkraftniveau auch erhöhte Tragfähigkeit ist die Folge. Gleichzeitig reduziert sich für das Bauteil die Duktilität.

- *Biegung*
  Eine Biegebeanspruchung in gleiche Richtung beansprucht bereits vorab das Tragelement und führt zu einem geringeren Tragwiderstand. Bei gleicher dynamischer Belastung führt dies im Vergleich zum lediglich durch Blast beanspruchten Bauteil zu einer früheren

Rissbildung und einem früherem Fließen der Bewehrung. Eine erhöhte Verformung ist zu verzeichnen.

- *Kombination*
  Bei der Kombination beider Belastungen ergeben sich gegenläufige Effekte, wobei die Biegebelastung wiederum einen Verformungszuwachs und die Normalkraft eine Verformungsabnahme hervorruft. Der Einfluss hängt von der Größe der einzelnen Belastungen ab.

Diese Hypothesen werden bei der Bewertung der Ergebnisse der Experimente und der numerischen Simulation untersucht.

4.1.1 Experimentelle Ergebnisse

Statische Belastungen

Die DMS innerhalb der Zugstangen weisen für die Versuche mit statischer Normalkraft einen veränderlichen Dehnungsverlauf auf. Ein veränderliche axiale Druckbelastung der Platte, entsprechend den Ergebnissen von FEYERABEND ist die Folge [6]. Der registrierte Anstieg der Zugkraft ist auf die Längsdehnung der Platte zurückzuführen, welche den Plattenkopf verschiebt und somit die Kraft innerhalb der Zugstäbe erhöht. Im Vergleich zu den Ergebnissen aus [6] ist der Anstieg jedoch deutlich geringer ausgeprägt. Während FEYERABEND einen Anstieg der Normalkraft zwischen 30 % und 100 % verzeichnete, zeigen die eigenen Versuche einen Anstieg der Normalkraft zwischen 5 % und 30 % auf. Dieser Unterschied ist einerseits auf einen abweichenden Versuchsaufbau sowie Belastungen zurückzuführen und zum anderen durch die erhöhten Druckkräfte innerhalb der eigenen Versuche bedingt. Im Vergleich zu den Ergebnissen aus [6] sind die Druckspannungen in etwa dreimal so hoch. Geringere Längsausdehnungen und ein reduzierter, relativer Kraftanstieg sind die Folge der erhöhten statischen Druckbeanspruchung.

Die Biegebelastung wurde durch gleichförmigen lateralen Luftdruck (p_0) von 15 kN/m² vorab aufgebracht. Unter dieser Belastung kam es zu einer nicht zu verhindernden Verschiebung des Auflagers von ca. 1,2 mm. Diese Nachgiebigkeit der Unterkonstruktion beeinflusst das Schwingungsverhalten und wird innerhalb der numerischen Betrachtungen berücksichtigt.

Dynamische Belastungen und Verformungen

Für die zeitliche Druckbelastung $p(t)$ wurden vereinfachte Belastungsformulierungen an Hand einzelner Belastungspunkte abgeleitet (siehe Abschnitt 9.3). Die Belastungen beziehen sich jeweils auf den dynamischen Anteil $p_{dyn}(t)$ der Druckbelastung:

$$p(t) = p_{dyn}(t) + p_0 \qquad [4.1]$$

Die Beschreibung anhand eines Polygonzugs hat im Vergleich zu analytischen Gleichungen wie der FRIEDLANDERfunktion den Vorteil, dass auftretende Mehrfachreflektionen abgebildet werden können. Bild 4.1 zeigt exemplarisch einen Druck-Zeitverlauf unter dynamischer Luftstoß- und statischer Luftdruckbelastung. Die statische Druckbelastung ist vor dem Auftreffen der Stoßwelle deutlich zu erkennen. Weitergehend tritt die bei einer Versuchsdurchführung ohne statische Belastung zu beobachtenden Sogphase der Belastung aufgrund der wirkenden statischen Luftdrücke nicht auf.

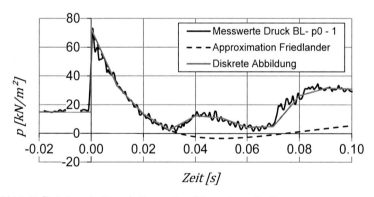

Bild 4.1: Stoßbelastung des Versuchs BL - p_0 - 1 und dessen Approximationen.

Die Belastungsgröße des Luftstoßes $p_{dyn}(t=0)$ und statische Luftdruckbelastung sowie die maximal auftretende Verformung in Plattenmitte w_{max} sind in Tabelle 4.1 zusammengefasst.

Tabelle 4.1: Belastungsgrößen und maximalen Verformung in Plattenmitte w_{max} der Versuche

Bezeichnung	Belastung				Verformung
	p_0 [kN/m²]	N_0 [kN]	$p(t=0)$ [kN/m²]	$p_{dyn}(t=0)$ [kN/m²]	w_{max} [mm]
BL – 1	-	-	55	55	6,4
BL - 2	-	-	109	109	18,7
BL - 3	-	-	156	156	48,5
BL - N_0 - 1	-	535	58	58	5,0
BL - N_0 - 2	-	535	108	108	12,4
BL - N_0 - 3	-	535	155	155	24,7
BL - N_0 – p_0 - 1	15	535	58	43	6,2
BL - N_0 - p_0 - 2	15	535	117	102	14,1
BL - N_0 - p_0 - 3	15	535	165	150	28,1
BL - p_0 - 1	15	-	53	38	7,9
BL - p_0 - 2	15	-	112	98	18,1
BL - p_0 - 3	15	-	139	124	24,4

Weitergehend veranschaulicht Bild 4.2 die Verformung des Bauteils in Abhängigkeit der statischen Belastungsart und der dynamischen Belastungsgröße, dargestellt durch den Druck des Luftstoßes.

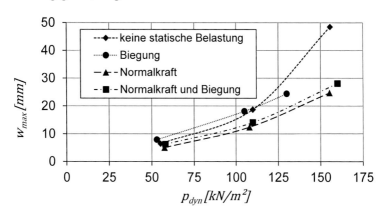

Bild 4.2: Maximale Verformung in Plattenmitte für unterschiedliche statische Belastungen und dynamische Belastungsgrößen dargestellt für den dynamischen Druck p_{dyn}.

Bewertung der Versuchsergebnisse

Die vorab formulierten Hypothesen werden im Wesentlichen bestätigt:

Die zusätzliche Beanspruchung durch eine Druckkraft führt im Vergleich zum Fall ohne Belastung zu wesentlich geringeren Verformungen. Der Verformungsunterschied nimmt bei höheren Belastungen signifikant zu. Dies ist wie folgt zu begründen: Während im Falle geringerer Belastungen die Normalkraft lediglich die Rissbildung unterdrückt, verzögert sie bei höheren Belastungen ein Überschreiten der Fließgrenze der Zugbewehrung (Ausbildung von Fließgelenken). Da der Steifigkeitsabfall bei der Ausbildung eines Fließgelenks im Vergleich zur Rissbildung deutlich stärker ausgeprägt ist, stellt sich entsprechend bei größeren Belastungen ein erhöhter Verformungszuwachs im Fall ohne Druckkraft zu dem Fall mit Druckkraft für die Belastungsstufe 3 ein. Das resultierende Rissbild und die plastischen Verformungen (Auswölbung der Platte) für Versuch BL-3 sind nach dem Versuch deutlich zu erkennen (siehe Bild 4.3).

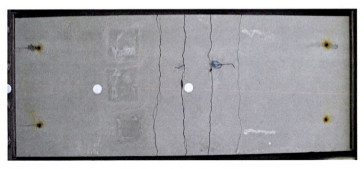

Bild 4.3: Stahlbetonplatte und Rissbild nach dem Versuch BL –3.

Die Einbindung einer Biegebelastung führt im Versuch zu der erwarteten Verformungszunahme. Dies ist insbesondere für die Belastungsfälle Normalkraft sowie Normalkraft und Biegung klar zu erkennen. Da das Bauteilverhalten (Rissbildung, Bildung von Fließgelenken) im Gegensatz zur Einbindung einer Normalkraft bei gleichen Belastungen des Querschnitts auftritt, ergibt sich ein annähernd gleichmäßiger Verformungszuwachs.

Lediglich für die Fälle mit Biegebelastung und ohne Belastung ist der Zuwachs nicht eindeutig aufzuzeigen. Im Falle maximaler dynamischer Belastung (BL-p-3) wird eine niedrigere Verformung verzeichnet. Dies wird auf eine ungewollte Einspannung der Platte innerhalb der aufliegenden Querträger und Zugstangen zurückgeführt. Die Spannhülsen der Spannstangen waren vor der Druckstoßbelastung gelöst und somit ohne Last. Jedoch kann eine nachträgliche Einspannung bei einer Längenänderung der Platte als Folge eines Aufreißens des Querschnitts bei hohen Belastungen nicht ausgeschlossen werden. Die Folge sind auf die Platte wirkende Druckkräfte, welche die Verformungen reduzieren. Dies wird anschaulich durch die vergleichbare Steigung der Geraden für den Fall Normalkraft sowie den Fall Normalkraft und Biegung bestätigt. Messwerte der DMS der Spannstange liegen für diesen Versuch nicht vor. Der Effekt wurde daher numerisch untersucht.

Die ermittelten Verformungs-Zeit-Verläufe werden in Kapitel 4.1.2 im Vergleich mit den numerischen Ergebnissen dargestellt.

4.1.2 Numerische Ergebnisse

Modell und Materialparameter

Die Simulationsmodelle wurden aufbauend auf den Versuchsergebnissen um eine variable Auflagersteifigkeit, Auflagermasse und eine mögliche Einspannung erweitert (siehe Bild 4.4). Die Auflagemasse beinhaltet die Masse des Auflagers und des Querträgers am Plattenkopf und Fuß (m_A = 100 kg). Die Auflagersteifigkeit k_A wird aus der gemessenen Verformung des Auflagers unter statischer Last ermittelt und beträgt 5,5 MN/m. Zur Abbildung der Belastung durch eine Normalkraft wird dem Versuch entsprechend ein Federelement mit einem verschieblichem Auflager innerhalb des Modells abgebildet. Durch eine Auflagerverschiebung kann die statische Vorbelastung durch die Vorspannung eingebunden werden. Die Steifigkeit der Spannkonstruktion k_P setzt sich aus der Steifigkeit der Spannstangen (EA/l), des Querträgers sowie der Steifigkeit der Verbindungsteile (Bolzen, Gewinden etc.) zusammen. Die Steifigkeit der Spannkonstruktion wurde als halbe Steifigkeit der Spannstange festgelegt. Dies beinhaltet die Annahme, dass die Steifigkeit der übrigen Elemente der Steifigkeit der Spannstange entspricht ($k_P \approx EA/(2l) = 350\ MN/m$). Zur Simulation des Falls ohne Einspannung wird die

Steifigkeit der Spannkonstruktion gleich Null gesetzt, wodurch eine freie Auflagerung abgebildet wird. Das numerische System ist in Bild 4.4 dargestellt.

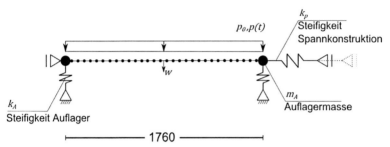

Bild 4.4: Numerisches Modell der Stoßrohrversuche.

Die Materialparameter wurden aus den Versuchen zur Materialfestigkeit abgeleitet und sind in Tabelle 4.2 zusammengefasst. Es wurden die innerhalb des Abschnitts 3.2.2 vorgestellten dehnratenabhängigen Materialformulierungen verwendet. Die Lage der Betonstahlbewehrung und Querschnittsabmessungen wurden nach Tabelle 3.3 festgelegt. Eine Dämpfung wurde nicht berücksichtigt, da für die betrachteten Belastungen die erste Auslenkung den Tragwiderstand bestimmt (keine Mehrfachbelastung) und das nichtlineare Tragverhalten (u. a Dämpfung durch Rissbildung) in der Simulation abgebildet wird.

Tabelle 4.2: Materialparameter der Simulation

	Parameter				Quelle
Beton	f_c	Druckfestigkeit	[N/mm²]	51,7	Druckversuche Tabelle 3.4
	f_t	Zugfestigkeit	[N/mm²]	3,9	Gleichung 2.15
	ε_{c1}	Betondehnung bei maximaler Last	[‰]	2,5	DIN EN 1992-1 [33]
	ε_{c1u}	Bruchdehnung	[‰]	3,2	DIN EN 1992-1 [33]
		Festigkeitssteigerung	[-]	-	Gleichung 2.19, Gleichung 2.21
Betonstahl	f_y	Fließgrenze	[N/mm²]	550	Zugversuche Tabelle 3.7
	f_u	Streckgrenze	[N/mm²]	650	
	ε_{su}	Dehnung Zugfestigkeit	[‰]	125	
		Festigkeitssteigerung	[-]	-	Gleichung 2.23

Vergleich mit den Versuchsergebnissen

Zum Vergleich der Simulationsergebnisse mit den experimentellen Ergebnissen wird die Verformung in Feldmitte herangezogen. Für die Versuchsserien ohne Belastung und mit Biegebelastung sind die numerischen und experimentellen Ergebnisse in Bild 4.5 dargestellt. Der Verformungsverlauf wird im Modell sehr gut wiedergegeben. Sowohl die maximale Verformung als auch der Verformungszeitpunkt wird durch das Modell in guter Näherung erfasst. Eine Übereinstimmung für das erste Verformungsmaximum ist für die betrachteten Stoßbelastungen von wesentlichem Interesse, da diese die maximalen Beanspruchung definiert und zum Zeitpunkte des ersten Schwingungsmaximums auftritt [122]. Auch die Rückschwingung zeigt im Vergleich mit dem Versuch ein ähnliches Verhalten.

Der Einfluss der angenommenen Einspannung bei einer statischen Biegebelastung (BL – p_0) ist klar zu erkennen. Während für niedrige Belastungen (Laststufe 2 und 3) die Verformungszeitverläufe mit und ohne Biegebelastung vergleichbar sind, weichen diese bei höheren Belastungen stärker voneinander ab. Grund hierfür ist neben der erhöhten Belastung im Wesentlichen die Einspannung, welche die Verformung infolge einer Druckbeanspruchung des Querschnitts reduziert.

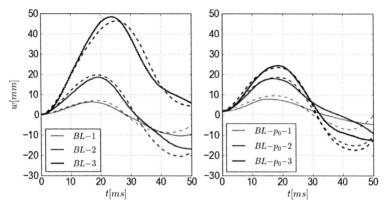

Bild 4.5: Verformungs-Zeitverlauf im Versuch und im Modell (gestrichelt) für eine Belastung mit und ohne Biegebelastung.

Für die Versuchsserien mit einer Normalkraftbelastung werden die maximale Verformung und der Zeitpunkt der maximalen Auslenkung insbesondere für die höchste Belastungsstufe in sehr guter Näherung zum Versuch durch die Simulation prognostiziert (siehe Bild 4.6).

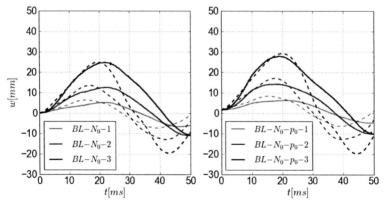

Bild 4.6: Verformungs-Zeit-Verlauf im Versuch und im Modell (gestrichelt) für eine Belastung mit und ohne Biegebelastung sowie einer Normalkraftbelastung.

Die Rückschwingung zeigt innerhalb der Simulation im Vergleich zum Versuch ein unterschiedliches Verhalten, welches auf die vereinfachte Abbildung des Auflagers als Ein-Masse-Feder-System ohne Dämpfung zurückgeführt wird. Realitätsnäher wäre hierbei sicherlich eine Abbildung als Mehrmassenschwinger mit einer gewissen Dämpfung, welcher verschiedene Schwingungsformen der Unterkonstruktion sowie die innerhalb der Schrauben und Verbindungselemente wirkende Reibung abbildet. Auf eine weitere Anpassung der Auflagerbedingungen wurde jedoch verzichtet, da zum einen Messwerte zur Ableitung der Parameter des Mehrmassenschwingers nicht vorliegen und zum anderen die gewählte Abbildung die erste maximale Verformung bereits zutreffend beschreibt.

Die Übereinstimmung zwischen Versuchs- und Simulationsergebnissen für alle Versuche, kann durch eine Gegenüberstellung maximalen Verformungen im Versuch und der Simulation erfolgen. Bei perfekter Übereinstimmung zwischen Simulation und Experiment beschreibt dieser Datensatz im Diagramm eine Diagonale. Für die durchgeführten Versuche im Fernbereich ist dies in Bild 4.7 dargestellt.

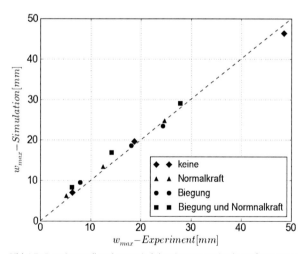

Bild 4.7: Experimentell und numerisch bestimmte maximale Verformungen.

Die Übereistimmung zwischen Versuch- und Simulationsergebnissen wird insgesamt als sehr zufriedenstellend betrachtet. Insbesondere für hohe Belastungen zeigen die Ergebnisse eine sehr gute Übereinstimmung, welche eine Verwendung des entwickelten Simulationswerkzeuges für weitergehende Betrachtungen rechtfertigt.

Querschnittsverhalten und Festigkeitssteigerung

Die Simulationsergebnisse erlauben es, neben dem Bauteilverhalten das Querschnittsverhalten anhand von Momenten-Krümmungsdiagrammen weitergehend zu betrachten. Diese Darstellungsform stellt die bekannten Bereiche des Querschnittsverhaltens (elastisches Verhalten, Rissbildung und Fließen der Zugbewehrung) anschaulich dar. In Abhängigkeit der Randbedingungen und der wirkenden Druckkräfte ergeben sich für die Momenten-Krümmungsdiagramme deutliche Zunahmen der Riss- und Fließmomente (siehe Bild 4.8).

Im Falle des Versuchs BL - 3 wird ein Überschreiten der Streckgrenze der Zugbewehrung und somit entsprechend des Versuchsergebnisses eine Rissbildung und zudem plastische Verformungen durch das Modell prognostiziert (vgl. Bild 4.3). Im Falle des Versuchs BL - p_0 - 3 führt die vorhandene Einspannung nach einem Aufreißen des Querschnitts zu einem erhöhten Tragwiderstand bei gleicher Krümmung im Vergleich zum Versuch BL - 3. Grund hierfür ist die bereits erwähnte Ausbildung einer Druckkraft.

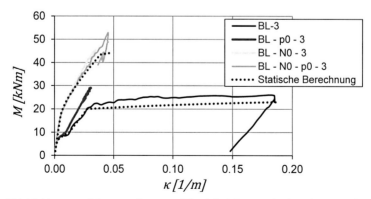

Bild 4.8: Momenten-Krümmungsdiagramme (Simulation) der Versuche der Belastungsstufe 3 in Feldmitte.

Bild 4.8 zeigt weiterhin den Einfluss der Festigkeitssteigerung der Materialien auf, welche den Querschnittswiderstand bei gleicher Krümmung und hoher Belastungsgeschwindigkeit ansteigen lässt (Versuch BL - 3 und BL - N_0 - 3). Im Vergleich zu einer Ermittlung des Querschnittswiderstandes mittels statischer Materialmodelle steigt die Festigkeit für den Versuch BL - 3 in etwa um 10 % an (siehe Bild 4.8). Diese Zunahme ist im Wesentlichen auf den Betonstahl zurückzuführen, welcher nach Überschreiten der Fließgrenzen für die numerisch ermittelten Dehnraten von in etwa 0,1 1/s eine Zunahme der Festigkeit von in etwa 9 % erfährt (nach Gleichung 2.23, Seite 46). Der noch »fehlende« Prozentpunkt ist der Festigkeitssteigerung des Betons zu zuweisen. Die Ergebnisse stimmen sehr gut mit den Untersuchungen von HOCH [76] und LIN [7] überein, welche eine Festigkeitssteigerung auf Querschnittsebene in ähnlicher Form und vergleichbarer Größenordnung bei Anprall feststellten (siehe Kapitel 2.3.1 und Bild 2.27, Seite 49).

4.1.3 Zusammenfassung und Bewertung

Die vorab vorgestellten experimentellen und numerischen Ergebnisse belegen die vorgestellten Erwartungen zum Einfluss einer statischen Belastung auf das Verhalten von Stahlbetonbauteilen unter Detonationsbelastungen im Fernbereich (Blast).

Vorhandene Normalkräfte beeinflussen den Biegewiderstand signifikant. Die Rissbildung und die Ausbildung von Fließgelenken tritt bei einer zusätzlichen Beanspruchung durch Druckkräfte erst bei größeren Blastbelastungen und somit einer höheren Biegebeanspruchung des Querschnittes auf. Eine Auslegung unter Vernachlässigung möglicher Normalkräfte ist somit nicht möglich, da das Verhalten des Bauteils nicht zutreffend beschrieben wird. Auch wenn der Biegewiderstand bei einer Analyse ohne Normalkräfte mitunter unterschätzt wird, kann nicht von einem konservativen Ergebnis ausgegangen werden. Zwar erhöht die Druckkraft den Widerstand, jedoch reduziert sie die Duktilität, so dass der dynamische Widerstand bei schneller Belastung, als Produkt aus Duktilität und Widerstand verstanden, insgesamt reduziert werden kann. Des Weiteren sind die abgeleiteten Auflagerkräfte bei einer Vernachlässigung der Druckkräfte nicht konservativ, da Auflagerkräfte und somit Schubkräfte durch den erhöhten Biegewiderstand ansteigen. Eine Schubbemessung ist somit ohne eine Berücksichtigung von Druckkräften nicht möglich.

Eine statische Biegebelastung beeinflusst im Gegensatz zur Normalkraft nicht das Querschnittsverhalten des Bauteils, führt aber zu einer zusätzlichen Belastung, welche bei gleichgerichteter Belastung die Beanspruchung erhöht und somit den verbleibenden dynamischen Widerstand reduziert. Die Auswirkung ist von der Größe der statischen Belastung, der Größe der dynamischen Einwirkung und dem Widerstand des Bauteils abhängig.

Im Vergleich mit den experimentellen Ergebnissen wird die Prognosequalität des entwickelten Simulationswerkzeugs als sehr zufriedenstellend betrachtet. Neben einer Beschreibung des dynamischen Bauteilverhaltens ermöglicht die gewählte Einbindung des Dehnrateneffekts in der Materialformulierung es, den erhöhten Querschnittswiderstand bei schneller Belastung in vergleichbarer Art und Weise zu den Ergebnissen von HOCH [76] und LIN [7] abzubilden.

4.2 Stahlbetonstützen unter Detonationen im Nah- und Kontaktbereich

Durch die Detonation werden die Stahlbetonstützen im Bereich der Ansprengung in der Regel durch Rissbildungen und Abplatzungen geschädigt. Das Ausmaß dieser Schädigung beeinflusst die Tragfähigkeit. Zur Abgrenzung werden drei Schädigungsgrade unterschieden, welche nach der Detonation und vor Ermittlung der Resttragfähigkeit ermittelt wurden:
- *N* – keine Schädigung,
- *R* – Rissbildung und
- *A* – Abplatzungen.

Für die Bewertung der Versuchsergebnisse der Resttragfähigkeit werden zwei relative Bezugsgrößen eingeführt. Die ermittelten Resttragfähigkeiten der geschädigten Betonstützen $N_{R,exp}$ werden auf den mittleren statischen Druckwiderstand des Stahlbetonquerschnitts $N_{R,stat}$ nach [35] bezogen:

$$n_R = \frac{N_{R,exp}}{N_{R,stat}} = \frac{N_{R,exp}}{A_c f_c + A_y f_y} \qquad [4.2]$$

Die dimensionslose Darstellungsform beschreibt somit eine im Bezug zum ungeschädigten Querschnitt relative Tragfähigkeit. Die Skalierung ermöglicht einen Vergleich der Ergebnisse von Rundstütze und Rechteckstütze mit unterschiedlichen statischen Tragfähigkeiten. Des Weiteren können die Ergebnisse hinsichtlich des möglichen Ergebnisraumes direkt relativ bewertet werden.

Die im Versuch beobachteten Resttragfähigkeiten der geschädigten Stützen liegen stets unterhalb der maximalen Tragfähigkeit mit $n_R < 1,0$. Als Grund hierfür ist im Wesentlichen eine Reduktion des wirksamen Betonquerschnitts durch Abplatzung des Betons auf der Vorder- und Rückseite sowie eine Schädigung des noch vorhandenen Betonquerschnitts durch Rissbildung anzusehen, wodurch sich die Tragfähigkeit des verbleibenden Betonquerschnitts reduziert.

Weitergehend wird zur zusätzlichen Bewertung eine relative, lediglich auf den Betonstahl bezogene, Betonstahltragfähigkeit $n_{R,S}$ eingeführt:

$$n_{R,S} = \frac{N_{R,exp}}{N_{R,S,stat}} = \frac{N_{R,exp}}{A_y f_y} \qquad [4.3]$$

Bei einem relativen Betonstahltraganteil von $n_{R,s}$ nahe von 1,0 dient dieser Wert als Indikator für eine großteilige Schädigung und nur geringfügige Beteiligung des Betons am Lastabtrag. Die Resttragfähigkeit wird hierbei größtenteils durch die Bewehrung aufgenommen. Werte von $n_{R,s}$ deutlich kleiner als 1,0 deuten auf eine reduzierte Betonstahltragfähigkeit hin.

Der gewählten Einstufung liegt die Annahme zu Grunde, dass eine annähernd vollständige Schädigung des Betons stets vor einer Schädigung des Betonstahls eintritt. Diese Annahme kann durch die im Vergleich zum Betonstahl geringe Tragfähigkeit des Betons begründet werden, ist jedoch nicht uneingeschränkt gültig. So ist z. B. bei sehr dicken Bauteilen eine Schädigung des Betons und Betonstahls auf der Vorderseite denkbar, bei der zusätzlich ein Bereich des Betons in Bauteilmitte keine Schädigungen aufweist. Dies stellt jedoch einen Sonderfall dar, welcher für die betrachteten Stahlbetonstützen nicht relevant ist und bei den numerisch und experimentell betrachteten Bauteilen nicht festgestellt werden konnte.

4.2.1 Experimentelle Ergebnisse

Rechteckstützen unter Kontaktdetonation

Die Detonation führt an allen die Stütze umgebenden Seitenflächen zu Abplatzungen des Betons in Höhe der ersten Bewehrungslage. Der verbleibende Restquerschnitts zwischen den Bewehrungsstäben ist nach der Detonation mit Rissen durchzogen. Die resultierende Schädigung wird in Bild 4.9 dargestellt.

Während die Tiefe der Abplatzungen bei den Versuchen annähernd konstant ist, können unterschiedliche Abplatzungshöhen festgestellt werden. Den Grund hierfür stellen abweichende Detonationsbelastungen innerhalb der Versuchsreihe dar, welche sich als Folge der Sprengstoffherstellung, Platzierung des Zünders und des Zünd- sowie Detonationsvorgangs nicht vermeiden lassen. Entsprechende Abweichungen wurden auch von LANDMANN festgestellt, welcher bei Kontaktdetonationen auf

Stahlbetonplatten gleicher Herstellung und identischer Versuchsdurchführung starke Abweichungen der innerhalb des Materials gemessenen Drücke als auch der beobachteten Abplatzungen feststellte, siehe [29].

Vorne Seite Links Seite Rechts Hinten

Bild 4.9: Schädigung der Stahlbetonstütze 6 nach dem Versuch.

Der Querschnitt ist nach der Detonation geschädigt. Aufgrund der großflächigen Abplatzungen an allen vier Außenseiten und der starken Rissbildung des verbleibenden Betons ist von einer stark reduzierten Tragfähigkeit des Betons auszugehen mit einer Resttragfähigkeit im Bereich der Betonstahltragfähigkeit ($n_{R,S} \approx 1{,}0$). Diese Größenordnung wird durch die ermittelten Resttragfähigkeiten (Tabelle 4.3) bestätigt, nämlich einer relativen Betonstahltragfähigkeit zwischen 60 % und 108 %.

Tabelle 4.3: Schädigungsausmaß und Resttragfähigkeit der Rechteckstützen

Versuch	N_{Ak}	Schädigung*1						offene Bügel	N_R	n_R	$n_{R,S}$
		vorne		seitlich		Hinten					
		S	H	S	H	S	H				
	[kN]	[-]	[cm]	[-]	[cm]	[-]	[cm]		[kN]	[%]	[%]
1	435	A	35	A	35	A	>35	2	728	24	60
2	435	A	25	A	34	A	40	1	950	32	79
3	435	A	30	A	35	A	40	2	798	27	66
4	435	A	26	A	36	A	*2	0	1302	43	108
5	435	A	30	A	37	A	*2	1	948	32	79
6	435	A	25	A	36	A	45	0	1135	38	94
7	0	A	28	A	36	A	36	0	1223	41	101

*1 Abplatzungstiefe bei ca. 2cm (Lage Längsbewehrung)

*2 Beton rückseitig nicht abgeplatzt, starke Trennrisse auf der Rückseite, Abplatzung bei Prüfung der Resttragfähigkeit vor maximaler Traglast

Als weiteres Charakteristikum der Schädigung konnte das Öffnen einzelner oder mehrerer Bügel festgestellt werden, welche sich als Ursache für die beobachteten Abweichungen der ermittelten Resttragfähigkeiten der Versuchsserie anführen lässt. Grund hierfür sind die sich im Druckversuch einstellenden unterschiedlichen Knicklängen der Längsbewehrung. Während bei Druckversuchen mit intakten Bügeln die Längsbewehrung erst nach Erreichen der maximalen Resttragfähigkeit ausknickte, ermittelte Knicklänge zwischen den Wendepunkten beim anschließenden Ausknicken ca. 75 mm, kam es bei den Rechteckstützen mit zwei nach der Explosion offenen Bügeln bereits vor einem Erreichen der Traglast zu einem seitlichen Ausweichen der Längsbewehrung. Eine deutlich größere Knicklänge von ca. 250 mm konnte für diesen Fall festgestellt werden (Bild 4.10).

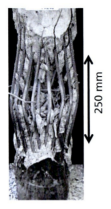 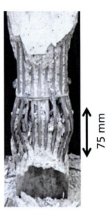

Bild 4.10: Knicklänge nach Bestimmung der Resttragfähigkeit des Versuchs.

Der Effekt kann mittels der folgenden Handrechnung gut nachvollzogen werden.

Handrechnung

Die Betonstütze wird als geschädigter Querschnitt betrachtet, bei dem die Last nur durch die Bewehrungsstäbe aufgenommen wird. Eine Einleitung der Last in die Bewehrungsstäbe kann durch den Verbund zwischen Beton und Stahl oberhalb und unterhalb des geschädigten Bereiches erfolgen. Für den geschädigten Querschnitt ergibt sich die Tragfähigkeit zu:

$$N_{R,M,0} = A_s \sigma_y = 24{,}1\ cm^2 \cdot 500\ kN/cm^2 = 1205\ kN \qquad [4.4]$$

Dies stellt den Grenzfall der Stütze mit geschlossenen Bügeln dar, für welche die Knickspannung bei einer Knicklänge von ca. 75 mm weit über der Fließspannung liegt.

Im Falle der Stütze mit offenen Bügeln wird die Tragfähigkeit einzelner Stäbe durch die Knickspannung limitiert. Eine wesentlich geringere Druckspannung σ_{cr} ist für diese Bewehrungsstäbe ausreichend. Die Tragfähigkeit setzt sich in diesem Fall aus dem Traganteil der gehaltenen und nicht gehaltenen Bewehrungsstäbe zusammen:

$$N_{R,M} = A_s \left(\frac{n_g}{n}\sigma_y + \frac{n-n_g}{n}\sigma_{cr}\right) \qquad [4.5]$$

mit $\quad n_g \quad$ durch Bügel gehaltenen Stäbe
$\quad\quad\; n \quad$ gesamte Anzahl der Stäbe
$\quad\quad\; \sigma_{cr} \quad$ Knickspannung

Die Knickspannung (Eulerfall 2) kann aus der Knicklänge l_k bestimmt werden und ergibt sich für den Stabquerschnitt mit dem Radius r nach [97] zu:

$$\sigma_{cr} = \frac{\pi^2 EI}{l_k^2 A} = \frac{\pi^2 r^2 E}{4l^2} = \frac{\pi^2 \cdot (4mm)^2 \cdot 210000 \frac{N}{mm^2}}{4 \cdot (250mm)^2} = 132 \frac{N}{mm^2} \qquad [4.6]$$

Die Anzahl der durch Bügel gehaltenen und nicht gehaltenen Stäbe sind im Bild 4.11 dargestellt.

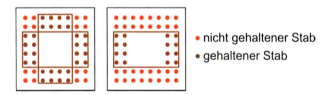

Bild 4.11: Gehaltene und nicht gehaltene Stäbe bei einem oder zwei offenen Bügeln.

Der Tragwiderstand lässt sich somit überschlägig ermitteln. Er ergibt sich bei einem offenen Bügel zu:

$$N_{R,M,1} = 24{,}1 cm^2 \left(\frac{32}{48} 50 kN/cm^2 + \frac{16}{48} 13{,}2 kN/cm^2\right) = 909 \, kN \qquad [4.7]$$

Im Fall zweier offener Bügel zu:

$$N_{R,M,2} = 24{,}1 cm^2 \left(\frac{16}{48} 50 kN/cm^2 + \frac{32}{48} 13{,}2 kN/cm^2\right) = 614 \, kN \qquad [4.8]$$

Es bleibt zu beachten, dass der Handrechnung verschiedene Modellannahmen zugrunde liegen. Diese betreffen im Wesentlichen:
i. Die Festigkeit gehaltener und nicht gehaltener Stäbe erfolgt in etwa zum Zeitpunkt gleicher Längsverformung,
ii. eine Exzentrizität der Bewehrungsstäbe wird vernachlässigt,
iii. alle nicht gehaltenen Bewehrungsstäbe weisen die gleiche Knicklänge auf,
iv. innere Bewehrungsstäbe werden trotz bestehenden Umschlusses mit Beton als freistehender Stab (EULER-Fall 2) betrachtet.

Vergleicht man die ermittelten Werte mit den Mittelwerten der Versuchsergebnisse (Tabelle 4.4), so zeigt sich trotz der aufgeführten Annahmen eine gute Übereinstimmung zwischen Versuchswerten und Handrechnung. Hierbei wird Punkt iv. als Grund für die zu niedrige Prognose des Tragwiderstandes im Modell im Falle offener Bügel angesehen.

Tabelle 4.4: Vergleich zwischen Handrechnung und Versuchsergebnissen

Offene Bügel	Resttragfähigkeit				Differenz
	Handrechnung		Versuch		
	$N_{R,exp}$	n_R	$N_{R,exp}$	n_R	
[-]	[kN]	[%]	[kN]	[%]	[%]
0	1205	44	1200	44	<1
1	990	33	909	30	8
2	650	21	614	20	6

Aus den vorgestellten Ergebnissen zum Ausknicken einzelner Stäbe lassen sich bereits Anforderungen an die konstruktive Durchbildung formulieren. Ein Öffnen der Bügel ist auf jeden Fall zu vermeiden, da hierdurch die Resttragfähigkeit signifikant reduziert wird. Die Bügelbewehrung sollte daher bei der konstruktiven Durchbildung möglichst in der Nähe der Querschnittsmitte, dem Bereich mit der geringsten Betonschädigung, verankert werden. Wird in diesem Fall durch Abplatzungen der Verbund zwischen Schubbewehrung und Beton sowie Längsbewehrung zerstört, fixieren die Bügel weiterhin die Lage der Längsbewehrung und reduzieren hierdurch die Knicklänge. Denkbar ist die Verwendung von Bügeln mit einer 135° Endverankerung, entsprechend den Anforderungen unter Erdbeben [123].

Ein Einfluss der statischen Belastung auf die Tragfähigkeit konnte im Versuch nicht festgestellt werden. Die Tragfähigkeit der Stütze **mit** statischer Last bei Detonation im Vergleich zum Fall **ohne** statische Last bei Detonation liefert in etwa identische Ergebnisse von ca. 1200 kN. Ein generelles Fazit ist hieraus jedoch nicht abzuleiten, da hier lediglich eine Detonationsgröße und eine statische Belastung untersucht wurde. Weiteren Aufschluss geben die numerischen Untersuchungen in Kapitel 5.3.1.

4.2.2 Numerische Ergebnisse

Die experimentellen Versuche wurden numerisch nachvollzogen. Die Simulationsmodelle sind in Bild 4.12 dargestellt. Die im Modell definierten Messpunkte zeichnen die Materialzustände auf und lassen die auftretende Schädigung im Bereich der höchsten Belastung bezüglich ihrer Versagensform einordnen.

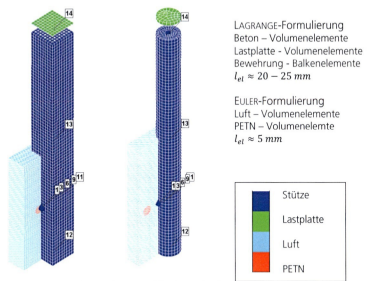

Bild 4.12: Numerische Simulationsmodelle der Rechteck- und Rundstütze mit Messpunkten (1-14).

Die Materialkennwerte für Beton wurden für die Rechteckstütze und Rundstütze aus den ermittelten Druckfestigkeiten abgeleitet. Für den Betonstahl wurden die Werte aus den Versuchsergebnissen der Zugversuche bestimmt. Tabelle 4.5 fasst die Parameter zusammen.

Tabelle 4.5: Parameter der Materialmodelle

		Parameter		RES	RUS	Quelle
RHT-Modell	f_c	Druckfestigkeit	[N/mm²]	54,7	24,8	Druckversuche
	f_t	Zugfestigkeit	[N/mm²]	3,9	2,1	Gleichung 2.15
	G_f	Bruchenergie	[N/m]	82,1	48,8	Gleichung 2.16
	δ	Exponent Dehnrate Druck	[-]	0,022	0,041	Gleichung 2.17
	α	Exponent Dehnrate Zug	[-]	0,027	0,043	Gleichung 2.19
	-	Parameter Festigkeit	[-]	C50/60	C20/25	Tabelle 3.11
JOHNSON-COOK	A	Fließgrenze	[N/mm²]	500		Zugversuche
	B	Steifigkeit Plastizität	[N/mm²]	428		Gleichung 2.69 und Tabelle 3.7
	n	Exponent	[-]	0,5		
	ε_u	Maximale Dehnung	[-]	0,125		
	C	Faktor Dehnrate	[-]	0,012		Gleichung 2.23

Rechteckstütze

Die Simulation ermöglicht es, die einzelnen bei der Detonation auftretenden Vorgänge weitergehend zu untersuchen. Nach Zündung der Sprengladung kommt es zur Ausbreitung der Detonationswelle im Sprengstoff. Diese interagiert mit der Luft und dem umgebenden Bauteil. Durch die Reflektion der Stoßwelle an der Oberseite des Bauteils leitet sie eine Kompressionswelle in den Beton ein. Diese überlagert sich mit dem statischen Ausgangsspannungszustand (hydrostatischer Druck $p \approx \sigma_3/3 = 3{,}4\ N/mm^2$) und führt zu einem starken Anstieg des hydrostatischen Drucks. Infolge ihrer räumlichen Ausbreitung verliert die Kompressionswelle an Intensität. Die Reflektion der Kompressionswelle an der abgewandten Bauteilseite führt zu einer Dekompression des Materials, wodurch die Zugspannung überschritten wird und sich Risse ausbilden.

Bild 4.13 veranschaulicht diesen Vorgang. Innerhalb der Abbildung wird der Druck in der Luft (im Symmetrieschnitt) und im Beton dargestellt. Für die Luft sind nur jene Elemente dargestellt, welche einen Masseanteil an PETN enthalten. Hierdurch kann zusätzlich zum Detonationsdruck die räumliche Ausbreitung der Detonationsprodukte anschaulich dargestellt werden.

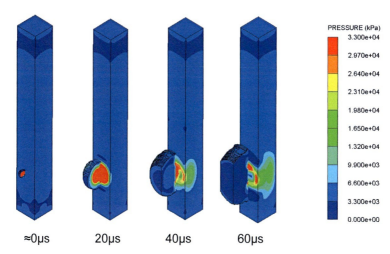

Bild 4.13: Hydrostatische Drücke des Sprengstoffs (Symmetrieschnitt) und des Betons zu verschiedenen Zeitpunkten nach der Detonation.

Die beschriebenen Vorgänge werden durch die numerischen Ergebnisse der Messpunkte verdeutlicht, siehe Bild 4.14 (*oben*). Während im Messpunkt 1 (Vorderseite) ein hydrostatischer Druck von mehr als 100 N/mm² auftritt, werden in Messpunkt 6 (Querschnittsmitte) geringere Druckordinaten von 20 N/mm² erreicht. An der Rückseite (Messpunkt 11) werden durch die Detonationsbelastung hydrostatische Zugzustände hervorgerufen.

Weitergehend lassen sich die unterschiedlichen Schädigungsmechanismen und Schädigungszeitpunkte der einzelnen Bereiche abgrenzen. Der Beton an der Vorderseite erreicht 55 µs nach Zündung seine Festigkeit nach der Schädigung einsetzt. Festigkeit wird durch Abnahme des hydrostatischen Drucks im Übergang von mehraxialer Druck- zu mehraxialer

Zugbeanspruchung, als Folge der sich ausweitenden Oberflächenwellen und der durch die Detonation wirkenden Sogbeanspruchungen, erreicht. Dies wird durch den Übergang von $R_{3,\theta}$ von 1,0 (Druckmeridian) zu $Q_2 = 0{,}61$ (Zugmeridian) verdeutlicht.

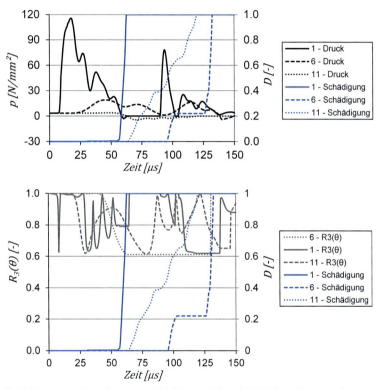

Bild 4.14: Hydrostatischer Druck p und Schädigung D über die Zeit (*oben*); Parameter der dritten Invarianten $R_3(\theta)$ und Schädigung D über die Zeit (*unten*) der Messpunkte 1, 6 und 11.

Auf der Rückseite setzt Schädigung des Betons nach 60 µs ausgelöst durch hydrostatischen Zug ($p < 0$) ein. Die dritte Invariante entspricht dem Zugmeridian ($R_3(\theta) = Q_2$). Es liegt ein mehraxialer Zugspannungszustand vor.

Nachfolgend versagt der Beton in Stützenmitte nach 90 μs bei hydrostatischem Druck und Schubbeanspruchungen zwischen Druck- und Zugmeridian $(p > 0\,;\,1 > R_3(\theta) > Q_2)$ auf Schubbruch.

Über den Querschnitt verteilt treten also sehr unterschiedliche Belastungen und entsprechende Versagensmodi des Betons auf, deren Festigkeit und Bruchverhalten die Schädigung und deren Abfolge über den Querschnitt beeinflussen.

Die Festigkeit wird bei hydrostatischen Drücken erreicht, welche auch bei statischen Belastungen auftreten können. So setzt z. B. für Messpunkt 1 Schädigung bei einem Druck von 47 N/mm² ein. Dieser Wert liegt innerhalb des Wertebereichs der für die Anpassung des RHT-Modells verwendeten Datengrundlage und verdeutlicht, dass eine Anpassung für die gegebene Problemstellung erforderlich ist.

Darüber hinaus belegen die Simulationsergebnisse die beim Versuch beobachtete starke Schädigung des Querschnitts über dessen gesamte Höhe. Dies wird durch die Darstellung der Schädigung der äußeren Elemente innerhalb von Bild 4.15 verdeutlicht. Schädigungsausmaß und Schädigungsintensität stimmen für das angepasste RHT-Modell (RHT*) sehr gut mit dem Versuchsergebnis überein.

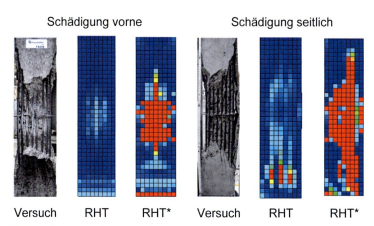

Bild 4.15: Schädigungen beim Versuch und in der numerischen Simulation der ursprünglichen Formulierung des RHT-Modells und der angepassten Formulierung (RHT*) (*rot: vollständige Schädigung, blau: keine Schädigung*).

Im Gegensatz zur angepassten Formulierung unterschätzt das ursprüngliche RHT-Modell (Bezeichnung RHT) die Schädigung deutlich. Grund hierfür ist die bereits innerhalb des Abschnitts 3.3.1 diskutierte Rissentfestigung, welche zu einer Risslokalisierung und inobjektiven Beschreibung der Zugschädigung führen kann. Das Ergebnis ist hinsichtlich einer Schädigungsprognose als nicht konservativ zu betrachten und verdeutlicht erneut die Notwendigkeit der gewählten Anpassung.

Aus den unterschiedlichen Schädigungsprognosen der beiden Modelle resultieren entsprechende Abweichungen der abgeleiteten Resttragfähigkeit. Während die ursprüngliche Formulierung eine Tragfähigkeit deutlich oberhalb der Versuchswerte prognostiziert, bildet die Simulation mit der angepassten Materialformulierung die reduzierte Tragfähigkeit und den Versagensmechanismus realitätsnah ab (siehe Bild 4.16).

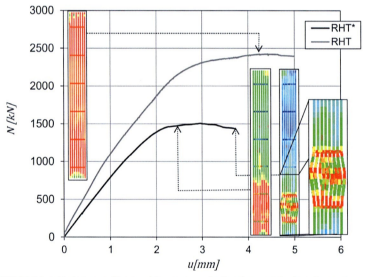

Bild 4.16: Last-Verformungs-Kurve und Spannungen der Bewehrungsstäbe (*rot: Spannung oberhalb der Fließgrenze*) innerhalb der Simulation.

Die Spannungen der Bewehrungsstäbe nehmen im Bereich der Betonschädigung zu. Bei ausreichender Last wird die Fließspannung des Betonstahls überschritten und die maximale Traglast erreicht. Anschließend bilden sich Fließgelenke in den Bewehrungsstäben aus und der axiale Tragwiderstand reduziert sich. Entsprechend den experimentellen Untersuchungen (vgl. Bild 4.10, Seite 150) kommt es anschließend zu einem lokalen Ausknicken der Bewehrungsstäbe. Das ursprüngliche RHT-Modell hingegen prognostiziert eine annähernd gleichmäßige Beanspruchung der Bewehrungsstäbe. Ein Anstieg der Betonstahlspannungen im Bereich der Ansprengung wird somit nicht wiedergegeben.

Da das ursprüngliche RHT-Modell Schädigung und Tragfähigkeit nicht konservativ beschreibt, werden im Folgenden ausschließlich die Ergebnisse des angepassten RHT-Modells vorgestellt.

Das diskutierte Öffnen der Bügel wurde in der Simulation durch ein Entfernen der Bügel abgebildet. Ein Abfall der Tragfähigkeit konnte hierdurch für den Fall des Bügelversagens nachvollzogen werden. Die Tragfähigkeit reduziert sich um in etwa 50 %. Grund hierfür ist die erhöhte Knicklänge der Stäbe.

Ein wesentlicher Einfluss der statischen Belastung auf die Tragfähigkeit konnte entsprechend den Versuchsbeobachtungen nicht festgestellt werden. Die Tragfähigkeit reduziert sich nur geringfügig vergleicht man den Fall ohne statischer Last mit dem Fall mit statischer Last. Tabelle 4.6 stellt die Simulationsergebnisse den Versuchsergebnissen gegenüber.

Tabelle 4.6: Ermittelte Resttragfähigkeiten in Experiment und Simulation

N_{Stat}	Offene Bügel	Resttragfähigkeit			
		Mittelwert Versuch		Simulation	
		$N_{R,exp}$	n_R	$N_{R,exp}$	n_R
[kN]	[-]	[kN]	[%]	[kN]	[%]
0	0	1223	41	1400	49
435	0	1263	42	1490	50
435	2	763	25	940	31

Die dargestellten numerischen Ergebnisse belegen die Anwendbarkeit des Simulationsmodells. Eine Prognose des Schädigungsausmaßes sowie der zu erwarteten Resttragfähigkeit kann mittels des Simulationsmodells erfolgen. Versuchsergebnisse und Simulation weisen eine geringe

Abweichung auf, wobei die Simulation die relative Tragfähigkeit um maximal 8 % überschätzt. Diese Übereinstimmung wird als zufriedenstellend betrachtet.

Tastversuch – Rundstütze unter Nahbereichsdetonation

Zur weiteren Überprüfung des nummerischen Modells wurde ein Tastversuch an einer Rundstütze durchgeführt (siehe Abschnitt 3.1.2). Nachfolgend werden für diesen Versuch die experimentellen und die numerischen Ergebnisse dargestellt:

Innerhalb des Versuchs stellt sich durch den erhöhten Abstand der Sprengladung zur Oberfläche des Bauteils eine reduziert Schädigung des Bauteils nach der Detonation ein, trotz der im Vergleich zur Rechteckstütze niedrigeren Betonfestigkeit der Rundstütze. Grund hierfür ist der Abstand der Sprengladung zur Bauteiloberfläche, wodurch sich die durch die Detonation ausgelöste Belastung reduziert.

Es ist lediglich auf der der Sprengladung zugewandten Seite ein Ausbruch von Beton zu beobachten. An der Rückseite und der Seitenflächen treten keine Abplatzungen auf. Diese Bereiche sind jedoch von Rissen durchzogen. Aufgrund der geringeren Schädigung beteiligt sich der Beton bei der Ermittlung der Resttragfähigkeit am axialen Lastabtrag. Die im Versuch beobachteten Festigkeiten liegen daher oberhalb der relativen Betonstahltragfähigkeit ($n_{R,S} > 1,0$). Dies wird durch das Bruchbild bei der Ermittlung der Tragfähigkeit bestätigt. Der Beton bildet großflächige Bruchflächen aus, siehe Bild 4.17.

Bild 4.17: Beobachtete Schädigungsbilder nach Detonation und Ermittlung der Resttragfähigkeit.

Die ermittelten Tragfähigkeiten bestätigen die auf Basis der Schädigungsbilder getroffenen Schlüsse. Die Tragfähigkeit liegt oberhalb des Betonstahltraganteils, siehe Tabelle 4.7.

Tabelle 4.7: Schädigungsausmaß und Resttragfähigkeit des Tastversuchs

N_{Ak}	Schädigung						offene Bügel	N_R	n_R	$n_{R,S}$
	vorne		Seitlich		hinten					
	S	H	S	H	S	H				
[kN]	[-]	[cm]	[-]	[cm]	[-]	[cm]		[kN]	[%]	[%]
235	A	12	R	.	R	-	-	423	74	237

Numerische Ergebnisse

Für die Rundstütze ist die bereits bei der Rechteckstütze vorgestellte Belastungsabfolge zu beobachten, siehe Bild 4.18. Im Vergleich zur Rechteckstütze kommt es lediglich durch den Abstand der Sprengladung zum Bauteil zu einer späteren und geringeren Druckeinwirkung im Bauteil. Der maximale hydrostatische Druck beträgt in der Nähe der Ansprengung (Messpunkt 1 nach Bild 4.12) maximal 61 N/mm².

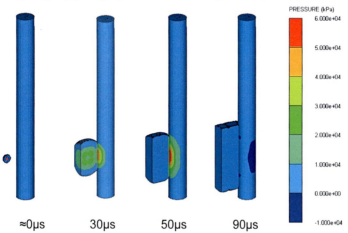

Bild 4.18: Hydrostatische Drücke des Sprengstoffs (Symmetrieschnitt) und des Betons zu verschiedenen Zeitpunkten nach der Detonation (Rundstütze).

Numerisch stellt sich ein zum Versuch vergleichbares Rissbild ein. Auf der lastabgewandten Seite ist in der Simulation die Ausbildung zweier senkrechter Risse in axialer und radialer Richtung sehr gut zu erkennen, die sich aus der Dekompressionsbeanspruchung ergeben. Ebenfalls werden die seitlich auftretende, vermehrte Rissbildung und deren Orientierung wiedergegeben. Für den direkt angesprengten Bereich sind Rißhöhe und Rissorientierung ebenfalls in guter Näherung vergleichbar, siehe Bild 4.19.

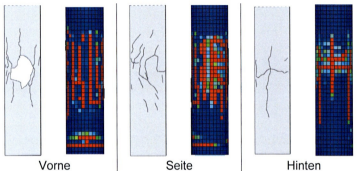

| Vorne | Seite | Hinten |

Bild 4.19: Rissbilder des Versuchs und Schädigung der Simulation (*rot: vollständige Schädigung, blau: keine Schädigung*).

Die Resttragfähigkeitsanalyse zeigt eine Lokalisierung der Spannungen im Betonstahl als Folge der Betonschädigung im Bereich der Ansprengung auf. Da der Beton in der Simulation über den Querschnitt nicht vollständig geschädigt ist, stellt sich auch numerisch eine relative Resttragfähigkeit ein, welche oberhalb des Bewehrungstraganteils liegt ($n_{R,s} = 1{,}73$). Im Vergleich zum Versuchsergebnis unterschätzt die Simulation die relative Tragfähigkeit bezogen auf den Tragwiderstand der ungeschädigten der Stütze um 7 %, siehe Tabelle 4.8.

Tabelle 4.8: Ermittelte Resttragfähigkeiten in Experiment und Simulation

N_{Stat}	Resttragfähigkeit			
	Versuch		Simulation	
	$N_{R,exp}$	n_R	$N_{R,exp}$	n_R
[kN]	[kN]	[%]	[kN]	[%]
235	422	64	324	57

4.2.3 Zusammenfassung und Bewertung

Die durchgeführten experimentellen Untersuchungen zeigen den starken Einfluss der Detonationsbelastung auf die Tragfähigkeit von Stahlbetonstützen auf. Als Folge der lokalen Schädigung im Bereich der Ansprengung reduziert sich sowohl bei einer Kontaktladung als auch bei einer Abstandsladung die Resttragfähigkeit im Vergleich zur Tragfähigkeit des ungeschädigten Querschnitts um bis zu 80 %.

Die Tragfähigkeit wird durch die Rissbildung sowie Abplatzungen des Materials als Folge der eingeleiteten Belastungswellen reduziert. Die Abplatzungen können weitergehend zum Ausfall einzelner Bewehrungsbügel führen, wodurch sich die Knicklänge der Bewehrungsstäbe erhöht und die Tragfähigkeit reduziert wird. Um auch bei Abplatzungen ein Umschließen der Längsbewehrung durch die Bewehrungsbügel zu gewährleisten, sollten diese in der Mitte des Querschnitts verankert werden.

Die numerischen Untersuchungen zeigen, dass eine Anpassung des RHT-Modells erforderlich ist. Für den betrachteten Anwendungsfall, mit vielfältigen mehraxialen Spannungszuständen des Betons, führt die ursprüngliche RHT-Formulierung zu einer unzureichenden Schädigungsprognose, wodurch die Resttragfähigkeit in der Simulation überschätzt wird. Bei einer Anpassung des RHT-Modells werden die nach der Detonation und bei der Tragfähigkeitsermittlung auftretenden Schädigungsmechanismen in sehr guter Übereinstimmung mit dem Versuchsergebnis wiedergegeben. Die Abweichungen zwischen experimentell und numerisch ermittelten Tragfähigkeiten von 7% (in Bezug auf die relative Tragfähigkeit) werden vor dem Hintergrund, der abgebildeten komplexen Phänomene – Detonationsphysik, Fluid-Struktur-Interaktion, mehraxiales Festigkeits-, Bruch- und Wiederbelastungsverhalten des Materials – und der zur Abbildung getroffenen Modellannahmen als sehr zufriedenstellend betrachtet.

Experimentell und numerisch konnte kein wesentlicher Einfluss der statischen Belastung auf Schädigung und Resttragfähigkeit festgestellt werden. Zur Untersuchung des Einflusses der Normalkraft und weiterer Parameter auf die Resttragfähigkeit (Betoneigenschaften, Bügelabstand, skalierter Abstand, Längsbewehrung) werden in Abschnitt 5.3 numerische Studien vorgestellt.

5 Bemessung und Zuverlässigkeit für kombinierte statische und detonative Belastungen

Die vorab vorgestellten Ergebnisse stellten die Auswirkungen einer Kombination von statischer Belastung und einer Detonationsbelastung im Fernbereich und Nahbereich auf das Bauteilverhalten und den Bauteilwiderstand dar. Hierauf aufbauend soll weitergehend innerhalb des folgenden Kapitels die Frage beantwortet werden, welche Anforderungen sich hinsichtlich einer Bemessung stellen und welche Parameter das Bauteilverhalten und den Widerstand gegenüber einer Explosionsbelastung maßgeblich beeinflussen. Da Parameter wie z. B. Materialfestigkeiten eine immanente Streuung aufweisen, sind Kenntnisse zum Einfluss dieser Parameter auf das Simulationsergebnis unerlässlich, um eine zuverlässige Bemessung von Tragwerken unter Berücksichtigung einer Abweichung zu den bei der Modellierung getroffen Annahmen zu ermöglich. Hierauf aufbauend können Bemessungskonzepte entwickelt werden.

5.1 Zuverlässigkeit von Tragwerken für Explosionen

Der Begriff der Zuverlässigkeit findet innerhalb verschiedenster Disziplinen Anwendung, u. a in der Raumfahrt, im Bauwesen und im Maschinenbau. Allgemein kann unter Zuverlässigkeit die Eigenschaft verstanden werden, dass ein Gegenstand oder eine Person die ihm zugewiesene Aufgabe oder Funktion in erwarteter Art und Weise erfüllt. Um Zuverlässigkeit zu gewährleisten, sind somit all jene Faktoren auszuschließen oder zu reduzieren, welche die Aufgabe oder Funktion einschränken oder gefährden. Zur Gewährleistung von Zuverlässigkeit ist es somit von Bedeutung, den Einfluss einzelner Parameter auf das Ergebnis qualitativ oder quantitativ zu identifizieren.

Im Bereich des Bauingenieurwesens wird der Begriff der Zuverlässigkeit meist quantitativ als komplementäres Gegenstück zur Versagenswahrscheinlichkeit definiert; nach SCHNEIDER bezeichnet sie die »*Eigenschaft einer Betrachtungseinheit eine festgelegte Funktion unter vorgegebenen Bedingungen während einer festgelegten Zeitdauer mit vorgegebener Wahrscheinlichkeit zu erfüllen*«[124].

Innerhalb der Tragwerksplanung ist die Zuverlässigkeit als Grundlage der Normung wesentlicher Bestandteil der Bemessung. Der EUROCODE 0 fordert, dass das Bauwerk durch die Planung und Errichtung »*mit einer angemessenen Zuverlässigkeit und Wirtschaftlichkeit den möglichen Einwirkungen und Einflüssen standhält und die geforderten Anforderungen an die Gebrauchstauglichkeit eines Bauwerks oder eines Bauteils erfüllt*« [85].

Die Behandlung der Zuverlässigkeit wird innerhalb des informativen Anhang B des EUROCODE 0 [85] geregelt. Die anzustrebende Zuverlässigkeit richtet sich nach der Schadensfolgeklasse CC des Tragwerks, welche die Auswirkung eines Ausfalls bewertet. Hierbei wird ein Tragwerk mit höherer Versagensfolge (Verlust von Menschenleben oder wirtschaftlicher Schaden), z. B. eine Konzerthalle im Vergleich zu einem Gewächshaus, in eine höhere Klasse eingeordnet. Hierdurch wird die Akzeptanz für einen Ausfall des Tragwerks gewichtet (siehe Tabelle 5.1).

Tabelle 5.1: Klassen für die Schadensfolge nach EUROCODE 0 [85]

Schadens-folgeklasse	Merkmale	Beispiele
CC 3	hohe Folgen für Menschenleben oder sehr große wirtschaftliche, soziale oder umweltbeeinträchtigende Folgen	Tribünen, öffentliche Gebäude mit hohen Versagensfolgen (z. B. eine Konzerthalle)
CC 2	mittlere Folgen für Menschenleben, beträchtliche wirtschaftliche, soziale oder umweltbeeinträchtigende Folgen	Wohn- und Bürogebäude, öffentliche Gebäude mit mittleren Versagensfolgen (z. B. ein Bürogebäude)
CC 1	niedrige Folgen für Menschenleben und kleine oder vernachlässigbare wirtschaftliche, soziale oder umweltbeeinträchtigende Folgen	Landwirtschaftliche Gebäude ohne regelmäßigen Personenverkehr (z. B. Scheunen, Gewächshäuser)

Die Schadensfolgeklassen sind direkt mit Zuverlässigkeitsklassen RC verknüpft. Diese Zuverlässigkeitsklassen definieren über den Index β die Zuverlässigkeit und Versagenswahrscheinlichkeit p_F des Tragwerks (siehe Bild 5.1):

$$p_F = \Phi(-\beta) \qquad [5.1]$$

mit $\quad \Phi \quad$ kumulative Verteilungsfunktion

Der Zuverlässigkeitsindex β wird im Bauingenieurwesen als Alternative zur Versagenswahrscheinlichkeit zur anschaulicheren Darstellung der Zuverlässigkeit verwendet. Für die üblichen Anwendungsbereiche weist der Zuverlässigkeitsindex Werte zwischen 1 und 5 auf, welche gegenüber den korrespondieren Versagenswahrscheinlichkeiten von 10^{-1} bis 10^{-7} bevorzugt der Darstellung dienen.

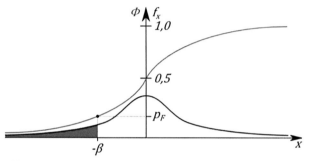

Bild 5.1: Versagenswahrscheinlichkeit und Zuverlässigkeitsindex.

Innerhalb des EUROCODE 0 werden für Gebäude mit höherer Schadensfolgeklasse erhöhte Anforderungen an die Zuverlässigkeit gestellt (kleinere Versagenswahrscheinlichkeit). Somit wird ein ausgeglichenes Risiko, welches als Produkt aus Schaden und Wahrscheinlichkeit aufgefasst werden kann, für die unterschiedlichen Tragwerke erreicht. Tragwerke des Hochbaus mit einer Nutzungsdauer von 50 Jahren sind üblicherweise in die Schadensfolgeklasse CC2 und somit in die Zuverlässigkeitsklasse RC2 einzuordnen. Für diese wird ein Zuverlässigkeitsindex β von *3,8* und somit eine Versagenswahrscheinlichkeit von *7,2·10⁻⁵* gefordert [85].

Innerhalb der Bemessung wird die Zuverlässigkeit durch die Verwendung des semi-probabilistischen Bemessungskonzepts sichergestellt [85]. Hierbei werden sowohl Unsicherheiten auf Seiten der Einwirkungen als auch auf Seiten des Widerstands berücksichtigt (vgl. Abschnitt 2.3.2).

5.1.1 Sicherheitskonzept für Explosionsereignisse

Für übliche Nutzlasten und Naturereignisse mit ausreichenden statistischen Datengrundlagen (Erdbeben, Starkwinde und Starkschneefälle) werden die Einwirkungen repräsentierender Belastungen normativ festgelegt. Eingangsgrößen bei der Bemessung stellen hierbei charakteristische Bemessungswerte dar, welche basierend auf ihrer Auftretenswahrscheinlichkeit im betrachteten Bezugszeitraum ermittelt wurden. Für die innerhalb der Norm geregelten außergewöhnlichen Belastungen (Anprall, Brand, Gasdetonationen) werden z. B. Einwirkungen mit einer jährlichen Auftretenswahrscheinlichkeit von $p=10^{-4}$ betrachtet. Aufgrund der geringen Menge an statistischen Daten und der unterschiedlichen Gefahrenlage verschiedener Regionen ist bei einer Explosion die Festlegung einer charakteristischen, mit einer Auftretenswahrscheinlichkeit assoziierten Bemessungslast nicht zweckmäßig bzw. möglich. Die Festlegung maßgeblicher Bemessungsszenarien erfolgt daher innerhalb einer Risikoanalyse (siehe Bild 5.2, [5] oder [2]).

Bild 5.2: Bemessungsablauf für ein Explosionsereignis.

Die Risikoanalyse definiert die zu betrachteten Szenarien, für welche im Anschluss Belastungen ermittelt und eine Bemessung durchgeführt wird. Für die Bemessung stellt sich bei diesem Vorgehen weitergehend die Frage, wie mit den ermittelten Belastungen hinsichtlich einer ausreichenden Zuverlässigkeit zu verfahren ist.

Innerhalb der Bemessung bietet es sich an, die Einwirkung als deterministisch zu betrachten, da eine statistische Streuung der Einwirkung nicht bekannt und die erforderliche Zuverlässigkeit durch die Widerstandsseite abzudecken ist. Dies hat zur Folge, dass für den betrachteten Bezugszeitraum die festgelegte Einwirkung als einmalig einwirkend festgesetzt wird (Auftretenswahrscheinlichkeit 100 %) und die Zuverlässigkeit für das Ereignis entsprechend den Vorgaben des EUROCODE 0 [85] seitens des Bauteilwiderstands sichergestellt wird. Dies stellt im

Vergleich zu den üblichen Lastannahmen wie Verkehrslasten, bei denen ein Quantilwert verwendet wird und die Streuung der Belastung bei der Zuverlässigkeit berücksichtigt wird, ein konservatives Vorgehen dar. Die Konservativität dieses Vorgehens resultiert aus der Tatsache, dass eine jede Detonationsbelastung eine gewisse, wenn auch nicht quantifizierbare, Auftretenswahrscheinlichkeit von weniger als 100 % im Betrachtungszeitraum aufweist. Die ermittelte Zuverlässigkeit beschreibt somit eine untere Grenze für das betrachtete Explosionsereignis. Der gewählte Ansatz kann daher als plausible Grundlage für Auftraggeber, Eigentümer, Nutzer des Gebäudes und vor allem Ingenieure innerhalb der Auslegung dienen. Nötige Abstimmungen und Festlegungen von subjektiven Sicherheiten wie z. B. globale Sicherheitsfaktoren oder eine Erhöhung der Sprengstoffmenge können dementsprechend entfallen, da das Sicherheitskonzept mindestens die geforderte Zuverlässigkeit für das singuläre Ereignis über die Nutzungsdauer des Gebäudes abdeckt. Unabhängige multiple Explosionsereignisse über die Nutzungsdauer des Tragwerks sind nicht von Interesse, da nach dem Ereignis von einer Inspektion, also einer erneuten Bewertung des Tragwerks auszugehen ist.

Das gewählte Vorgehen hat eine Erhöhung der Sicherheitsbeiwerte zur Folge. In Bild 5.3 ist die lineare Grenzzustandsfunktion $g(R, E) = R - E$ im Normalraum dargestellt. Für eine Streuung auf Seiten der Einwirkungs- und Widerstandsseite beträgt der Zuverlässigkeitsindex mit den Anteilen α_R^2 für den Widerstand und α_E^2 für die Einwirkung:

$$\beta_{R,E} = \sqrt{(\alpha_R \beta_{R,E})^2 + (\alpha_E \beta_{R,E})^2} = \sqrt{\beta_R^2 + \beta_E^2} \qquad [5.2]$$

mit $\beta_{R,E}$ Zuverlässigkeitsindex (Widerstand und Einwirkung)

β_R Anteil Zuverlässigkeitsindex Widerstand

β_E Anteil Zuverlässigkeitsindex Einwirkung

α_R Sensitivitätsfaktor Widerstand

α_E Sensitivitätsfaktor Einwirkung

Betrachtet man nun die Einwirkung als deterministisch $g(R)$, so beträgt der Zuverlässigkeitsindex nur $\alpha_R \beta_{R,E}$. Zur Gewährleistung der geforderten Zuverlässigkeit ist es somit nötig, die Sicherheitsbeiwerte seitens des Widerstandes zu erhöhen oder einen Sicherheitsbeiwert auf der Einwirkungsseite einzuführen.

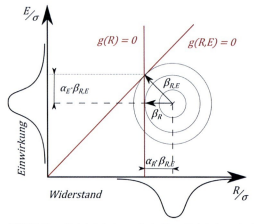

Bild 5.3: Zuverlässigkeitsindex nach der Zuverlässigkeitsmethode 1.Ordnung für eine ausschließliche Streuung des Widerstandes (β_R) und eine Streuung der Einwirkung und des Widerstandes ($\beta_{R,E}$).

5.1.2 Zuverlässigkeitsanalysen

Zur Sicherstellung der Zuverlässigkeit und der möglichen Ableitung von Sicherheitsbeiwerten für die Bemessung sind Zuverlässigkeitsanalysen notwendig. Diese erlauben es, für gegebene Bemessungsprobleme die resultierende Zuverlässigkeit und Versagenswahrscheinlichkeit unter Berücksichtigung einer Streuung von den innerhalb des Modells getroffenen Annahmen zu ermitteln. Das Ergebnis der Zuverlässigkeitsanalysen ist die Versagenswahrscheinlichkeit p_F eines definierten Grenzzustandes. Dieser muss nicht zwangsläufig Bauteilversagen definieren, sondern kann auch für andere Problemstellungen wie die Gebrauchtauglichkeit z. B. durch die Begrenzung von Verformungen angewandt werden.

Der Grenzzustand wird über die Funktion $g(x)$ abgebildet, wobei $g(x) < 0$ Versagen und $g(x) > 0$ kein Versagen definiert (siehe Bild 5.3). Innerhalb der Zuverlässigkeitsanalysen von Tragwerken wird diese Funktion üblicherweise an Hand der zulässigen maximalen Traglast basierend auf maximalen Dehnungen bzw. Spannungen definiert [35,87]. Mittels der Versagensfunktion ist es möglich, die Versagenswahrscheinlichkeit mittels des räumlichen Integrals der Wahrscheinlichkeitsdichtefunktion abzuleiten [27, 28]:

$$p_F = \int_{g(x)<0} f_n(x)dx \qquad [5.3]$$

mit $\quad x \quad$ Zufallsvariablen

$\quad\quad f_n(x) \quad$ Wahrscheinlichkeitsdichtefunktion

$\quad\quad g(x) \quad$ Versagensfunktion der Zufallsvariablen **x**

Eine geschlossene Lösung von Gleichung 5.3 ist nur für einfache Probleme gegeben. Für Tragwerksanalysen kommen daher numerische Lösungsmethoden zur Anwendung, um die Versagenswahrscheinlichkeit zu ermitteln. Es wurden unterschiedliche Methoden zur Lösung des Integrals nach Gleichung 5.3 entwickelt mit dem Ziel, den Berechnungsaufwand und die Genauigkeit der Lösung zu verbessern. Eine Übersicht ist in [125] und [113] gegeben.

Trotz einer stetigen Verbesserung verschiedenster Methoden ist der Rechenaufwand der Methoden nicht zu vernachlässigen. Insbesondere bei der im Bauwesen geforderten hohen Zuverlässigkeit mit geringen Versagenswahrscheinlichkeiten werden auch bei Verwendung modernster Suchalgorithmen mehr als tausend Simulationen erforderlich [126]. Die verwendeten Modelle sollten daher soweit vereinfacht werden, dass sich handhabbare Simulationszeiten von einigen Minuten bis zu wenigen Stunden für die zu lösende Problemstellung ergeben.

Im Fernbereich ist die Durchführung von Zuverlässigkeitsanalysen durch die Verwendung von Ingenieurmodellen, welche eine sehr geringe Rechenzeit von einigen Sekunden bis wenigen Minuten besitzen, möglich. Als Ingenieurmodell dient hierzu der Einmassenschwinger, welcher es erlaubt, das dynamische Verhalten des Bauteils für eine Belastung im Fernbereich zu beschreiben.

Im Nahbereich sind für die lokale Belastung von Stützen durch Detonationen Ingenieurmodelle nicht vorhanden. Eine Abbildung ist lediglich mittels der innerhalb dieser Arbeit entwickelten Hydrocodesimulationen möglich. Die Berechnungszeit der Simulation kann zwar durch den Einsatz von Großrechnern und Rechenclustern deutlich reduziert werden, jedoch beträgt sie für die betrachtete Problemstellung immer noch in etwa einen halben Tag. Eine Durchführung von Zuverlässigkeitsanalysen für den Nahbereich ist daher nicht möglich, weswegen hier Sensitivitätsanalysen durchgeführt wurden. Diese ermöglichen es, die relevanten Parameter für eine Bemessung zu identifizieren. Auf Basis der Sensitivitätsanalysen können weitergehend die für eine Bemessung relevanten Parameter eingegrenzt und hinsichtlich einer Zuverlässigkeit des Ergebnisses qualitativ hinterfragt werden.

5.2 Stahlbetonbauteile im Fernbereich

5.2.1 Ingenieurmodell für die Bemessung – EMS

Es konnte gezeigt werden, dass das entwickelte Simulationsmodell nach Abschnitt 3.2 Versuche an Stahlbetonplatten im Fernbereich mit hoher Genauigkeit wiedergeben kann, siehe Abschnitt 4.1. Eine Anwendung des Verfahrens ist sinnvoll, wenn Tragreserven z. B. aus Dehnrateneffekten ausgenutzt werden sollen oder wiederkehrende Bemessungsprobleme gelöste werden, für welche sich eine Optimierung lohnt. Zur Ableitung schneller Aussagen bei gegebener Problemstellung oder zur Durchführung von Zuverlässigkeitsanalysen werden hingegen vereinfachte Ingenieurmodelle benötigt.

Ein-Massen-Schwinger

Ein für die Bemessung von Bauteilen für Detonationsbelastungen häufig verwendetes Ingenieurmodell ist der Ein-Massen-Schwinger (EMS). Neben Detonationsbelastungen kann er auch zur Beschreibung des nichtlinearen dynamischen Verhaltens bei anderen Einwirkungen wie Erdbeben [114,127] und Anprall [122] verwendet werden. Er ist insbesondere für Fälle geeignet, bei denen – ähnlich zur Detonationsbelastung, eine Schwingungsform die dynamische Antwort des Bauteils dominiert. Die Methode reduziert die Lösung der Bewegungsgleichung auf einen Freiheitsgrad:

$$k_{lm}\, m\, \ddot{u} + r(u) = p(t) \qquad [5.4]$$

mit k_{lm} Last-Masse Faktor

m Masse des Bauteils

$r(u)$ Widerstand des Bauteils

$p(t)$ Belastung

Innerhalb von Gleichung 5.4 überführt der Last-Masse-Faktor k_{lm} Masse, Last und Widerstand des Bauteils in äquivalente Größen. Die Herleitung des Last-Masse-Faktors erfolgt durch die Variationsprinzipien unter Berücksichtigung der zugrunde gelegten Ansatzfunktion $\phi(x)$. Durch diese wird die zeitliche Verformung des Freiheitsgrades $u(t)$ mit der Verformung des Gesamtsystems $w(x,t)$ gekoppelt, Bild 5.4.

$$w(x,t) = \phi(x) \cdot u(t) \qquad [5.5]$$

Als Ansatzfunktionen kann die normierte elastische Biegelinie der statischen Belastung verwendet werden. Für einen Einfeldträger ergibt sich der Last-Masse-Faktor von 0,78. Für andere statische Systeme sind Werte in [4,122] zu finden. Der dynamische Widerstand des Bauteils $r(u)$ kann durch die statische Widerstandskennlinie näherungsweise beschrieben werden [4,122].

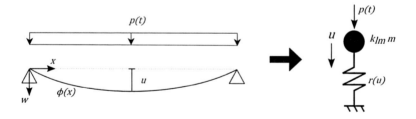

Bild 5.4: Transformation eines Bauteils zu einem Ein-Massen-Schwinger (EMS).

Widerstandskennlinie

Die Ermittlung der Widerstandskennlinie kann durch Verfahren der Plastizitätstheorie oder durch nichtlineare Verfahren wie einer Ableitung anhand der Momenten-Krümmungs-Beziehung erfolgen [87,88,122].

Hierbei hat die M-κ-Beziehung den Vorteil, dass sie die vorhandene Duktilität des Bauteils direkt abbildet [87]. Dies ist insbesondere für Bauteile mit Druckkräften (vertikale Tragelemente) von Bedeutung, da in diesem Fall die Duktilität deutlich reduziert werden kann (siehe Bild 2.30). Bei Verfahren der Plastizitätstheorie ist die angesetzte Duktilität, die durch die plastische Rotation des Gelenks definiert ist, zu überprüfen.

Bei einer Ableitung mittels der M-κ-Beziehung spiegelt die Widerstandskennlinie die bekannten Bereiche des Querschnittsverhaltens, elastisches Verhalten, Rissbildung und Fließen der Zugbewehrung, wieder (siehe Bild 5.5).

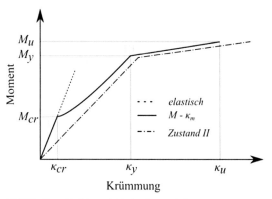

Bild 5.5: M-κ_m-Beziehung inklusive Zugversteifung.

Die Ermittlung der Verformung des Freiheitsgrades durch die M-κ-Beziehung unter gegebener statischer Last kann mithilfe des in Abschnitt 3.2.3 vorgestellten Verfahrens erfolgen. Weitere Beschreibungen sind [87] und [35] zu entnehmen.

Bemessung

Mittels der abgeleiteten Widerstandskennlinie kann eine Auslegung erfolgen. Der Biegenachweis ist erbracht, wenn für die gegebene Belastung die zulässige Verformung u_{max} innerhalb der Zeitverlaufsberechnung $u(t)$ nicht überschritten wird:

$$u(t) \leq u_{max} \qquad [5.6]$$

Im Falle der Plastizitätstheorie ist die angesetzte Rotationsfähigkeit zu überprüfen z. B. nach EUROCODE 2 [33]:

$$\theta_S \leq \theta_{pl,d} \qquad [5.7]$$

mit $\quad \theta_S \quad$ rechnerisch angesetzte Rotation

$\quad \theta_{pl,d} \quad$ zulässige Rotation nach EUROCODE 2 [33]

Zusätzlich ist eine Bemessung für Querkraft erforderlich. Zum Querkraftnachweis werden die Auflagerreaktionen benötigt. Diese sind nicht übereinstimmend mit der Reaktion der Feder, sondern müssen in Abhängigkeit der angesetzten Ansatzfunktion durch Gleichgewichtsbedingungen unter Berücksichtigung des Massenträgheit abgeleitet werden. Für einen Einfeldträger ist eine Herleitung durch BIGGS in [122] gegeben. Für die Reaktion eines Auflagers unter Berücksichtigung der wirkenden Trägheitskräfte und der elastischen Biegelinie als Ansatzfunktion ergibt sich diese aus:

$$v(t) = 0{,}39\, r(u(t)) + 0{,}11 p(t) \qquad [5.8]$$

Die Auflagerkraft zum Zeitpunkt t ist somit von der wirkenden Belastung $p(t)$ und dem Widerstand $r(u(t))$ abhängig. Bei Detonationsbelastungen liegt eine Stoßbelastung mit schlagartigem Lastanstieg und schnellem Lastabfall vor. Da die Verformung des Bauteils verzögert zur Einwirkung auftritt ist bei maximaler Ausnutzung des Bauteilwiderstands die wirkende Belastung $p(t)$ meist sehr gering. Die dynamische Auflagerreaktion $v(t)$ wird somit durch Trägheitseffekte im Vergleich zur statischen Belastung bei einem Einfeldträger um bis zu 20 % (≈0,39/0,5) reduziert. Für andere Systeme sind Beiwerte in [122] und [25] zu finden.

Bei dem gewählten Vorgehen handelt es sich – ähnlich der Bemessung gegenüber Erdbebeneinwirkungen [123] – um eine Kapazitätsbemessung. Für diesen Bemessungsansatz ist von entscheidender Bedeutung, dass die angesetzte Kapazität der Bauteile (Energiedissipation durch Verformungsarbeit) sichergestellt wird. Ein sprödes Versagen, wie es unter Schub auftritt ist zu vermeiden, um die Ausbildung der Dissipationsmechanismen, die Bildung von Fließgelenken innerhalb des Bauteils, zu gewährleisten. Die ermittelten Querkräfte sind daher zu erhöhen. Ein Vorgehen ist [25] zu entnehmen.

Ein Versagen unter Querkraft konnte innerhalb der eigenen Versuche nicht festgestellt werden und wurde innerhalb der Zuverlässigkeitsanalyse nicht weitergehend betrachtet.

P-I-Diagramm

Mittels des EMS kann im Vergleich zum Finite-Differenzen-Verfahren eine anschauliche Darstellung der dynamischen Widerstandsfähigkeit durch die schnelle Generierung von Druck-Impuls-Grenzkurven, den sogenannten P-I-Diagrammen (engl. pressure-impulse-diagram) erfolgen. Hierbei definiert das P-I-Diagramm, den maximalen Druck, der bei einem bestimmten Impulswert aufgenommen werden kann. Es stellt somit die Grenztragfähigkeit für den gesamten Bereich der strukturdynamischen Belastung (impulsartig, dynamisch quasi-statisch) dar [87,122]. Als Belastungsfunktion wird eine spezifische Belastungsfunktion verwendet, die in der Anwendungspraxis stark vereinfacht oft als Dreiecksimpuls approximiert wird. Dieser lässt sich aus der positiven Druckphase der Explosionsbelastung ableiten. Die P-I-Diagramme erlauben es, das Bauteil nach nur einem Berechnungslauf für verschiedene Belastungen und somit auch Szenarien auszulegen, da hierzu lediglich die Bestimmung der Druck- und Impulswerte der Ereignisse notwendig ist. Bild 6 skizziert die Charakteristiken eines P-I-Diagramms. Die Versagenskurve wird mittels eines Suchalgorithmus z. B. nach [27] oder [83] ermittelt.

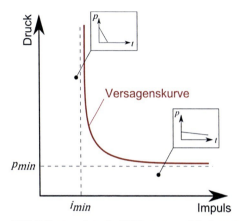

Bild 5.6: Versagenskurve im P-I-Diagramm und die Grenzwerte für quasi-statisches (p_{min}) und impulsartiges (i_{min}) Verhalten.

Das P-I-Diagramm nähert sich den Asymptoten für impulsartiges und quasi-statisches Verhalten an. Diese Grenzwerte stellen den minimalen Druck p_{min} und minimalen Impuls i_{min} dar, welcher nötig ist, um das Bauteil zum Versagen zu bringen. Maximale Verformung u_{max} wird durch die Belastungsgröße gerade erreicht. Die Grenzwerte können direkt aus der Energiebilanz ermittelt werden [86,88] und wurden im Abschnitt 2.3.3 bereits eingeführt (Gleichung 2.29 und 2.30, Seite 59).

Es bleibt zu beachten, dass ein P-I-Diagramm immer nur für eine Systemkonfiguration (Dicke, Bewehrungsmenge, Betongüte usw.) sowie eine Belastungsfunktion gültig ist. Bei einer Änderung der Eingangswerte ergibt sich eine abweichende Widerstandslinie und das P-I-Diagramm ist neu zu generieren. Bei der Bemessung wird daher, wie bei nichtlinearen Problemen üblich, iterativ vorgegangen. Die Bewehrungsmenge wird solange angepasst, bis der Nachweis im P-I-Diagramm für die berücksichtigten Szenarien gelingt.

Im Gegensatz zum vorgestellten Finite-Differenzen Verfahren berücksichtigt das Ingenieurmodell keine Dehnrateneffekte. Der Dehnrateneffekt kann aber pauschal erfasst werden. Hierzu sind nach der Berechnung die Dehnungen bei maximaler Verformung und die zugehörige

Zeitdauer zu bestimmen. Aus diesen kann eine Dehnrate abgeleitet werden und die Festigkeiten entsprechend erhöht werden.

Vergleichsuntersuchungen zeigten, dass die abgeleiteten Zuverlässigkeiten von Dehnrateneffekten nicht maßgeblich beeinflusst werden. Die Abweichung der Versagenswahrscheinlichkeiten betragen hierbei weniger als 5 %. Dies ist darauf zurückzuführen, dass zum einen der Versagensmodus (Betondruckversagen) durch die Festigkeitssteigerung bei den betrachteten Tragelementen nicht verändert wird und zum anderen sowohl bei einer Bemessung an Hand der Mittelwerte der Materialfestigkeiten als auch auf Basis der Bemessungsfestigkeiten annähernd identische Dehnraten und entsprechend auch Festigkeitssteigerungen auftreten. Auf eine Einbindung des Dehnrateeffekts bei der Ableitung der Zuverlässigkeiten wird daher verzichtet, da hierdurch auf eine rechenintensive, iterative Ermittlung der Festigkeitssteigerung und Anpassung der Materialfestigkeiten verzichtet werden kann.

5.2.2 Zuverlässigkeitsanalyse mittels EMS

Für die Durchführung von Zuverlässigkeitsanalysen ist es notwendig, die Streuung der wesentlichen Parameter (Festigkeiten, Abmessungen, Belastungen) zu berücksichtigen. Dies erfolgt durch die Beschreibung der Parameter mittels Zufallsvariablen. Hierdurch wird die statistische Auftretenswahrscheinlichkeit der jeweiligen Variablen abgebildet. Ein üblicher Parameter der als Zufallsvariable in Zuverlässigkeitsanalysen Betrachtung findet, ist für Beton zum Beispiel die Betondruckfestigkeit, deren Verteilung aus einer relevanten Anzahl von in Versuchen ermittelten Stichproben (Druckversuchen) abgeleitet werden kann. Die abgeleitete Verteilungsfunktion beschreibt die statistische Verteilung der Versuchsergebnisse analytisch und kann für Zuverlässigkeitsuntersuchungen oder zur Ableitung von Quantilwerten, also mit einer Wahrscheinlichkeit des Überschreitens assoziierter Festigkeitswerte, verwendet werden. Grundlegende Verteilungsfunktionen zur Beschreibung von Zufallsvariablen werden nachfolgend dargestellt. Weitergehende Informationen zu Zufallsvariablen, Stichproben und Verteilungsfunktionen sind in [124] zu finden.

Verteilungsfunktionen von Zufallsvariablen

Die geläufigsten Funktionen zur Beschreibung von Variablen innerhalb der Wahrscheinlichkeitstheorie sind die Normalverteilung und die logarithmische Normalverteilung. Sie können zur Beschreibung einer Vielzahl von Parametern verwendet werden. Der Grund hierfür kann aus dem »*Zentral Grenzwertsatz*« der Zufallsvariablen nach SCHNEIDER abgeleitet werden [124]:

- Betrachtet man eine Stichprobe von Zufallsvariablen unterschiedlicher Verteilung, so nähert sich die Summe der einzelnen Variablen mit wachsender Anzahl von Variablen der Normalverteilung an.
- Betrachtet man eine Stichprobe von Zufallsvariablen unterschiedlicher Verteilung, so nähert sich das Produkt der einzelnen Variablen mit wachsender Anzahl von Variablen der logarithmischen Normalverteilung an.

Dies hat zur Folge, dass Variablen, die sich aus der additiven Kombination oder multiplikativen Kombination von Einzelgrößen ergeben, gut durch die Normalverteilung oder logarithmische Normalverteilung beschrieben werden können. Daher eignen sich Normalverteilung und logarithmische Normalverteilung sehr gut zur Beschreibung verschiedenster Streugrößen. Die mathematischen Formulierungen der Normalverteilung und der logarithmischen Normalverteilung sind im Anhang im Abschnitt 9.2 dargestellt.

Grenzzustandsfunktion

Für das innerhalb des Abschnitts 5.2.1 vorgestellte Ingenieurmodell wird eine Zuverlässigkeitsanalyse durchgeführt. Die Grenzzustandsgleichung wird an Hand der Bemessungsvorgabe nach Gleichung 5.6 definiert:

$$g(\pmb{x}) = u_{max}(\pmb{x}) - max(u(\pmb{x},t)) \qquad [5.9]$$

Hierbei bezeichnet $u_{max}(\pmb{x})$ die maximal zulässige Auslenkung des EMS, definiert durch die Widerstandskennlinie der jeweiligen Zufallsvariablen, und $max(u(\pmb{x},t))$ die maximale Auslenkung innerhalb der dynamischen Antwort des EMS für die jeweilige Belastung. Das Verformungskriterium der Grenzzustandsfunktion nach Gleichung 5.6 ist implizit ein Dehnungskriterium, da die Widerstandslinie mittels Dehnungsiteration für die zulässigen Dehnungen nach [33] ermittelt wird.

Bei den durchgeführten Zuverlässigkeitsanalysen für Detonationsereignisse im Fernbereich wurde sowohl die direkte Monte-Carlo-Simulation (MCS) als auch eine Zuverlässigkeitsanalyse erster Ordnung (First Order Reliability Method – FORM) verwendet. Die MCS diente hierbei der Validierung von FORM, da innerhalb von FORM das Integral nach Gleichung 5.3 approximiert wird.

Monte-Carlo-Simulation

Die Monte-Carlo-Simulation ist ein weitverbreitetes Werkzeug zur Ermittlung der Zuverlässigkeit. Grundlegende Informationen sind in [128] und [129] zu finden. Ein wesentlicher Vorteil der Methode im Vergleich zu anderen Methoden ist der geringe Implementierungsaufwand bei beliebigen Problemstellungen. Zur Ermittlung der Versagenswahrscheinlichkeit werden hierbei innerhalb der Simulation lediglich die Eingangsgrößen entsprechend ihrer festgelegten Verteilung generiert. Dies erfolgt durch die Projektion von gleichmäßig verteilten Zufallszahlen zwischen 0 und 1 auf die Verteilungsfunktion der jeweiligen Zufallsvariablen. Das Ergebnis aller simulierten Werte stellt eine Stichprobe dar, welche sich der Verteilungsdichtefunktion mit steigender Anzahl von Simulationen annähert (siehe Bild 5.7).

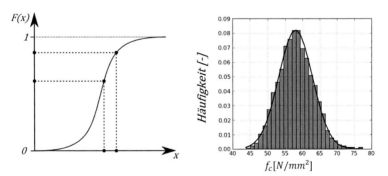

Bild 5.7: Generierung von Zufallszahlen durch die Monte-Carlo-Simulation (*links*) und resultierende Häufigkeitsverteilung am Beispiel der Betondruckfestigkeit (*rechts*).

Für die generierten Werte kann jeweils der Grenzzustand $g(x)$ bestimmt werden und anschließend die Versagenswahrscheinlichkeit aus der Versagenshäufigkeit abgeleitet werden. Ein Nachteil der Methode ist die hohe Anzahl an erforderlichen Simulationen bei geringen Versagenswahrscheinlichkeiten, wie sie im Bauwesen angestrebt werden. Bei einer Versagenswahrscheinlichkeit von $p_f \sim 10^{-4}$ sind bereits bis zu eine Millionen Simulationen notwendig [124]. Die Anzahl der in diesem Untersuchungen innerhalb der Monte-Carlo-Simulation durchgeführten Rechenmenge von 5000 ist daher nicht ausreichend, um die Zuverlässigkeit für niedrige Versagenswahrscheinlichkeiten zu ermitteln. Nach [29] kann anhand der Anzahl der Stichproben z und des Variationskoeffizienten v_{pf} der Geltungsbereich der Monte-Carlo-Simulation abgeschätzt werden:

$$v_{pf} = \frac{1}{\sqrt{z\, p_f}} \Rightarrow p_f = \frac{1}{v_{pf}^{\,2}\, z}$$ [5.10]

mit $\quad z \quad$ Stichprobenanzahl

$\quad\quad\; v_{pf} \quad$ Variationskoeffizient

Für eine Stichprobenanzahl z von 5000 und einem Variationskoeffizienten v_{pf} von 10 % beträgt die zulässige Versagenswahrscheinlichkeit ca. 2 %. Dies entspricht einem Zuverlässigkeitsindex β von 2,4. Die Monte-Carlo-Simulation wird in den nachfolgenden Untersuchungen daher lediglich zur Ermittlung der Zuverlässigkeit für die charakteristischen Werte der Materialfestigkeiten herangezogen und zur Überprüfung von FORM verwendet. Die Streuung der Widerstandskennlinien für die mittels der Monte-Carlo-Simulation untersuchte Stahlbetonplatte ist in Bild 5.8 dargestellt.

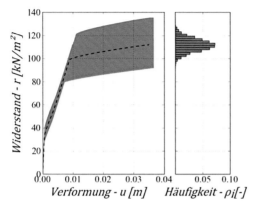

Bild 5.8: Streuung der Widerstandskennlinien $r(u)$ innerhalb der Monte-Carlo-Simulation und die resultierende Häufigkeitsdichte ρ_i des maximalen Widerstandes.

First Order Reliability Method (FORM)

Die Zuverlässigkeitsmethode erster Ordnung (First Order Reliability Method) ist ein etabliertes Verfahren für Zuverlässigkeitsanalysen. Bei dieser Methode werden die formulierten Grenzzustandsgleichungen im Standardnormalraum gelöst. Hierzu werden die Zufallsvariablen x per Transformation in den Standardnormalraum y überführt und innerhalb dessem die Versagenswahrscheinlichkeit nach Gleichung 5.3 anhand einer Tangentialebene abgeleitet. Die Ableitung erfolgt durch Approximation der Versagensfunktion im Punkt mit der höchsten Wahrscheinlichkeitsdichte y^* (Most-Probable-Point) an Hand einer Tangentialebene (siehe Bild 5.9).

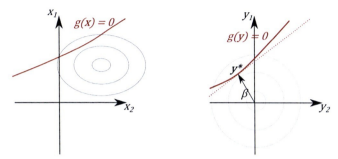

Bild 5.9: Transformation der Zufallsvariablen x in den Standardnormalraum y und Ableitung der Versagenswahrscheinlichkeit anhand der Tangentialebene innerhalb von FORM:

Die Approximation der Grenzzustandsgleichung im Normalraum durch eine Tangentialebene wird mit steigender Nichtlinearität der Grenzzustandsgleichung ungenauer. Solche Nichtlinearitäten können sich durch eine nichtlineare Versagensfunktion oder die Transformation der Zufallsvariablen in den Standardnormalraum ergeben. Für die üblichen Anwendungen im Bereich des konstruktiven Ingenieurbaus ist die Approximation mittels FORM ausreichend genau und wird sowohl innerhalb des EUROCODES 0 [85] als auch im PMC (PROBABILISTIC MODEL CODE) [125] zur Ermittlung der Zuverlässigkeit und Ableitung der Teilsicherheitsbeiwerte zugelassen und für statische Untersuchungen unter anderem durch NEUENHOFER in [28] angewendet.

Für die Bestimmung des Punktes mit der höchsten Versagenswahrscheinlichkeit y^* werden Suchalgorithmen verwendet. Die Algorithmen bestimmen die Lösung für das folgende Optimierungsproblem:

miniminiere $F(y) = |y|$ [5.11]

mit der Bedingung $g(y) = 0$ [5.12]

Verschiedene Iterationsalgorithmen können zur Lösung von Gleichung 5.11 und 5.12 verwendet werden (HL-RF-Methode, angepasste HL-RF Methode, Methode der projizierten Gradienten etc.). Eine Übersicht ist in [28] gegeben. Der am weitesten verbreitete Algorithmus zur Lösung des Optimierungsproblems ist die HL-RF-Methode:

$$y_{i+1} = \frac{1}{|\nabla g(y_i)|^2}\left(\nabla g(y_i)y_i - g(y_i)\right)\nabla g^T(y_i) \qquad [5.13]$$

Die HL-RF-Methode geht auf HASOFER und LIND [130] zurück, welche die Versagenswahrscheinlichkeit an Hand einer Tangentialebene im Standardnormalraum ableiteten. Sie wurde von RACKWITZ und FIESSLER [131] für beliebige Verteilungsfunktionen entscheidend erweitert. Hierdurch wird die Anwendung der Methode bei beliebigen Problemstellungen ermöglicht.

Im Regelfall konvergiert der Algorithmus nach der Gleichung 5.13 innerhalb weniger Berechnungsschritte und es gilt $|y_{i+1} - y_i| < \varepsilon$. Der Zuverlässigkeitsindex wird nach Konvergenz direkt aus dem letzten Iterationspunkt, dem Punkt mit der höchsten Wahrscheinlichkeitsdichte y^* abgeleitet. Es gilt:

$$\beta = |y^*| \qquad [5.14]$$

Anhand von y^* lässt sich des Weiteren die Sensitivität α_i^2 der einzelnen Parameter ermitteln [27]:

$$\alpha_i^2 = {y_i^{*2}}\big/{|y^*|^2} \qquad [5.15]$$

Mittels der Sensitivitäten kann der Einfluss einzelner Parameter auf das Bauteilversagen unter Berücksichtigung ihrer Streuung aufgezeigt werden.

Vorgehen

Zur Ermittlung der Zuverlässigkeit wurde der EMS mit FORM verknüpft und um eine automatisierte Bemessung erweitert. Die ermittelten Bemessungswerte stellen die Startwerte der Zuverlässigkeitsanalysen dar. Hierbei wird wie folgt vorgegangen:

Zuerst werden die Sicherheitsbeiwerte für Beton γ_c und Stahl γ_s sowie ein möglicher Sicherheitsbeiwert auf der Einwirkungsseite γ_E festgelegt. Aus den Sicherheitsbeiwerten werden die Bemessungsfestigkeiten an Hand der charakteristischen Festigkeiten nach [25] ermittelt. Anschließend wird die Widerstandskennlinie des EMS mit Bemessungsfestigkeiten berechnet. Für diese Widerstandskennlinie auf Bemessungsniveau werden die Grenzwerte für quasi-statisches Verhalten $p_{min,d}$ und impulsartiges Verhalten $i_{min,d}$ abgeleitet. Für den dynamischen Bereich erfolgt die Ermittlung der Grenzwerte $i_{dyn,d}$ und $p_{dyn,d}$ durch Belastungsiteration bis die Grenzverformung innerhalb der dynamischen Berechnung des EMS erreicht wird. Das Verhältnis von Impuls zu Druck im dynamischen Bereich entspricht dem der Grenzwerte $p_{min,d}$ und $i_{min,d}$ und liegt somit innerhalb des dynamischen Bereiches der Bauteilantwort (siehe Bild 5.10).

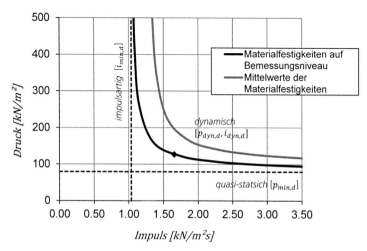

Bild 5.10: Ableitung der Einwirkungen für quasi-statisches, dynamisches und impulsartiges Bauteilverhalten anhand des P-I-Diagramms auf Bemessungsniveau (γ_c = 1,3, γ_s = 1,0 und γ_E = 1,0) sowie Versagenskurve für die Mittelwerte der Materialfestigkeiten der untersuchten Platte.

Die für den quasi-statischen, dynamischen und impulsartigen Bereich der Bauteilantwort ermittelten Widerstände werden im Folgenden unter Berücksichtigung des Sicherheitsbeiwerts der Einwirkung γ_E als maximale deterministische Einwirkung definiert. Dies entspricht einer idealen Auslegung auf Bemessungsniveau und spiegelt somit den »worst case« für die Zuverlässigkeitsanalysen wider.

Abschließend erfolgt die FORM-Untersuchung, hierzu wird der Punkt mit der höchsten Wahrscheinlichkeitsdichte y^* mittels der HL-RF-Methode jeweils für die Belastungen $p_{min,d}$, $i_{min,d}$ sowie $p_{dyn,d}$ und $i_{dyn,d}$ bestimmt und der Zuverlässigkeitsindex β abgeleitet (siehe Bild 5.11).

Bild 5.11: Simulationsablauf der Zuverlässigkeitsanalysen.

Zur Ableitung eines möglichen Sicherheitskonzepts wurden drei Bemessungsvarianten untersucht:

- *Charakteristische Situation*
  $\gamma_c = \gamma_s = \gamma_E = 1{,}0$
  Die Bemessung erfolgt mittels der Quantilwerte der Festigkeiten der Werkstoffe Beton und Stahl nach [33]. Es werden keine zusätzlichen Teilsicherheitsbeiwerte berücksichtigt.
- *Außergewöhnliche Situation*
  $\gamma_c = 1{,}3$, $\gamma_s = \gamma_E = 1{,}0$
  Die Materialfestigkeiten (charakteristischen Werte) werden durch die Sicherheitsbeiwerte der außergewöhnlichen Kombination nach EUROCODE 0 [85] auf Bemessungswerte bezogen. Dies stellt das übliche Vorgehen bei außergewöhnlichen Belastungen dar.
- *Außergewöhnliche Situation mit zusätzlicher Sicherheit*
  $\gamma_c = 1{,}3$, $\gamma_s = 1{,}0$, $\gamma_E = 1{,}2$

Neben den Sicherheitsbeiwerten der außergewöhnlichen Kombination wird ein zusätzlicher Sicherheitsbeiwert der Explosionsbelastung von 1,2 bei der Bemessung berücksichtigt. Hierdurch soll die Zuverlässigkeit innerhalb des Bemessungskonzepts gesteigert werden, da diese bei Ansatz der außergewöhnlichen Kombination ohne zusätzliche Sicherheit voraussichtlich nicht erfüllt wird (siehe Abschnitt 5.1.1). Ein möglicher Sicherheitsbeiwert von 1,2 wird hierzu in den Zuverlässigkeitsstudien überprüft.

Hierbei entspricht die charakteristische Situation der gängigen Praxis innerhalb der Auslegung für Explosionsbelastungen. Die außergewöhnliche Situation berücksichtigt die Anforderungen des EUROCODE 0. Die außergewöhnliche Situation mit zusätzlichen Sicherheiten schafft durch einen zusätzlichen Sicherheitsbeiwert auf der Einwirkungsseite zusätzliche Sicherheit und erhöht somit die Zuverlässigkeit.

Die Zuverlässigkeitsanalysen werden für zwei Stahlbetonplatten mit unterschiedlichen Streugrößen und Abmessungen durchgeführt. Die erste Platte entspricht der in Kapitel 3.1.1 untersuchten Stahlbetonplatte im skalierten Maßstab. Die durchgeführten Untersuchungen dienen zur Überprüfung des FORM-Algorithmus mittels der Monte-Carlo-Simulation. Es wird hier lediglich eine Streuung der Materialfestigkeiten betrachtet. In einer weiteren Untersuchung wird die Platte auf den realen Maßstab skaliert, um die Auswirkung der Streuungen innerhalb der Geometrie, der statischen Belastung und der Wichte des Bauteils nach [27] zu berücksichtigen. Tabelle 5.2 stellt die geometrischen Randbedingungen der Platten dar.

Tabelle 5.2: Geometrische Randbedingungen und Belastungen der numerisch untersuchten Stahlbetonplatten

			Platte 1	Platte 2
l	Länge	[m]	1,7	3,4
b	Breite	[m]	0,62	1,24
h	Höhe	[m]	0,125	0,25
A_{s1}	Bew. oben	[cm²]	4,02	16,08
A_{s2}	Bew. unten	[cm²]	4,02	16,08
d_{s1}	Randabst.	[mm]	19	40
d_{s2}	Randabst.	[mm]	19	40
Festigkeitsklasse			C50/60	C50/60
statische Belastung			-	keine / Biegung

Statische Belastungen

Zur Untersuchung der Auswirkungen einer statischen Belastung auf die Zuverlässigkeit ist die Streuung der statischen Belastungen zu definieren. Hinsichtlich ihrer Streuung sind die Belastungen aus ständigen und veränderlichen Einwirkungen zu unterscheiden:

Ständige Belastungen resultieren aus dem Eigenlast der Konstruktion und den Ausbaulasten (z. B. Bodenaufbau, Wandbeläge, abgehängte Decken etc.). Für horizontale Tragelemente wie Decken sind die Anteile aus Eigenlast und Ausbaulast zu unterscheiden:

$$E_{Gk} = \gamma \cdot h + \Delta E_{Gk} \quad \quad [5.16]$$

mit $\quad \gamma \quad$ Wichte des Betons

$\quad \quad h \quad$ Höhe des Querschnitts

$\quad \quad \Delta E_{G,k} \quad$ Ausbaulast

Die ständigen Einwirkungen sind hinsichtlich ihrer Streuung, insofern keine wesentlichen Nutzungsänderungen und Umbaumaßnahmen des Tragwerks erfolgen, zeitlich invariant. Die Beschreibung kann durch die Normalverteilung erfolgen [132,133].

Die Streuung der veränderlichen Einwirkungen hingegen ist zeitlich variant und hängt vom jeweiligen Betrachtungszeitraum T ab. Für die Auslegung gegenüber statischen Belastungen interessiert die maximal innerhalb eines Beobachtungszeitraums auftretende Größe (z. B. 98 %-Quantilwert für den Bezugszeitraum von einem Jahr). Diese Abbildung kann über eine Extremwertverteilung $f_{x,max,T}$ der Belastungsgröße x erfolgen. Die ermittelte Extremwertverteilung ist vom Betrachtungszeitraum T abhängig (siehe Bild 5.12).

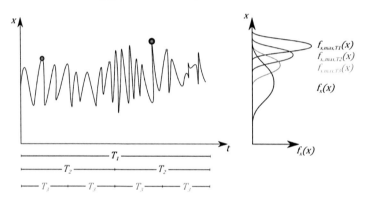

Bild 5.12: Verteilungsdichte- und Extremwertverteilungsdichtefunktion einer zeitlich varianten Verkehrslast in Abhängigkeit des Betrachtungszeitraums.

Verkleinert man den Bezugszeitraum T, so ändert die Verteilungsdichtefunktion der Extremwerte $f_{max,T}$ ihre Form (siehe Bild 5.12). Die Größe der innerhalb eines Zeitraums ermittelten Maximalwerte nimmt ab und entsprechend verringert sich die Wahrscheinlichkeit, hohe Maximalwerte in einem kurzen Zeitraum anzutreffen. Die Verteilungsdichtefunktion der Extremwerte nähert sich der Verteilungsdichtefunktion der Momentanwerte $f_x(x)$ an:

$$\lim_{T \to 0}\bigl(f_{x,max,T}(x)\bigr) = f_x(x) \qquad [5.17]$$

Die aus den Verteilungsdichtefunktionen abgeleiteten Belastungen beziehen sich üblicherweise auf die 98 %-Quantile für einen Betrachtungszeitraum von einem Jahr. Dies spiegelt statistisch das einmalige Überschreiten des Normwerts innerhalb der Nutzungsdauer des Gebäudes wider. Für die betrachtete einmalige Belastung durch eine Explosion sind für die veränderlichen Einwirkungen jedoch nicht 98 %-Quantil-Werte, sondern vielmehr Quantilwerte von weniger als 1 % der veränderlichen Einwirkung der Jahreswerte von Interesse (Tagesmaxima). Dieser Wert würde die veränderliche Belastung innerhalb des für die Explosion relevanten Zeitraums von wenigen Millisekunden repräsentieren. Größere Quantilwerte sind für die Ableitung von Verkehrslasten ungeeignet, da diese zum Zeitpunkt der Explosion nur mit sehr geringer Wahrscheinlichkeit auftreten. Die sich einstellenden mittleren Belastungsgrößen der Verkehrslast sind für die betrachteten Bezugszeiträume in diesem Fall sehr gering, wie die Ermittlung von Einwirkungen durch Verkehrslasten für drei Tagesmaxima durch BOROS in [132] zeigt. Die abgeleiteten Mittelwerte der veränderlichen Einwirkungen für einen Bezugszeitraum von drei Tagen betragen nämlich weit weniger als 5 % der Gesamtbelastung.

Hinsichtlich einer Zuverlässigkeitsanalyse ist die Belastung durch Verkehr somit aufgrund ihres geringen Betrags für die betrachteten Belastungszeiträume von untergeordnetem Interesse. Auf eine genauere, aufwendige Ableitung der stochastischen Streuung der Verkehrslast wird daher verzichtet. Die Verkehrslast wird vereinfacht als stochastisch äquivalenter Anteil der ständigen Belastung verstanden. Dieser Ansatz setzt eine perfekte Korrelation zwischen veränderlichen und ständigen Belastungen voraus. Hinsichtlich der abgeleiteten Zuverlässigkeiten ist dieses Vorgehen als konservativ zu verstehen, da eine statische Belastung aus veränderlichen und ständigen Anteilen durch die perfekte Korrelation mit einer höheren Eintretenswahrscheinlichkeit assoziiert wird.

Die Festlegung einer statischen Gesamtlast der beiden Anteile aus veränderlichen und ständigen Einwirkungen hat weiterhin den Vorteil, dass eine stochastische Beschreibung der statischen Belastung sehr eingehend anhand des Ausnutzungsgrades α erfolgen kann.

Stochastische Beschreibung statischer Belastungen

Die Ermittlung der Zuverlässigkeit der Belastung erfolgt für die verschiedenen bereits eingeführten Ausnutzungsgrade α für eine statische Biegebelastung des Bauteils. Hierbei wird für die betrachteten horizontalen Tragelemente für die statische Belastung ein Anteil der statischen

Belastung aus Eigenlasten (Wichte bzw. Masse des Bauteils) und der Verkehrs- und Ausbaulasten unterschieden:

$$q_{Ak} = \alpha\, r_k = \gamma \cdot b + \left(\alpha - \frac{\gamma \cdot b}{r_k}\right) r_k = \gamma \cdot b + \alpha^* r_k \qquad [5.18]$$

mit q_{Ak} Biegebelastung der außergewöhnliche Kombination
  γ Wichte des Stahlbetons
  r_k charakteristischer Widerstand auf Biegung
  α^* Ausnutzungsgrad Verkehrslast und Ausbaulast

$$\alpha^* = \alpha - \frac{\gamma \cdot b}{r_k}$$

Aus Gleichung 5.18 ergibt sich ein Mindestausnutzungsgrad für horizontale Tragelemente. Es gilt: $\alpha > \gamma \cdot b / r_k$, sodass $\alpha^* > 0$. Dieser repräsentiert die Ausnutzung unter Eigenlasten der Konstruktion. Für die nachfolgend innerhalb der Zuverlässigkeitsanalysen betrachteten horizontalen Tragelemente liegt der Mindestausnutzungsgrad bei 7 %. Es werden daher nur Ausnutzungsgrade zwischen 10 % und 60 % und somit größer als 7 % betrachtet.

Für die innerhalb der Zuverlässigkeitsanalysen durchgeführten dynamischen Analysen wird die zeitgleich wirkende statische Belastung in Anlehnung an EUROCODE 8 [123] (Abschnitt 3.2.4) im vollen Umfang als mitwirkende Masse angesetzt. Diese Festlegung hat für den Widerstand und somit auch die Zuverlässigkeit im Bereich quasi-statischer Belastungen keinen Einfluss, da der Widerstand unabhängig von der Masse des Bauteils ist. Für dynamische und impulsartige Belastungen hingegen treten zwei gegenläufige Effekte auf. Zum einen wird durch die statische Belastung die Masse erhöht, wodurch die dynamische Antwort vermindert wird und somit der Widerstand gegenüber stoßartigen Belastungen erhöht wird und zum anderen reduziert die Vorbelastung den verfügbaren Widerstand bei zusätzlicher dynamischer Belastung des Bauteils.

Der Variationskoeffizient der Ausnutzungsgrade der statischen Belastung wird nach [133] auf 0,06 festgelegt. Die Parameter der Zuverlässigkeitsanalysen sind zusammenfassend in Tabelle 5.3 dargestellt.

Tabelle 5.3: Parameter der Zuverlässigkeitsanalysen

Parameter		Einheit	Mittelwert	Standardabw.	Variationskoeff.	Bezug	Verteilung	Quelle	MCS	FORM
Material										
Betondruckfestigkeit	f_c	N/mm²	50	5	-	-	log-norm	[33]	x	x
Streckgrenze (Baustahl)	f_y	N/mm²	550	30	-	-	norm	[33]	x	x
Bruchgrenze (Baustahl)	f_u	N/mm²	577,5	-	-	1,05 f_y		[33]		x
Betonwichte	γ	kN/m³	25	-	0,025	-	norm	[125]		x
Geometrie										
Bauteildicke	h	mm	Nach Eingangswerten	5	-	-	norm	[125]		x
Randabstand oben	d_{s1}	mm		5	-	-	norm	[125]		x
Randabstand unten	d_{s2}	mm		5	-	-	norm	[125]		x
Statische Belastung – α = [0,1; 0,1; 0,2; 0,1;0,3 ; 0,4; 0,5]										
Biegung $\alpha_B^* = \left(\alpha_B - \frac{\gamma \cdot b}{r_k}\right)$	α_B^*	-	1,0	-	0,06		norm	[133]		x

5.2.3 Ergebnisse der Zuverlässigkeitsanalyse

Die Zuverlässigkeitsanalysen der Platte 1 zeigen für die Monte-Carlo-Simulation (MCS) und FORM eine gute Übereinstimmung mit einer Abweichung des Zuverlässigkeitsindex von maximal 5 %. Innerhalb der Monte-Carlo-Simulation zeigte sich, dass für quasi-statische Belastungen die größte Streuung des Bemessungswiderstandes und somit der zulässigen Belastung vorliegt. Dies spiegelt sich in einem geringeren Zuverlässigkeitsindex β wieder und wird durch FORM bestätigt. Die erreichten Zuverlässigkeiten liegen deutlich unterhalb der nach EUROCODE 0 [85] geforderten Mindestzuverlässigkeit von 3,8 (siehe Tabelle 5.4).

Tabelle 5.4: Validierungsberechnung MCS und FORM (Platte 1)

Methode	Sicherheitsbeiwerte			Zuverlässigkeitsindizes		
	γ_s	γ_c	γ_E	β_{stat}	β_{dyn}	β_{imp}
MCS	1,0	1,0	1,0	2,01	2,26	2,24
FORM				1,99	2,28	2,34

Sowohl die Monte-Carlo-Simulation als auch die Untersuchungen mittels FORM zeigen, dass die quasi-statische Belastung die größte Streuung des Bemessungswiderstandes und somit der zulässigen Belastung aufweist. Dies spiegelt sich in einem geringeren Zuverlässigkeitsindex β wider und wird durch FORM bestätigt.

Statisch nicht belastete Platte

Eine Berücksichtigung der geometrischen Streugrößen führt erwartungsgemäß zu einer weiteren Reduktion der Zuverlässigkeit. Sowohl für charakteristische Bemessungsgrößen als auch beim Ansatz der Sicherheitsbeiwerte der außergewöhnlichen Kombination wird die geforderte Zuverlässigkeit nicht eingehalten. Lediglich durch die Berücksichtigung einer zusätzlichen Sicherheit auf der Einwirkungsseite γ_E von 1,2 kann die geforderte Zuverlässigkeit von 3,8 erreicht werden. Der bereits festgestellte Zusammenhang der erhöhten Zuverlässigkeit im Bereich impulsartiger und dynamischer Belastung bleibt bestehen (siehe Tabelle 5.5).

Aufgrund der Diversität der erreichten Zuverlässigkeiten für quasi-statische, dynamische und impulsartige Belastungen ist die Festlegung von einzelnen Sicherheitsbeiwerten für die jeweiligen Belastungsbereiche denkbar. Dieses Vorgehen hat zur Folge, dass die Bemessung von Stahlbetonbauteilen im Fernbereich nicht einheitlich erfolgen kann und jeweils in Bezug auf die Belastungsbereiche abgegrenzt werden muss. Diese Möglichkeit wurde nicht weiterverfolgt, da eine einheitliche Bemessung für die verschiedenen Belastungsbereiche angestrebt wird.

Tabelle 5.5: Zuverlässigkeitsindizes der Platte 2 ohne statische Belastung (rot: unzureichende Zuverlässigkeit nach Eurocode 0 [85])

Bemessungsvariante	Sicherheiten			Zuverlässigkeitsindizes		
	γ_s	γ_c	γ_E	β_{stat}	β_{dyn}	β_{imp}
charakteristische Situation	1,0	1,0	1,0	1,65	1,87	1,98
außergewöhnliche Situation	1,0	1,3	1,0	2,76	4,11	6,28
außergewöhnliche Situation mit zusätzlicher Sicherheit	1,0	1,3	1,2	5,73	7,87	9,58

Grund für die Zunahme der Zuverlässigkeit im Bereich des dynamischen und impulsartigen Bauteilverhaltens ist der verstärkte Einfluss der Verformungsfähigkeit des Bauteils auf den Widerstand innerhalb dieser Belastungsbereiche. Während bei der impulsartigen Antwort das Integral der Widerstandskennlinie für die Berechnung des minimalen Impulses vollständig eingeht, wird das Integral für die quasi-statische Antwort anhand der maximalen Verformung u_{max} skaliert (siehe Gleichung 5.19 und 5.20). Daher ist der quasi-statische Widerstand fast ausschließlich vom maximalen Widerstand abhängig.

$$i_{min} = \sqrt{2m \int_0^{u_{max}} r(u)du} \qquad \text{(impulsartig)} \qquad [5.19]$$

$$p_{min} = \int_0^{u_{max}} r(u)du \bigg/ u_{max} \qquad \text{(quasi-statisch)} \qquad [5.20]$$

Für die betrachteten Querschnitte ist bei Ansatz der Mittelwerte der Festigkeiten die zulässige Betondehnung maßgebend. Somit bewirkt eine Erhöhung der Betondruckfestigkeit eine leichte Erhöhung des Biegewiderstands und eine größere maximale Krümmung. Eine Erhöhung der Stahlzugfestigkeit bewirkt einen erhöhten Biegewiderstand und eine geringere maximale Krümmung. Da Verformungen und maximale Krümmungen über doppelte Integration miteinander verknüpft sind, erhöht bzw. vermindert sich somit auch die Verformungsfähigkeit.

Die Stahlzugfestigkeit verliert daher im Bereich des dynamischen und impulsartigen Widerstands an Bedeutung, da ihre Wirkung auf Verformungsvermögen und Widerstand entgegengesetzt ist, also entweder das Verformungsvermögen erhöht und den Widerstand vermindert oder das Verformungsvermögen vermindert und den Widerstand erhöht. Dieses Phänomen findet sich entsprechend in den Sensitivitätsfaktoren α^2 wider, welche eine Abnahme gegenüber der Sensitivität der Streckgrenze des Stahls im Bereich der impulsartigen und quasi-statischen Antwort belegt. Der Sensitivitätsfaktor der Streckgrenze des Stahls nimmt von 48 % (quasi-statisch) auf 29 % (dynamisch) bzw. 10 % (impulsartig) deutlich ab. Somit wird eine Abnahme der Sensitivität des Stahls im Bereich der impulsartigen und quasi-statischen Antwort belegt (siehe Bild 5.13).

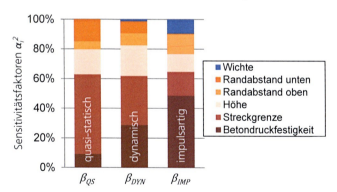

Bild 5.13: Sensitivitätsfaktoren α_i^2 für eine Bemessung mit charakteristischen Werten der Materialfestigkeiten ($\gamma_c = 1{,}0$, $\gamma_s = 1{,}0$, $\gamma_E = 1{,}0$).

Des Weiteren zeigten die FORM-Untersuchungen, dass die Zuverlässigkeit von der Wichte des Bauteils nur sehr geringfügig beeinflusst wird, da diese einen sehr geringen Sensitivitätsfaktor aufweist. Dies ist auf die geringe Standardabweichung der Stahlbetonwichte zurückzuführen.

Insgesamt kann somit bereits festgehalten werden, dass die geforderte Zuverlässigkeit für die unbelastete Platte bei Ansatz der Bemessungswerte der außergewöhnlichen Kombination nach EUROCODE 0 nicht erreicht wird und die erwarteten zusätzlichen Sicherheiten erforderlich sind. Ein Sicherheitsbeiwert von 1,2 ist für unbelastete Bauteile ausreichend. Ob dieser Sicherheitsbeiwert auch für belastete Bauteile ausreichend ist, wurde weitergehend an einer gleichzeitig durch eine Biegung belasteten Stahlbetonplatte untersucht.

Statisch belastete Platte

Für die durch eine statische Biegebelastung beanspruchte Platte werden Zuverlässigkeiten für die außergewöhnlichen Bemessungssituation mit und ohne Sicherheitsfaktor auf der Einwirkungsseite ermittelt. Auf eine Ableitung innerhalb der charakteristischen Bemessungssituation wird verzichtet, da die geforderte Zuverlässigkeit ohne statische Belastungen bereits deutlich unterschritten wird. Die Ergebnisse der Zuverlässigkeitsanalysen sind in Bild 5.14 dargestellt.

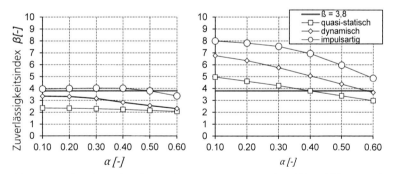

Bild 5.14: Zuverlässigkeitsindizes für verschiedene Ausnutzungsgrade α (siehe Gleichung 5.18) in der außergewöhnlichen Situation (*links*) und in der außergewöhnlichen Situation mit zusätzlicher Sicherheit der Platte 2.

Folgende Zusammenhänge sind zu beobachten:

Die ermittelten impulsartigen und dynamischen Zuverlässigkeiten liegen oberhalb der Zuverlässigkeit der quasi-statischen Beanspruchung. Die quasi-statische Belastung ist für alle Ausnutzungsgrade maßgebend. Grund hierfür ist der bereits erwähnte, mitunter gegenläufige Einfluss einzelner Parameter auf Widerstand und Verformungsfähigkeit. Parameter, wie die Stahlzugfestigkeit oder der Randabstand der unteren Bewehrungslage (Zugseite), reduzieren entweder den Widerstand und erhöhen die Verformungsfähigkeit oder erhöhen den Widerstand und reduzieren die Verformungsfähigkeit. Somit steigt die Zuverlässigkeit für dynamische und impulsartige Belastungen an, da für diese sowohl Verformungsfähigkeit als auch Widerstandsfähigkeit das dynamische Tragverhalten charakterisieren.

Die Einbindung einer statischen Belastung reduziert die Zuverlässigkeit maßgeblich. Die Zuverlässigkeit reduziert sich mit steigendem Ausnutzungsgrad der statischen Belastung. Für den impulsartigen Widerstand ist sie jedoch im Vergleich zur quasi-statischen und dynamischen Belastung weniger progressiv, da die statische Biegebelastung als zusätzliche Masse im Gegensatz zum quasi-statischen Verhalten auch das Widerstandsverhalten positiv beeinflusst.

Grund für die Abnahme der Zuverlässigkeit bei steigender statischer Ausnutzung ist die erhöhte Standardabweichung der statischen Belastung bei größeren Ausnutzungsgraden. Der Variationskoeffizient der statischen Belastung wurde nach Tabelle 5.3 konstant für alle Ausnutzungsgrade definiert. Somit erhöht sich mit zunehmendem Mittelwert die Standardabweichung (vgl. Gleichung 9.2). Die Folge sind reduzierte Zuverlässigkeiten, da eine betragsmäßig gleiche Abweichung der statischen Belastung mit wesentlich geringeren Wahrscheinlichkeiten assoziiert ist. Dies wird durch die Zunahme des Sensitivitätsfaktors für die statische Belastung verdeutlicht, welcher mit zunehmender Ausnutzung ansteigt. Die übrigen Parameter verlieren in etwa gleichmäßig an Bedeutung (siehe Bild 5.15).

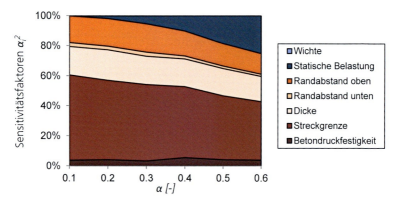

Bild 5.15: Sensitivitätsfaktoren für verschiedene Ausnutzungsgrade statischer Biegebelastungen für den quasi-statischen Widerstand in der außergewöhnlichen Kombination (vgl. Bild 5.14 links).

Die geforderte Zuverlässigkeit nach EUROCODE 0 [85] wird bei Ansatz eines Sicherheitsbeiwertes auf der Einwirkungsseite innerhalb der außergewöhnlichen Kombination erst bei hohen Ausnutzungsgraden von mehr als 40 % in der quasi-statischen Bemessungssituation unterschritten (siehe Bild 5.14). Bei einer dynamischen Belastung liegt der Wert bei in etwa 60 %. Die erzielte Zuverlässigkeit bei einer Ausnutzung von 60 % liegt hier mit einem Wert von 3,73 jedoch nur sehr geringfügig unterhalb des Zielwerts nach EUROCODE 0 [85] von 3,8. Für den impulsartigen Widerstand wird die Zuverlässigkeit durchgängig gewährleistet und liegt mit einem Mindestwert von 4,9 weit über dem Zielwert.

5.2.4 Bewertung und Innovation

Für Explosionsereignisse wurde ein Sicherheitskonzept vorgeschlagen, welches es ermöglicht Stahlbetonbauteile gegenüber Detonationsbelastung im Fernbereich mit einer definierten, dem EUROCODE 0 [85] konformen Zuverlässigkeit zu bemessen. Innerhalb des Sicherheitskonzepts wird die Detonation als einmaliges deterministisches Ereignis für Bauwerke mit einer Lebensdauer von 50 Jahren betrachtet.

Zur Überprüfung des Sicherheitskonzepts werden Zuverlässigkeitsanalysen durchgeführt. Dies erfolgt durch die Verknüpfung der Zuverlässigkeitsmethode erster Ordnung mit einem nichtlinearen Einmassenschwinger. An zwei repräsentativen Stahlbetonplatten mit und ohne statischer Biegebelastung wird die Zuverlässigkeit ermittelt. Hierbei wird der gesamte dynamische Belastungsbereich von Stahlbetonbauteilen unter Detonationen im Fernbereich berücksichtigt (impulsartige, dynamische und quasi-statische Belastung).

Die Analysen decken bei einer Bemessung mit charakteristischen Materialfestigkeiten und bei einer Bemessung innerhalb der außergewöhnlichen Bemessungssituation eine im Vergleich zu den Anforderungen des EUROCODE 0 [85] unzureichende Zuverlässigkeit im Fernbereich auf. Insbesondere bei Einbindung einer statischen Biegebelastung wird der geforderte Zuverlässigkeitsindex von 3,8 mit einem Index von 2,0 für die außergewöhnliche Bemessungssituation deutlich unterschritten. Dies entspricht einer um das mehr als hundertfach erhöhten Versagenswahrscheinlichkeit im Vergleich zum Zielwert.

Zur Verbesserung der Zuverlässigkeit bei der Auslegung von Stahlbetontragelementen im Fernbereich wird daher die Einführung eines Sicherheitsbeiwerts $\gamma_E = 1{,}2$ auf der Einwirkungsseite empfohlen. Hierdurch kann die Zuverlässigkeit deutlich gesteigert werden. Für die untersuchte Stahlbetonplatte kann aufgezeigt werden, dass für statisch unbelastete und geringfügig statisch belastete Bauteile mit einer maximalen Ausnutzung des charakteristischen Biegewiderstandes von 40 % innerhalb der außergewöhnlichen Kombination die Zuverlässigkeit nach EUROCODE 0 gewährleistet wird. Bei größeren Ausnutzungsgraden von mehr als 40 % wird lediglich für quasi-statische Belastungen die geforderte Zuverlässigkeit nicht ganz erreicht. Ein Unterschreiten der Grenzwerte wird aber aufgrund folgender Zusammenhänge als vertretbar betrachtet:

Der in der Zuverlässigkeitsanalysen untersuchte maximale Ausnutzungsgrad der Biegebelastung von 60 % stellt einen Sonderfall dar und tritt lediglich bei Bauteilen auf, welche bei Bemessung in der ständigen und vorübergehenden Bemessungssituation für statische Belastungen und der außergewöhnlichen Bemessungssituation für detonative Belastungen in etwa gleiche Beanspruchungen erfahren. Im Regelfall ist die Bemessung für ein Explosionsereignis jedoch die maßgebliche Bemessungssituation, da die auftretenden Belastungen die statischen Belastungen bei Weitem übersteigen. Dies hat zur Folge, dass der auf den Gesamtwiderstand bezogene Ausnutzungsgrad der statischen Belastung abfällt und unter 40 % liegt. Die Zuverlässigkeit wird somit für die üblichen Belastungskombinationen aus statischer und detonativer Belastung gewährleistet und nur im sehr seltenen Fall einer Explosionsbelastung in Größenordnung der statischen Belastung unterschritten. Vor diesem Hintergrund kann das entwickelte Sicherheitskonzept mit einer Bemessung innerhalb der außergewöhnlichen Kombination mit einem zusätzlichen Sicherheitsbeiwert von 1,2 auf der Einwirkungsseite als ausreichend betrachtet werden und wird für die Bemessung empfohlen. Hierdurch wird eine konsistente Bemessung von Stahlbetonbauteilen nach den Vorgaben des EUROCODE 0 [85] für Detonationsbelastungen und Regelbelastungen mit einem einheitlichem Sicherheitsniveau ermöglicht.

Vergleich mit internationalen Richtlinien

Bei dem vorgestellten Sicherheitskonzept wird die Sicherheit entsprechend der Philosophie der Eurocodes durch einen Sicherheitsfaktor von $\gamma_E = 1{,}2$ auf der Einwirkungsseite und somit einer Skalierung des Belastungs-Zeit-Verlaufs erreicht. Die Belastungscharakteristik bleibt hierbei unberührt. Das Vorgehen ist abweichend zum Sicherheitskonzept des UFC-3-340-02, welches eine Erhöhung der Sprengstoffmasse um 20 % als Sicherheitselement innerhalb der Bemessung fordert [4]. Für die beiden Ansätze ergeben sich somit unterschiedliche Last-Zeitverläufe und entsprechende Erhöhungen von Druck und Impuls. Zum Vergleich des Sicherheitskonzepts des UFC-3-340-02 mit den ermittelten Anforderungen an den Sicherheitsfaktor wurden für verschiedene skalierte Abstände, die durch eine Erhöhung der Sprengstoffmasse von 20 % erreichte Zunahme des reflektierten Spitzenüberdrucks und des positiven Impulses nach [25] ermittelt. Die Verhältnisse stellen den indirekten Sicherheitsfaktor für Druck $\gamma_E(p) = p_{ro,d}/p_{ro}$ und Impuls $\gamma_E(i) = i_{ro,d}/i_{ro}$ bei einer Bemessung nach UFC dar und können zum Vergleich der beiden Sicherheitskonzepte herangezogen werden, siehe Bild 5.16.

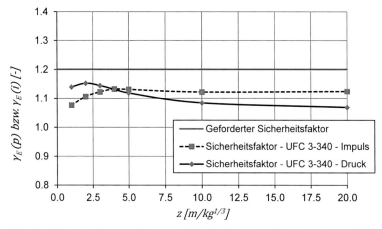

Bild 5.16: Geforderter Sicherheitsfaktor und Sicherheitsfaktoren bei Anwendung des UFC 3-340-02 [4] in Abhängigkeit des skalierten Abstandes.

Die Ergebnisse belegen eine im Vergleich zu den abgeleiteten Anforderungen an den Sicherheitsfaktor unzureichende Sicherheit bei einer Erhöhung der Sprengstoffmasse um 20 %. Bei einer Bemessung nach UFC 3-340-02 wir der geforderte Sicherheitsfaktor von 1,2 für alle betrachteten skalierten Abstände unterschritten. Das Sicherheitskonzept des UFC 3-340-02 erreicht maximal einen Sicherheitsfaktor von 1,15. Die Zuverlässigkeit im Bemessungskonzept des UFC 3-340-02 erreicht damit nicht die durch den EUROCODE 0 geforderte Zuverlässigkeit ($\beta = 3{,}8$).

Weitere Anwendungsgebiete der Zuverlässigkeitsmethode

Das entwickelte Verfahren zur Ermittlung von Zuverlässigkeiten von Tragelementen gegenüber dynamischen Beanspruchungen durch einen mit FORM verknüpften EMS stellt eine sehr nützliche Methode zur Untersuchung von Tragelementen unter Detonationsbelastungen dar. Das Ergebnis dieser Untersuchung ist im Gegensatz zur üblichen Analyse mittels EMS keine Verformung, sondern auf Basis der Verteilungsfunktionen der Eingangsgrößen ein abgeleiteter Zuverlässigkeitsindex bzw. eine mit diesem assoziierte Versagenswahrscheinlichkeit. Voraussetzung für eine Verwendung des Verfahrens ist lediglich die Überführung einer dynamischen Problemstellung in einen äquivalenten EMS.

Somit ist das Verfahren nicht auf Detonationen beschränkt, sondern kann auch für weitere außergewöhnliche dynamische Belastungen, wie z. B. Anprall zur Ableitung von Versagenswahrscheinlichkeiten oder Überprüfung von Sicherheitskonzepten Anwendung finden.

Im Bereich des baulichen Schutzes ist das Verfahren nach eigener Auffassung weitergehend zur Einbindung in Risikoanalysen nützlich, da hierdurch eine Bewertung des Tragwerks auf Basis von Versagenswahrscheinlichkeiten einzelner Tragelemente für Szenarien erfolgen kann. Somit ist ein quantitativer Vergleich einzelner Szenarien auf Basis objektiver Versagenswahrscheinlichkeiten möglich.

5.3 Stahlbetonstützen im Nahbereich

Mittels des im Abschnitt 3.3 eingeführten Simulationsmodells können für Stahlbetonstützen unter Detonationen im Nahbereich und kombinierter statischer Belastung Resttragfähigkeiten ermittelt werden. Um eine Anwendung des Verfahrens bei der Bemessung von Tragwerken zu ermöglichen, sind folgende weiteren Aspekte hinsichtlich einer Bemessung von Interesse:

Zunächst ist zu klären, durch welche Parameter die Resttragfähigkeit von Stahlbetonstützen unter Detonationen im Nahbereich beeinflusst wird. Hierdurch wird es ermöglicht, Abweichung zu den innerhalb der Bemessung getroffenen Annahmen aufgrund der Streuung der Eingangsparameter zu bewerten. Der Einfluss einzelner Parameter auf die Resttragfähigkeit wird in Sensitivitätsanalysen aufgezeigt. Die Durchführung von Zuverlässigkeitsanalysen ist für die Resttragfähigkeit nicht möglich, da hierzu vereinfachte Ingenieurmodelle fehlen und die Simulationen zurzeit noch zu große Rechenzeiten aufweisen.

Weitergehend ist zur Anwendung des Simulationsmodells bei der Bemessung von Tragwerken ein Verfahren erforderlich, welches es erlaubt die Interaktion zwischen Stütze und der durch diese gestützten Tragwerkselemente, z. B. Stahlbetondecken, zu beschreiben. Durch die Detonation kommt es zu einer Schädigung der Stahlbetonstütze und einem hiermit verbundenen Steifigkeitsverlust des Tragelements. Die sehr schnell veränderte Nachgiebigkeit der Stütze stellt ein Ruckproblem dar, welches eine strukturdynamische Antwort des Tragwerks auslöst. Die Normalkräfte sind somit nach der Detonation veränderlich und können die statischen Normalkräfte übersteigen. Dieser Sachverhalt wird innerhalb des Abschnitts 5.3.1 aufgegriffen und ein vereinfachtes Verfahren zur Beschreibung der strukturdynamischen Verhaltens vorgestellt.

Zusätzlich werden hierin Empfehlungen für mögliche Sicherheitsbeiwerte bei der Ableitung der Resttragfähigkeit formuliert, um in der Bemessung eine Zuverlässigkeit zu gewährleisten.

5.3.1 Sensitivitätsanalysen

Für die im Abschnitt 4.2 untersuchten Stahlbetonstützen dienen Sensitivitätsanalysen dazu, den Einfluss einzelner Parameter auf die Resttragfähigkeit von einer durch eine Detonation belasteten Stütze aufzuzeigen. Die Ergebnisse der Sensitivitätsanalysen sind im Anhang im Abschnitt 9.3 dargestellt und weitergehend beschrieben. Folgende wesentlichen Zusammenhänge können für das Verhalten von Stahlbetonstützen festgehalten werden.

Vornehmlich beeinflusst wird die Resttragfähigkeit durch den Längsbewehrungsgrad und die Größe der Detonationsbelastung, ausgedrückt durch den skalierten Abstand z. Die Beurteilung der Resttragfähigkeit von Stahlbetonstützen unter Detonation ist für Stützen mit einem skalierten Abstand von $z < 0,5$ m/kg$^{1/3}$ relevant, bei dem eine Schädigung des Betons auftreten kann und die Resttragfähigkeit reduziert wird. Bei größeren skalierten Abständen wird die volle Resttragfähigkeit erreicht (siehe Abschnitt 9.3). Dies deckt sich mit dem von MAYRHOFER abgeleiteten Grenzwert für Stahlbetonplatten.

Weitergehend kann festgehalten werden, dass die Resttragfähigkeit entsprechend dem statischen Nachweis in Betontraganteil und Bewehrungstraganteil unterschieden werden kann, wobei Betonschädigung und der hieraus resultierende Traganteil sowohl von der Längsbewehrung als auch der Schubbewehrung nicht beeinflusst wird, da Wellenausbreitung und Schädigung von diesen annähernd unabhängig sind und sich entsprechend gleiche Resttragfähigkeiten ergeben (siehe Abschnitt 9.3).

Darüber hinaus kann beobachtet werden, dass bei Detonationen mit einem sehr geringen skalierten Abstand von $z < 0{,}1 \text{m/kg}^{1/3}$ neben einer annähernd vollständigen Betonschädigung auch eine Schädigung des Bewehrungstahls eintritt. Die ermittelten Resttragfähigkeiten liegen in diesem Fall unterhalb des maximalen Traganteils der Bewehrung, da diese durch die Detonation bereits plastisch verformt ist. Somit werden bei einer axialen Belastung der Stütze die Bewehrungsstäbe neben einer Normalkraft zusätzlich auf Biegung beansprucht. Entsprechend reduziert sich die Betonstahltragfähigkeit und der Traganteil der Bewehrung wird nicht erreicht.

5.3.2 Bemessung im Tragwerk

Tragwerksinteraktion

Infolge der Detonation kommt es zu einer Schädigung der Stütze in kürzester Zeit, wodurch sich die Steifigkeit der Stütze reduziert. Für die Bemessung ist es somit erforderlich, neben der Auswirkung der Detonation auf die Tragfähigkeit der Stütze auch die zusätzlich wirkenden Trägheitskräfte zu berücksichtigen, welche sich als Folge des Steifigkeitsabfalls einstellen und die Normalkraft im Vergleich zum statischen Wert erhöhen. Bei einer Bemessung sind die statischen Normalkräfte entsprechend mit einem dynamischen Lastfaktor (DLF) zu erhöhen.

Für die Bemessung ist die außergewöhnliche Bemessungssituation nach EUROCODE 0 [85] mit den entsprechenden statischen Belastungen maßgebend. Die einwirkenden Normalkräfte N_{Ak} werden mittels des DLF auf die maximalen dynamischen Werte bezogen:

$$N_{dyn,Ak} = N_{Ak}\, DLF \qquad [5.21]$$

mit $N_{dyn,Ak}$ maximale Normalkraft der dynamische Reaktion

N_{Ak} statische Normalkraft in der außergewöhnlichen Situation

DLF Dynamischer Lastfaktor

Der DLF kann durch die Lösung der Bewegungsgleichung eines idealen Ruckproblems mit plötzlichem Steifigkeitsverlust ermittelt werden. Diese Betrachtung ist sinnvoll, da die Schwingdauer der Tragwerksreaktion (mehr als 100 Millisekunden) die Schädigungszeit des Detonationsvorgangs (weniger als 1 Millisekunde, vergl. Bild 4.14) um ein Vielfaches übersteigt. Die beiden Phänomene Detonation und Schwingung des Tragwerks können also losgelöst voneinander betrachtet werden.

Lösung des Ruckproblems

Das Tragsystem wird als Zwei-Massen-Schwinger (ZMS), bestehend aus Stützensteifigkeit und Stützenmasse (k_S, m_S) sowie Steifigkeit und Masse der gestützten Tragwerkselemente (k_A, m_A) mit den zugehörigen Freiheitsgraden u_S und u_A idealisiert, siehe Bild 5. (*links*).

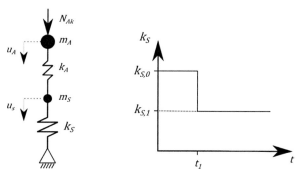

Bild 5.17: Zweimassenschwinger zur Abbildung der Stütze in Interaktion mit dem Tragwerk (*links*); Steifigkeitsverlust der Stütze infolge Detonation (*rechts*).

Vor der Detonation ist das System im Gleichgewicht. Es gilt:

$$u_s^0 = u_s^{-1} = N_{Ak}/k_{s,0} \qquad [5.22]$$

$$u_A^0 = u_A^{-1} = N_{Ak}(1/k_{s,0} + 1/k_A) \qquad [5.23]$$

mit $k_{s,0}$ vertikale Stützensteifigkeit vor der Detonation
 k_A vertikale Steifigkeit der gestützten Tragelemente
 u_s^0 statische Verformung Stütze
 u_s^A statische Verformung gestützter Tragelemente

Durch die Detonation zum Zeitpunkt t_1 kommt es zum Steifigkeitsabfall der Stütze von $k_{s,0}$ zu $k_{s,1}$, siehe Bild 5. (*rechts*). Die Folge ist eine

Schwingung der beiden Freiheitsgrade. Die Lösung der Bewegungsgleichung dieser Schwingung des ZMS kann in inkrementeller Form erfolgen (Indizierung der Variablen entsprechend Abschnitt 3.2.1). Für die Verformung der Freiheitsgrade unter Vernachlässigung einer Dämpfung gilt:

$$\begin{pmatrix} u_A^{n+1} \\ u_S^{n+1} \end{pmatrix} = \begin{pmatrix} \dfrac{N_{Ak} - k_A(u_A^n - u_S^n)}{m_A} \Delta t^2 \\ \dfrac{k_A(u_A^n - u_S^n) - k_{S,1} u_S^n}{m_S} \Delta t^2 \end{pmatrix} + \begin{pmatrix} 2u_A^n - u_A^{n-1} \\ 2u_S^n - u_S^{n-1} \end{pmatrix} \qquad [5.24]$$

Durch die Lösung der Bewegungsgleichung nach Gleichung 5.24 kann die zeitliche Belastung der Stütze im Schwingvorgang ermittelt werden. Die Stütze wird durch den Steifigkeitsverlust erst entlastet und anschließend durch die beschleunigte Kopfmasse oberhalb des statischen Werts auf Druck belastet. Der DLF kann aus der maximalen dynamischen Beschleunigung der gestützten Masse und den statischen Belastungen abgeleitet werden:

$$DLF = \frac{N_{Ak} - \ddot{u}_{A,max} \cdot m_A}{N_{Ak}} \qquad [5.25]$$

mit $\ddot{u}_{A,max}$ maximale Beschleunigung des gestützten Tragelements

Die sich einstellenden Steifigkeitsverluste können aus der ermittelten Resttragfähigkeit und zugehöriger vertikaler Stützenkopfverschiebung abgeleitet werden.

Sicherheiten innerhalb der Simulation

Nachfolgend werden für die Ableitung der Resttragfähigkeit von Stahlbetonstützen unter Nahbereichsdetonationen mittels Hydrocodesimulationen Sicherheitsbeiwerte vorgeschlagen.

Bei der Simulation werden die Mittelwerte der Baustoffeigenschaften angesetzt. Hierdurch wird das Material- und Bauteilverhalten so exakt wie möglich beschrieben. Das Vorgehen entspricht den Empfehlungen des EUROCODES 2 zum Nachweis der Tragsicherheit mittels nichtlinearer Verfahren [33]. Weitergehend wird bei der Ableitung des Tragwiderstands ein Teilsicherheitsbeiwert γ_R berücksichtigt. Der EUROCODE 2 schlägt für diesen einen Wert von $\gamma_R = 1{,}1$ in der außergewöhnlichen Situation vor. Für die Bemessung wird hier ein Wert von $\gamma_R = 1{,}25$

verwendet. Hierdurch ist die Prognose der Resttragfähigkeit aller nach Abschnitt 4.2 ermittelten Tragfähigkeiten auf der sicheren Seite. Der Abweichung zwischen Simulationsergebnis und Versuchsergebnis wird hierdurch Rechnung getragen. Der Bemessungswert der Tragfähigkeit R_d ergibt sich zu:

$$R_d = R / \gamma_R \qquad [5.26]$$

mit R Tragfähigkeitswiderstand der nichtlinearen Berechnung

γ_R = 1,25 Teilsicherheitsbeiwert Tragfähigkeit

Als weiteres Sicherheitselement wird die Sprengstoffmenge m_{exp} in der Simulation um den Sicherheitsbeiwert γ_E nach UFC-3-340-02 [4] erhöht. Hierdurch wird die Zuverlässigkeit in der Bemessung gesteigert:

$$m_d = m_{exp} \cdot \gamma_E \qquad [5.27]$$

Der abgeleitete Tragwiderstand wird mit den Normalkräften der außergewöhnlichen Bemessungssituation unter Berücksichtigung von Trägheitskräften verglichen. Der Nachweis ist erbracht, sofern gilt:

$$R_d > N_{dyn,Ak} = N_{Ak} \cdot DLF \qquad [5.28]$$

6 Bemessungsbeispiele für kombiniert belastete Stahlbetonbauteile

Die im Folgenden dargestellten Bemessungsbeispiele stellen auf Basis der Erkenntnisse dieser Arbeit entwickeltes, mögliches Vorgehen für die Auslegung von Stahlbetonbauteilen im Fern- und Nahbereich gegenüber Detonationsbelastungen dar. Sie berücksichtigen zusätzlich zur Detonationsbelastung die zum Zeitpunkt der Explosion wirkende statische Belastung. Zusätzlich wird für den Fernbereich durch die Anwendung des innerhalb von Kapitel 5.2 entwickelten Sicherheitskonzepts die nach EUROCODE 0 [85] geforderte Zuverlässigkeit gewährleistet.

6.1 Fernbereich

Für den Fernbereich werden zwei typische, einachsig spannende Biegetragelemente des Stahlbetonbaus – eine Decke und eine Wand – betrachtet. Um die Auswirkung der statischen Belastung auf den Bauteilwiderstand abzubilden, wird die Bemessung für den Fall mit und ohne statische Belastung geführt. Des Weiteren wird die Bemessung sowohl mit als auch ohne eine Anwendung des Sicherheitskonzepts durchgeführt. Hierdurch lassen sich die auf das Bemessungskonzept zurückzuführenden Mehrkosten quantifizieren. Es werden somit zusammenfassend folgende Bemessungsansätze betrachtet:

- *Bemessungsansatz 1*: außergewöhnliche Bemessungssituation nach EUROCODE 0 ohne zusätzlichen Sicherheitsbeiwert auf der Einwirkungsseite
- *Bemessungsansatz 2*: außergewöhnliche Bemessungssituation nach EUROCODE 0 mit zusätzlichem Sicherheitsbeiwert auf der Einwirkungsseite
- *Bemessungsansatz 3*: außergewöhnliche Bemessungssituation nach EUROCODE 0 ohne zusätzlichen Sicherheitsbeiwert auf der Einwirkungsseite und ohne statische Belastung

Die Detonationsbelastungen wurden aus typischen Explosionsszenarien einer Freifelddetonation (Stahlbetonwand) und Innenraumexplosion (Stahlbetondecke) abgeleitet und werden als repräsentativ verstanden.

Zur Bemessung wird der im Kapitel 5.2.1 vorgestellte EMS herangezogen. Zusätzlich wird vergleichsweise die Anwendbarkeit des Finite-Differenzen-Verfahrens nach Kapitel 3.2 demonstriert. Dieses erlaubt es im Gegensatz zum EMS, zum einen die erhöhten Materialwiderstände bei schneller Belastung zu berücksichtigen (Dehnrateneffekt) und zum anderen die Veränderlichkeit der Normalkraft bei Stahlbetonwänden zu untersuchen. Hierauf aufbauend kann die dem Ingenieurmodell zugrunde liegende Annahme einer konstanten Normalkraft bewertet werden.

Stahlbetonwand

Für das Bemessungsbeispiel Stahlbetonwand unter einer Fernfelddetonation wird die Belastung durch die FRIEDLANDER-Funktion nach Gleichung 2.11 beschrieben. Das statische System und die Kenngrößen der Stahlbetonwand sowie der Belastung sind in Bild 6.1 dargestellt. Die Materialparameter wurden EUROCODE 2 [33] entnommen. Die Wand wird symmetrisch bewehrt. Die Eigenfrequenz der mitschwingenden Masse wurde für das Finite-Differenzen-Verfahren in Anlehnung an [82] zu $\omega = 7{,}9\ Hz$ festgelegt. Hieraus lässt sich entsprechend eine Federsteifigkeit der Kopfmasse ableiten:

$$k = \omega^2 m \approx 4500\ kN/m \qquad [6.1]$$

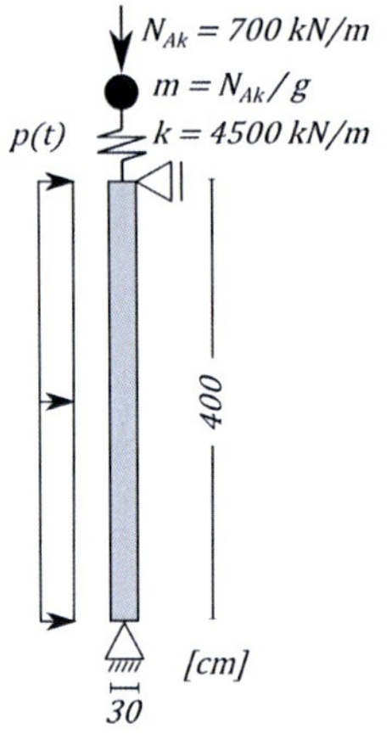

Belastung (siehe Gleichung 2.11)	
p_{ro}	695,5 kN/m²
b_t	1,48
t_d	8,21 ms

Materialeigenschaften nach EUROCODE 2 [33]	
Beton	C 30/37
Betonstahl	BST 500B

Querschnitt (siehe Tabelle 5.2)	
$d_{s1} = d_{s2}$	3,5 cm
$a_{s1} = a_{s2}$	Bemessungsgrößen

Bild 6.1: Bemessungsbeispiel Stahlbetonwand im Fernbereich.

Für die *Bemessungssituation 1* wurde die erforderliche Bewehrungsmenge iterativ ermittelt. Je Seite ist eine Bewehrung von ø 10/15 (= 5,24 cm²/m) erforderlich. Die nachfolgende Abbildung zeigt den Verformungszeitverlauf des EMS und des Finite-Differenzen-Verfahrens (FDV) sowie die Widerstandskennlinien sowie die Hysterese innerhalb des EMS.

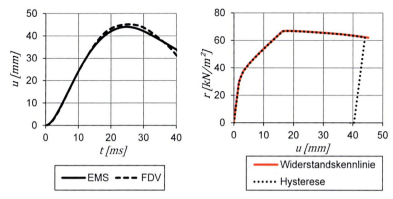

Bild 6.2: Verformungszeitverlauf Feldmitte (*links*) und Hysterese des EMS (*rechts*) für den *Bemessungsansatz 1*.

Maßgeblich für die Bemessung ist die erste Verformungsamplitude nach 25 Millisekunden. Der EMS und das FDV zeigen sehr ähnliche Verformungszeitverläufe bis zur ersten maximalen Auslenkung. Die geringfügig größere Auslenkung des FDV ist durch die konstante Masseverteilung des EMS über den Zeitverlauf begründet. Nach einem Überschreiten der Fließgrenze liegt eine Abweichung zwischen der vorhandenen und innerhalb des EMS angenommenen Verformungsfigur (normierte elastische Biegelinie) vor. Der EMS überschätzt die aktivierte Masse geringfügig, wodurch die geringeren Verformungen begründet sind. Das unterschiedliche Entlastungsverhalten ist durch die vereinfachte Hysterese im EMS (elastische Entlastung) zurückzuführen aber nicht von weiterem Interesse, da die erste Auslenkung bemessungsrelevant ist.

Das FDV erlaubt es, die innerhalb der Wand auftretenden Normalkräfte zu untersuchen. Die Normalkraft am Wandkopf ist über den Zeitverlauf fast konstant und unterscheidet sich nur geringfügig vom statischen Wert.

Dies ist auf die geringe Längsverformung der Wand von in etwa 4 mm und die geringe Federsteifigkeit der Kopfmasse zurückzuführen. In Wandmitte weist die Wand hingegen eine veränderliche Normalkraft auf. Nach einem Aufreißen des Querschnitts nach ca. 1,25 ms kommt es zu einer Längsdehnung des Querschnitts. Diese Längsdehnung wird durch Trägheitskräfte behindert. Durch diese entstehen weitere Druckkräfte. Innerhalb der sich einstellende Längsschwingung bauen sich die Druckkräfte jedoch schnell ab. Zum Zeitpunkt der maximalen Beanspruchung (25 ms) entsprechen die Druckkräfte in guter Näherung dem Ausgangswert von -700 kN/m.

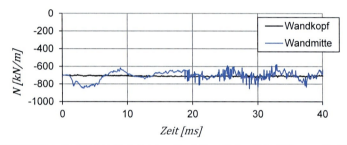

Bild 6.3: Normalkraft-Zeit-Verläufe bei einer Simulation mit dem Finite-Differenzen-Verfahren.

Die Ergebnisse rechtfertigen somit die für die Verwendung des EMS getroffene Annahme einer konstanten Normalkraft. Im Gegensatz zu den Empfehlungen von FEYERABEND (siehe [6] und Abschnitt 2.3.1) sind somit die Fälle erhöhte Normalkraft und reduzierte Normalkraft aufgrund der geringen Variation von untergeordnetem Interesse. Grund hierfür ist die geringe Steifigkeit der durch die Stahlbetonwand gestützten Tragelemente (Stahlbetondecken).

Für den *Bemessungsansatz* 2 sind die Ergebnisse des EMS im Anhang dargestellt, siehe Kapitel 9.5.1. Die Belastung p_{ro} wurde entsprechend den Ergebnissen des Kapitels 5.2.3 auf den Designwert $p_{ro,d}$ bezogen:

$$p_{ro,d} = p_{ro} \cdot \gamma_E = 834{,}6 \; kN/m^2 \qquad [6.2]$$

Für die größere Belastung ergibt sich innerhalb der Bemessung eine im Vergleich zum *Bemessungsansatz* 1 erhöhte Biegebewehrung ø10/12,5

(6,28 cm²/m) sowie eine erhöhte Betonfestigkeit von C 40/50. Hierdurch wird die durch den EUROCODE 0 geforderte Zuverlässigkeit sichergestellt.

Für den *Bemessungsansatz* 3 kann die Bewehrung im Gegensatz zum *Bemessungsansatz 1* reduziert werden ø10/20 (3,9 cm²/m). Die Vernachlässigung der Normalkraft reduziert zwar den Biegewiderstand, erhöht jedoch die Verformbarkeit. Für das Bauteil stellt sich somit ein günstigeres dynamisches Widerstandsverhalten ein. Dies wird durch die Widerstandskennlinien in Bild 6.2 und Bild 9.8 verdeutlicht. Eine Vernachlässigung der statischen Belastung führt somit entgegen der Empfehlungen des UFC 3-340-02 [4], welcher eine Vernachlässigung der Normalkräfte als konservativ betrachtet, zu einem nicht abgesicherten Ergebnis, da hierdurch der dynamische Widerstand überschätzt wird.

Stahlbetondecke

Als weiteres Bemessungsbeispiel wird eine Stahlbetondecke bei einer Innenraumexplosion wie sie z. B. durch einen Unfall entstehen kann betrachtet. Für diese Form der Belastung stellen sich weitaus niedrigere Belastungsgrößen mit vergleichsweise langen Druckdauern im Bereich von Zehntelsekunden ein.

Zusätzlich wird die betrachtete Decke neben der Explosion durch ihre Eigenlast g_k, Ausbaulasten Δg_k und den häufigen Einwirkungswert der Verkehrslast $\psi_1 \cdot q_k$ beansprucht. Die Belastungen und Bauteilabmessungen sind in Bild 6.4 dargestellt. Als statische Belastung innerhalb der außergewöhnlichen Belastungssituation ergibt sich:

$$q_{dA} = g_k + \Delta g_k + \psi_1 \cdot q_k = 15{,}25 \ kN/m^2 \qquad [6.3]$$

Aus der statischen Belastung lässt sich die mitschwingende Masse direkt ableiten:

$$\mu_{eff} = q_{dA} = 15{,}25 \ kN/m^3 / (9{,}81 \ m/s^2) = 1{,}555 \ t/m^2 \qquad [6.4]$$

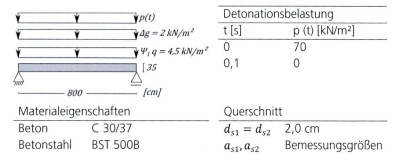

Bild 6.4: Bemessungsbeispiel Stahlbetondecke im Fernbereich.

Als Bewehrung sind innerhalb des *Bemessungsansatzes 1* für die obere Bewehrungslage a_{s1} von ø10/10 (=7,85 cm²/m) und a_{s2} von ø16/10 (=20,11 cm²/m) erforderlich. Durch die statische Belastung wird das Bauteil schon über das Rissmoment beansprucht. Hieraus resultiert ein geringerer Widerstand des Bauteils, siehe Bild 6.5.

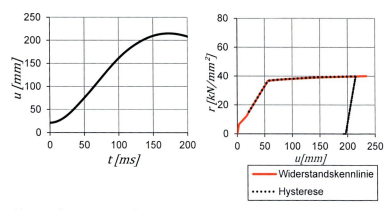

Bild 6.5: Verformungszeitverlauf in Feldmitte (*links*) und Hysterese des EMS (*rechts*) für den *Bemessungsansatz 1*.

Für den *Bemessungsansatz 2* und den *Bemessungsansatz 3* sind die Ergebnisse im Anhang dargestellt (Kapitel 9.5.2). Zur Gewährleistung einer ausreichenden Zuverlässigkeit sind innerhalb des *Bemessungs-*

ansatzes 2 Betonfestigkeit und Bewehrungsmenge zu erhöhen. Ein Nachweis gelingt für die Betonfestigkeitsklasse C40/50 bei einer Bewehrungsmenge auf der Druckseite von ø10/7,5 (=10,47 cm²/m) und auf der Zugseite von ø 16/12 (= 20,94 cm²/m).

Für den *Bemessungsansatz 3* führt eine Vernachlässigung der vorliegenden statischen Biegebeanspruchung zu einem nicht konservativen Bemessungsergebnis. Beide Bewehrungslagen können deutlich um in etwa 20 % reduziert werden (a_{s1} - ø10/12,5 (= 6,3 cm²/m) und a_{s2} - ø16/12 (= 15,4 cm²/m)).

Bewertung

Die vorgestellten Bemessungsbeispiele zeigen, dass statische Belastungen sowohl in Form von Normalkräften als auch Biegebelastungen bei einer Bemessung von Stahlbetonbauteilen gegenüber Detonationsbelastungen im Fernbereich nicht vernachlässigt werden dürfen. Die Ergebnisse sind ansonsten nicht konservativ. Für beide Beispiele konnte die Bewehrungsmenge jeweils bei einer Bemessung ohne statische Belastung deutlich reduziert werden. Eine statische Belastung sollte daher innerhalb der Bemessung immer berücksichtigt werden, da andernfalls der deklarierte Bemessungswiderstand möglicherweise nicht erreicht wird und das Bemessungsziel somit verfehlt wird, siehe Bild 6.6.

Des Weiteren zeigen Vergleichsrechnungen mittels des Finite-Differenzen-Verfahrens, dass der Ansatz einer konstanten Normalkraft bei einer Bemessung mittels des EMS gerechtfertigt ist, da sich die Normalkraft über den Zeitverlauf nur geringfügig ändert.

Zusätzlich hierzu wurden die Auswirkungen des entwickelten Sicherheitskonzepts (Erhöhung der Detonationsbelastung um 20%) untersucht, um die Zuverlässigkeit nach EUROCODE 0 zu gewährleisten. Für die betrachteten Bauteile war jeweils im Vergleich zu einer Bemessung ohne Sicherheitskonzept ein erhöhter Bauteilwiderstand notwendig, um einen Nachweis zu erbringen. Für eine wirtschaftliche Bemessung wurde hierbei sowohl die Betonfestigkeit als auch die Bewehrungsmenge erhöht.

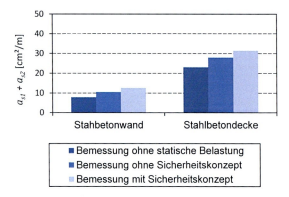

Bild 6.6: Längsbewehrung der unterschiedlichen Bemessungsansätze.

Die erforderlichen Betonfestigkeiten und Bewehrungsmengen erlauben es im Weiteren, die durch das Sicherheitskonzept entstehenden Mehrkosten abzuleiten, Bild 6.7.

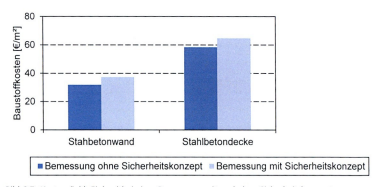

Bild 6.7: Kosten (inkl. Einbau) bei einer Bemessung mit und ohne Sicherheitskonzept.

Die Kosten beinhalten Lieferung und Einbau der Baustoffe, inklusive Verdichtung des Betons. Die resultierenden Mehrkosten betragen für die betrachteten Bauteile zirka 15 % (Wandelement 18 %, Deckenelement 11 %). Ökonomisch betrachtet, sind diese Mehrkosten sinnvoll, da sich die Versagenswahrscheinlichkeit durch das Sicherheitskonzept um das in etwa Hundertfache reduziert (siehe Abschnitt 5.2.3). Die Anwendung des Sicherheitskonzeptes findet somit nicht nur in den Anforderungen des EUROCODES 0 seine Begründung, sondern ist ebenfalls vor einem wirtschaftlichen Hintergrund gerechtfertigt.

6.2 Nahbereich

Im Nahbereich wird beispielhaft die Bemessung einer Stahlbetonstütze vorgestellt, siehe hierzu auch Abschnitt 5.3. Die Bauteilabmessungen, die Belastungen sowie die erforderliche Bewehrung für die Regelbemessung sind in Bild 6.8 dargestellt. Für das gegebene Szenario beträgt der skalierte Abstand $z = 0{,}15$ m/kg$^{1/3}$. Von einer lokalen Schädigung des Bauteils ist somit auszugehen und ein Nachweis der Tragfähigkeit erforderlich ($z < 0{,}5$ m/kg$^{1/3}$).

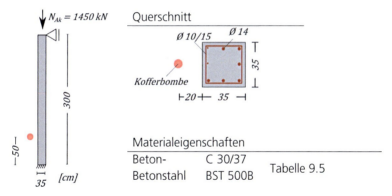

Bild 6.8: Bemessungsbeispiel Stahlbetonstütze im Nahbereich.

Tragfähigkeit Regelbemessung

Für die Simulation mit den Systemgrößen der Regelbemessung stellt sich ein Tragwiderstand auf Bemessungsniveau von

$R_d = 1140 \, kN / 1{,}25 = 912 \, kN$ [6.5]

ein. Ein Nachweis gelingt somit bereits unter Vernachlässigung der Interaktion zwischen Stütze und Tragwerk nicht und das Bauteil ist zu verstärken.

Die Ergebnisse nach Abschnitt 5.3.1 und 9.3 zeigen, dass zur Verstärkung des Bauteils bei gleichen Bauteilabmessungen eine Erhöhung der Längsbewehrung besonders geeignet ist, da diese den Widerstand maßgeblich steigert. Die zusätzlich erforderliche Bewehrung ΔA_s kann auf Basis der ermittelten Ergebnisse abgeschätzt werden. Es gilt:

$$(R + f_y \Delta A_s)/\gamma_R > N_{Ak} \tag{6.6}$$

Aus Gleichung 6.6 folgt:

$$\begin{aligned}\Delta A_s &> (N_{Ak}\gamma_R - R)/f_y \\ &= (1450 kN \cdot 1{,}25 - 1140 kN)/55{,}0\ kN/cm^2 = 12{,}8\ cm^2\end{aligned} \tag{6.7}$$

Als zusätzliche Bewehrung werden 8ø14 (= 12,3 cm²) im Querschnitt angeordnet.

Tragfähigkeit bei verstärktem Querschnitt

Durch die zusätzliche Bewehrung erhöht sich die Tragfähigkeit auf Bemessungsniveau der Stütze zu:

$$R_d = 1950\ kN/1{,}25 = 1560\ kN \tag{6.8}$$

Die zusätzliche Bewehrung ist somit ausreichend, um die notwendige Tragfähigkeit für die statische Belastung zu gewährleisten, siehe Bild 6.9.

Die ermittelten Schnittkräfte berücksichtigen noch keine Überhöhung der Belastung durch dynamische Effekte, welche sich als Folge vom Steifigkeitsverlust der Stütze und dem sich anschließend einstellenden Ruckproblem ergeben, siehe Abschnitt 5.3.1. Hierzu ist die Lasterhöhung aus der dynamischen Tragwerksinteraktion zu bestimmen.

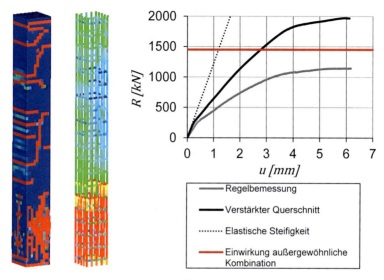

Bild 6.9: Schädigung des Betons (*links*), VON MISES-Vergleichsspannung (*Mitte*) der verstärkten Stahlbetonstütze sowie Last-Verformungs-Beziehungen (*rechts*); *Einfärbung: rot – vollständige Schädigung Beton/Fließgrenze Betonstahl überschritten.*

Dynamische Lasterhöhung

Die Steifigkeitsverluste können aus der Last-Verformungs-Beziehung bestimmt werden. Für die Stütze ergibt sich im Vergleich zum ungeschädigten Bauteil eine Reduktion der axialen Steifigkeit von rund 50 % (vergleiche Bild 6.9).

Durch die Lösung der Bewegungsgleichung nach Gleichung 6.14 kann die zeitliche Belastung der Stütze innerhalb der Schwingung ermittelt werden. Die Stütze wird durch den Steifigkeitsverlust erst entlastet und anschließend durch die beschleunigte Kopfmasse oberhalb des statischen Werts auf Druck belastet. Im Vergleich zum statischen Wert stellt sich eine Erhöhung von 3,4 % ein, siehe Bild 6.10 (*links*).

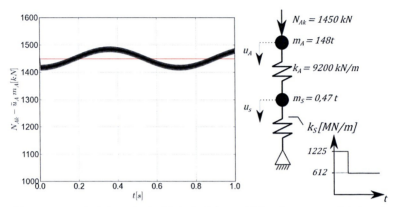

Bild 6.10: Stützenkraft im Zeitverlauf bei plötzlicher Reduktion der Stützensteifigkeit und Parameter des korrespondierenden Zwei-Massen-Schwingers.

Der Nachweis der Stütze ist somit unter Berücksichtigung von Trägheitskräften erbracht, da gilt:

$$R_d = 1560 kN > N_{Ak} \cdot DLF = 1450 kN \cdot 1{,}034 = 1499 kN \qquad [6.9]$$

Konstruktive Durchbildung

Neben den abgeleiteten Bewehrungsmengen der Längsbewehrung werden zusätzlich Anforderungen an die konstruktive Durchbildung der Bügelbewehrung gestellt. Die Bügel sind mit 135°-Haken auszubilden und im inneren Bereich des Querschnitts zu verankern. Hierdurch wird der Ausfall einzelner Bügelreihen verhindert. Die Bewehrung ist in Bild 6.11 dargestellt.

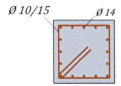

Bild 6.11: Verstärkter Querschnitt mit erhöhter Längsbewehrung und in Stützenmitte verankerter Bügelbewehrung.

7 Zusammenfassung und Ausblick

7.1 Zusammenfassung

Detonationen können zu einer starken Belastung von Bauteilen führen, wodurch diese mitunter bis zum Verlust ihrer Tragfähigkeit beansprucht werden. Die mögliche Folge dieses Bauteilversagens ist ein Einsturz des Tragwerks in Teilbereichen oder in Gänze. Die potentielle Gefährdung und möglichen Ausmaße dieses Ereignisses werden durch jüngere Anschläge und Unfälle verdeutlicht. Zum Schutz von Personen und Sachgütern sind daher Lösungen zu entwickeln, welche eine sichere Auslegung von Tragwerken gegenüber Detonationsbelastungen ermöglichen.

In Forschung und Praxis sind für die Belastungsart Detonation zwar unterschiedliche Untersuchungen an Stahlbetonbauteilen bekannt und für den Fernbereich auch Bemessungsansätze verfügbar. Jedoch sind diese nicht uneingeschränkt auf reale Bauteile zu übertragen, da diese eine statische Belastung der Bauteile vernachlässigen. Hieraus ergibt sich ein Defizit bei der Auslegung, da die üblicherweise betrachteten Bauteile (Stützen, Wände und Platten) stets mindestens durch ihr Eigengewicht und in der Regel noch durch weitere Lasten wie Ausbaulasten und Verkehrslasten beansprucht werden. Weitergehend kommen beim Ansatz aktueller Bemessungsansätze lediglich pauschale Sicherheitsbeiwerte zur Anwendung, für welche die in der Bemessung erzielte Zuverlässigkeit nicht bekannt ist. Dies steht im Widerspruch zur Auslegung gegenüber Regellasten, bei der ein definiertes Zuverlässigkeitsniveau durch die Anwendung des EUROCODE 0 erreicht wird.

Für eine Auslegung unter Berücksichtigung des realen Bauteilverhaltens wurden die Auswirkungen einer Kombination aus statischer Belastung und Detonationsbelastung auf das Verhalten von Stahlbetonbauteilen unter Detonationsbelastungen erstmals numerisch und experimentell untersucht. Hierbei wurden Detonationen im Nahbereich und Fernbereich bei einer zusätzlich einwirkenden statischen Belastung betrachtet. Neben den komplexen Experimenten wurden Simulationsmodelle entwickelt, welche es zum einen erlauben den statischen Ausgangszustand zu berücksichtigen und zum anderen die bei einer Detonation auftretende

Festigkeitssteigerung der Werkstoffe sowie das nichtlineare und degradierte Materialverhalten konsistent zu erfassen.

Für den Nahbereich wurden Stahlbetonstützen unter Belastung durch Kontakt- und Abstandsladung untersucht. Die experimentellen Ergebnisse zeigen eine erwartungsgemäße starke Reduktion der Tragfähigkeit als Folge der lokalen Schädigung um bis zu 80 % auf. Als grundliegende Schädigungsmechanismen konnte eine starke Rissbildung und das teilweise Abplatzen von Beton sowie ein möglicher Bügelausfall beobachtet werden.

Der Ausfall von Bügeln ist in der Praxis zu vermeiden, da hierdurch die Tragfähigkeit der Bewehrung maßgeblich reduziert werden kann. Diesem Problem sollte konstruktiv durch eine Verankerung der Bügel in Stützenmitte, im Bereich der intakten Betonmatrix begegnet werden.

Zur numerischen Abbildung der Versuche waren wesentliche Anpassungen am verwendeten Betonmodell (RHT-Modell) erforderlich. Diese umfassten eine Beschreibung des Rissverhaltens auf Basis der Bruchenergie sowie eine verbesserte Beschreibung der mehraxialen Festigkeit. Durch die Kalibrierung der Versagensflächen an umfassenden mehraxialen Druckversuchen konnten Parametersätze abgeleitet werden, welche für die Betonfestigkeitsklassen C20/25, C30/37 und C50/60 eine zum MODELCODE 2010 annähernd konsistente Formulierung gewährleisten. Durch die verbesserte Beschreibung des Materialverhaltens im Bereich niedriger hydrostatischer Drücke wird der Anwendungsbereich des Modells - insbesondere für statischen Belastungen - erweitert.

Mittels des angepassten RHT-Modells konnten die Versuchsergebnisse nachvollzogen werden. Sowohl Resttragfähigkeit als auch Schädigung werden in guter Näherung zum Versuch abgebildet. Hierdurch wird erstmalig aufgezeigt, dass die sonst lediglich für dynamische Belastungen herangezogenen Simulationswerkzeuge des Typs Hydrocode auch für statische Problemstellungen verwendet werden können. Neben Aussagen zur Schädigung können somit zukünftig ebenfalls Fragestellungen der Resttragfähigkeit beantwortet werden. Hierdurch wird ein entscheidender Baustein für die Auslegung und Bewertung der Tragsicherheit von Bauwerken gegenüber Detonationsbelastungen bereitgestellt. Eine erste umfassende Anwendung fand die Methode in einer Sensitivitätsanalyse zur Tragfähigkeit von Stützen unter Detonationsbelastungen. Die Studie arbeitete die für eine Bemessung relevanten Parameter heraus. Sie zeigt, dass die Tragfähigkeit durch eine Erhöhung der Längsbewehrung der Stütze sowie einen größeren skalierten Abstand entscheidend gesteigert werden kann. Des Weiteren konnte entsprechend den experimentellen Ergebnissen kein wesentlicher Einfluss der statischen Belastung auf die Resttragfähigkeit festgestellt werden. Die abschließende Bemessung einer Stahlbetonstütze für eine Nahbereichsdetonation dient als Beispiel für die Praxis.

Die experimentellen Untersuchungen mit detonativen Belastungen im Fernbereich an Stahlbetonplatten und gleichzeitiger lateraler sowie axialer Belastung zeigen einen deutlichen Einfluss der statischen Belastung auf das dynamische Bauteilverhalten auf. Duktilität und Widerstand werden durch die zusätzliche Belastung beeinflusst. Während eine bezüglich der Detonation gleichgerichtete laterale statische Belastung den verfügbaren Widerstand reduziert, verändert die Normalkraft das Widerstands- und Verformungsverhalten des Bauteils. Eine realistische Bewertung des Bauteilverhaltens ist somit nur unter Berücksichtigung der statischen Belastung möglich. Die experimentellen Ergebnisse konnte durch ein neu entwickeltes Simulationsmodell für den Fernbereich bestätigt werden. Dieses neue Modell erlaubt es, auf Querschnittsebene durch eine dehnratenabhängige Formulierung des Materialverhaltens anhand Krümmungsrate und Dehungsrate die Festigkeitssteigerung auf Querschnittsebene unter schneller Belastung zu berücksichtigen. Zusätzlich können statische Belastungen als Ausgangszustand integriert werden.

Für die Zuverlässigkeitsanalysen wurde als Ingenieurmodell ein Ein-Massen-Schwinger entwickelt und mit Zuverlässigkeitsanalysen erster Ordnung (FORM) verknüpft. Die hiermit durchgeführten Analysen zur Zuverlässigkeit bestehender Sicherheitskonzepte des UFC-3-340-02 sowie gängiger Auslegungsprinzipien in der Praxis belegen eine im Vergleich zu den Anforderungen des EUROCODE 0 unzureichende Zuverlässigkeit.

Bei der Bemessung von Stahlbetonbauteilen gegenüber Detonationsbelastungen im Fernbereich wird daher auf Basis der Zuverlässigkeitsanalysen die Verwendung der außergewöhnlichen Bemessungssituation in Verbindung mit einem zusätzlichen Sicherheitsbeiwert γ_E auf der Einwirkungsseite von 1,2 empfohlen. Hierdurch wird sowohl unter detonativer Belastung als auch kombinierter statischer und detonativer Belastung eine im Vergleich zu den Anforderungen des EUROCODE 0 ausreichende Zuverlässigkeit gewährleistet. Dies ermöglicht die

Bemessung von Stahlbetonbauteilen mit einem einheitlichen Sicherheitsniveau für statische und detonative Belastungen.

Die abschließend dargestellten Beispiele stellen die Bemessung einer statisch belasteten Stahlbetondecke und Stahlbetonwand für eine Detonationsbelastung im Fernbereich dar. Die Beispiele zeigen auf, dass eine Vernachlässigung der statischen Belastung in der Bemessung zu einem nicht konservativen Ergebnis führt. Die Widerstandsfähigkeit des Bauteils wird jeweils überschätzt und folglich eine nicht ausreichende Bewehrung vorgesehen. Weiterhin konnten anhand der Beispiele die durch das Sicherheitskonzept entstehenden Zusatzkosten abgeschätzt werden. Die zusätzlichen Kosten betragen für die betrachteten Bauteile lediglich 20 %.

7.2 Ausblick

Die durchgeführten experimentellen und numerischen Untersuchungen zum Einfluss kombinierter statischer und detonativer Belastungen auf Stahlbetonstützen und Stahlbetonplatten schlagen eine erste Brücke zu einer gleichzeitigen Betrachtung dieser beiden interdependenten Einwirkungen. Hierdurch wird eine sichere Auslegung der Bauteile unter kombinierter statischer und detonativer Belastung ermöglicht.

Aufbauend auf diese Arbeit wären zusätzliche experimentelle Untersuchungen an Stahlbetonstützen zur weiteren Darstellung des Einflusses der statischen und detonativen Belastungen auf die Resttragfähigkeit wünschenswert. Hierdurch kann zum einen der Einfluss der statischen Belastung auf die Resttragfähigkeit abgesichert werden und zum anderen das Simulationsmodell weitergehend validiert werden. Mittels der erworbenen Versuchsergebnisse und weiterer numerischer Studien sollte es schließlich möglich sein, ein Ingenieurmodell abzuleiten, welches Detonationsbelastung, Schädigung und Resttragfähigkeit in Bezug zueinander setzt und somit eine quantitative Prognose der Resttragfähigkeit ermöglicht. Nach einer Ausarbeitung dieses Ingenieursmodells können weitergehend auch für den Nahbereich Zuverlässigkeitsuntersuchungen durchgeführt werden. Hierdurch kann auch im Nahbereich ein Bemessungskonzept entwickelt werden und eine Auslegung mit einem definierten Zuverlässigkeitsniveau gewährleistet werden.

Die gewonnen Erkenntnisse zum Verhalten von Stahlbetonbauteilen im Fernbereich können zur Anpassung aktueller Normen, insbesondere des UFC 3-340-02, dienen. Hierdurch wird eine sichere Auslegung von Stahlbetonbauteilen gegenüber kombiniert wirkenden statischen und detonativen Belastungen mit definierter Zuverlässigkeit in der Praxis ermöglicht werden.

8 Literaturverzeichnis

[1] Bundesministerium des Inneren: *Schutz kritischer Infrastruktur - Risiko- und Krisenmanagement*. Leitfaden, 2. Ausgabe, Berlin, 2011.

[2] FEMA-426: *Reference Manual to Mitigate Potential Terrorist Attacks Against Buildings* H. SECURITY, 2003.

[3] N. GEBBEKEN, M. HÜBNER, M. LARCHER, G. MICHALOUDIS und A. PIETZSCH: *Beton und Stahlbetonkonstruktionen unter Explosion und Impakt*. Beton- und Stahlbetonbau 108, 2013, S. 515-527.

[4] UFC-3-340-02: *Structures to Resist the Effects of Accidental Explosions*. U.S. Army Corps of Engineers, 2008.

[5] DIN EN 1991-1-7 EUROCODE 1: *Einwirkungen auf Tragwerke – Teil 1-7: Allgemeine Einwirkungen – Außergewöhnliche Einwirkungen*. DIN, Beuth, 2010.

[6] M. FEYERABEND: *Der harte Querstoß auf Stützen aus Stahl und Stahlbeton*. Dissertation. Universität Fridericiana, Institut für Massivbau und Baustofftechnologie, Karlsruhe, 1988

[7] F. LIN: *Materialmodelle und Querschnittsverhalten von Stahlbetonbauteilen unter extrem dynamischer Beanspruchung*. Dissertation. Ruhr-Universität Bochum, Lehrstuhl für Stahlbeton- und Spannbetonbau, Institut für Konstruktiven Ingenieurbau, 2004.

[8] J. OŽBOLT, A. SHARMA und H.-W. REINHARDT: *Dynamic fracture of concrete – compact tension specimen*. International Journal of Solid Structures 48, 2011, S. 10.

[9] A. PLOTZITZA: *Ein Verfahren zur numerischen Simulation von Betonstrukturen beim Abbruch durch Sprengen*. Dissertation. Universität Fridericiana Institut für Massivbau und Baustofftechnologie, Dissertation, Karlsruhe, 2002.

[10] P. YI: *Explosionseinwirkungen auf Stahlbetonplatten*. Dissertation. Universität Fridericiana Institut für Massivbau und Baustofftechnologie, Dissertation, Karlsruhe, 1991.

[11] M.A. MEYERS: *Dynamic Behavior of Materials*. Wiley. San Diego 1994.

[12] S. HIERMAIER: *Numerik und Werkstoffdynamik der Crash- und Impaktvorgänge*. Forschungsberichte aus der Kurzzeitdynamik. Fraunhofer Ernst Mach Institut. Freiburg 2003.

[13] F.P. MÜLLER, E. KEINTZEL und H. CHARLIER: *Der Baustoff Stahlbeton unter dynamischer Beanspruchung*, Deutscher Ausschuß für Stahlbetonbau, Ausgabe 342, 1983.

[14] W. RIEDEL: *Beton unter dynamischen Lasten Meso- und makromechanische Modelle und ihre Parameter.* Fraunhofer: Ernst Mach Institut, Freiburg, 2000.

[15] W. RIEDEL und M. MACHENS: *Mechanical Properties of Concrete and Limestone.* E 07/4, Fraunhofer-Institut für Kurzzeitdynamik, Freiburg, 2004.

[16] J. EIBL und J. OCKERT: *Stoffgesetzliche Grundlagen für die Shockwellenausbreitung im Beton.* Institut für Baustofftechnologie und Massivbau, Karlsruher, 1994.

[17] E.L. CHAPMAN: *On the Rate of Explosions in Gases.* Philos. Magazine 47, 1899, S. 99–104.

[18] E. JOUGUET: *On the Propagation of Chemical Reactions in Gases.* J. de Math. 85, 1906, S. 347–425.

[19] S.J. EIBL: *Schockwellenbeanspruchung von Stahlbetonwänden durch Kontakt-Detonationen.* Berichte aus dem Konstruktiven Ingenieurbau. München 1995. ISSN 0941-925X

[20] Y.B. ZEL'DOVICH: *On the Theory of the Propagation of Detonation in Gaseous Systems.* Zh. Eksp. Teor. Fiz. 10, 1940, S. 542–568.

[21] W. DÖRING: *Über Detonationsvorgang in Gasen.* Annalen der Physik 43, 1943, S. 421–436.

[22] J.V. NEUMANN: *Theory of detonation waves. Progress Report to the National Defense Research Committee Div. B, OSRD-549 (April 1, 1942. PB 31090). John von Neumann: Collected Works, 1903-1957*, A. H. TAUB, ed. Pergamon Press. New York 1963. 978-0-08-009566-0

[23] N. GEBBEKEN und S. GREULICH: *Verhalten von Baustrukturen aus Stahlbeton unter Kontakt- und Nahdetonation.* Universität der Bundeswehr München 2001. Abschlussbericht BA514-MF206

[24] G.F. KINNEY und K. GRAHAM: *Explosive Shocks in Air.* Springer 1985.

[25] M. GÜNDL, B. HOFFMEISTER und F. BANGERT: *Bemessung von Baustrukturen in Stahl- und Verbundbauweise für Anprall- und Explosionslasten.* Bauforumstahl e.V. 2010.

[26] P.D. SMITH und J.G. HETERINGTON: *Blast and Ballistic Loading of Structures.* Butterworth-Heinemann Ltd. 1994. ISBN 0-7506-2024-2

[27] F.G. FRIEDLANDER: *The diffraction of sound pulses. I. Diffraction by a semi-infinite plate.* Proceedings of the Royal Society A, 322-344, 1946.
[28] N. GEBBEKEN und T. DÖGE: *Der Reflexionsfaktor bei der senkrechten Reflexion von Luftstoßwellen an starren und an nachgiebigen Materialien.* Bauingenieur 81, 2006, S. 496-503.
[29] S. GREULICH: *Zur numerischen Simulation von Stahlbeton- und Faserbetonstrukturen unter Detonationsbeanspruchung.* Fakultät für Bauingenieur- und Vermessungswesen der Universität der Bundeswehr München, 2004.
[30] N. GEBBEKEN und S. GREULICH: *Verhalten von Baustrukturen aus Stahlbeton unter Kontakt- und Nahdetonationen.* Universität der Bundeswehr München, 2001.
[31] C. ROLLER, C. MAYRHOFER, W. RIEDEL und K. THOMA: *Residual load capacity of exposed and hardened concrete columns under explosion loads.* Engineering Structures in Druck 2012.
[32] C. MAYRHOFER: *Grundlagen zu den Methoden der dynamischen Grenztragfähigkeitsberechnung bei terroristischen Ereignissen.* 3. Workshop BAU-PROTECT, Bad Reichenhall, 2008.
[33] DIN EN 1992-1-1 EUROCODE 2: *Bemessung und Konstruktion von Stahlbeton- und Spannbetontragwerken - Teil 1-1: Allgemeine Bemessungsregeln und Regeln für den Hochbau.*, Beuth, 2010.
[34] fib-CEB: *Model Code 2010 - Final draft, Volume 1.* Lausanne, 2012.
[35] K. ZILCH und G. ZEHETMAIER: *Bemessung im konstruktiven Betonbau.* Springer 2010.
[36] H.G. HEILMANN, H. HILSDORF und K. FINSTERWALDER: *Festigkeit und Verformung von Beton unter Zugspannungen*, Deutscher Ausschuss für Stahlbeton, Ausgabe 203, 1969.
[37] Z.P. BAZANT und B.H. OH: *Crack Band Theory for Fracture of Concrete* Materials and Structures 16, 1983, S. 155-177.
[38] A. HILLERBORG, M. MODÉER und P.-E. PETERSSON: *Analysis of Crack Formulation and Crack Growth in Concrete by Means of Fracture Mechanics and Finite Elements.* Cement and Concrete Research 6, 1976, S. 773-781.
[39] V. MECHTCHERINE: *Bruchmechanische und fraktorlogische Untersuchungen zur Rissausbreitung von Beton.* Dissertation. Karlsruhe, Institut für Massivbau und Baustofftechnologie, 2000.

[40] H. SCHULER: *Experimentelle und numerische Untersuchungen zur Schädigung von stoßbeanspruchtem Beton*. Forschungsergebnisse aus der Kurzzeitdynamik. Fraunhofer Ernst Mach Institut. Freiburg 2004.
[41] K. SPECK und M. CURBACH: *Ein einheitliches dreiaxiales Bruchkriterium für alle Betone*. Beton- und Stahlbetonbau, 2009, S. 233-243.
[42] M. RUPPERT: *Zur numerischen Simulation von hochdynamisch beanspruchten Betonstrukturen*. Dissertation. Universität der Bundeswehr München, 2000.
[43] M. NÖLDGEN, O. MILLON, K. THOMA und E. FEHLING: *Hochdynamische Materialeigenschaften von Ultrahochleistungsbeton (UHPC)*. Beton- und Stahlbetonbau 104, 2009, S. 717 - 727.
[44] W. KUPFER: *Das Verhalten des Betons unter mehrachsiger Kurzzeitbelastung unter besonderer Berücksichtigung der zweiachsigen Beanspruchung*, Deutscher Ausschuss für Stahlbeton, Ausgabe 229, 1973.
[45] A. ROGGE: *Materialverhalten von Beton unter mehrachsiger Beanspruchung*. Dissertation. Technische Universität München, Institut für Massivbau, Dissertation, 2003.
[46] K. SPECK: *Beton unter mehraxialer Beanspruchung* Dissertation. TU Dresden, Institut für Massivbau, 2007.
[47] J.G.M.V. MIER: *Fracture of Concrete under complex Stresses*. Heron, 31(3) 1991.
[48] A.J. ZIELINSKI: *Fracture of concrete and mortar under uniaxial impact tensile loading*. Dissertation. Delft University of Technology, 1982.
[49] H.W. REINHARDT: *Concrete under impact loading, tensile strength and bond*. Heron 27 1982.
[50] M. CURBACH: *Festigkeitssteigerung von Beton bei hohen Belastungsgeschwindigkeiten*. Dissertation. Universität Fridericiana, Institut für Massivbau und Baustofftechnologie, Karlsruhe, 1987.
[51] P. ROSSI, J.G.M.V. MIER, C. BOULAY und F.L. MAOU: *The dynamic behviour of concrete: influence of free water*. Materials and Structures 25, 1992, S. 509-514.
[52] C.A. ROSS, J.W. TEDESCO und S.T. KUENNEN: *Effects of Strain Rate on Concrete Strength*. ACI Materials Journal 92, 1995, S. 37-37.
[53] fib-CEB: *Model Code 1990*. Lausanne, 1991.
[54] *CEB-FIP Model Code 2010*. federation international du beton, 2013.

[55] S. ORTLEPP: *Zur Beurteilung der Festigkeitssteigerung von hochfestem Beton unter hohen Dehngeschwindigkeiten* Dissertation. Technischen Universität Dresden Fakultät Bauingenieurwesen, 2006.

[56] B. SCHMIDT-HURTIENNE: *Ein dreiaxiales Schädigungsmodell für Beton unter Einfluß des Dehnrateneffekts bei Hochgeschwindigkeitsbelastung.* Dissertation. Fredericiana Karlsruhe, 2000.

[57] J. WEERHEIJM: *Concrete Under Impact Tensile Loading an lateral Compression.* Dissertation. Delft University of Technology, 1992.

[58] J. WEERHEIJM und J.C.A.M.V. DOORMAAL: *Tensile failure of concrete at high loading rates: New test data on strength and fracture energy from instrumented spalling tests.* International Journal of Impact Engineering 34, 2007, S. 609–626.

[59] O. MILLON: *Analyse und Beschreibung des dynamischen Zugtragverhaltens von ultra - hochfestem Beton.* Dissertation. TU Dresden, Institut für Baustoffe, 2014.

[60] P.H. BISCHOFF und S.H. PERRY: *Compressive behaviour of concrete at high strain rates.* Materials and Structures 24, 1991, S. 425-450.

[61] J. OŽBOLT: *Numerical simulation of reinforced concrete beams with different shear reinforcements under dynamic impact loads.* Impact Engineering, 2011.

[62] J. OŽBOLT, J. WEERHEIJM und A. SHARMA: *Dynamic Tensile Resistance of Concrete – Split Hopkinson Bar Test.* VIII International Conference on Fracture Mechanics of Concrete and Concrete Structures, Toledo, 205-216, 2013.

[63] S. ZHENG: *Beton bei variierender Dehngeschwindigkeit untersucht mit einer neuen modifizierten Split-Hopkinson-Bar-Technik.* Dissertation. Universität Fridericiana Institut für Massivbau und Baustofftechnologie, Karlsruhe, 1996.

[64] K.THIELE, A. DAZIO und H. BACHMANN: *Bewehrungsstahl unter zyklischer Beanspruchung.* Institut für Baustatik und Konstruktion. Birkhäuser Basel 2001. 978-3764366032

[65] G. KÖNIG, D. POMMERENING und N.V. TUE: *Nichtlineares Last-Verformungs-Verhalten von Stahlbeton- und Spannbetonbauteilen, Verformungsvermögen und Schnittgrößenermittlung*, Deutscher Ausschuss für Stahlbeton, Ausgabe 492, 1999.

[66] R. Eligehausen, R. Kreller und P. Langer: *Verbundverhalten gerippter Stähle in Oberflächen naher Lage.* Abschlußbericht zum Forschungsvorhaben "Plastische Gelenke", Institut für Werkstoffwesen Stuttgart, 1989.

[67] A. Goris und J. Hegger: *Stahlbetonbau aktuell 2013: Praxishandbuch.* Beuth 2013. ISBN 978-3-410-23029-8

[68] K. Brandes, E. Limberger, J. Herter und K. Berner: *Kinetische Grenztragfähigkeit von stoßartig belasteten Stahlbetonbauteilen - Zugversuche an Betonstahl mit erhöhter Dehngeschwindigkeit.* Forschungsbericht 129, Bundesanstalt für Materialwissenschaften, 1985.

[69] A. Hoch: *Trag- und Formveränderungsverhalten von Stahlbetonbalken bis zum Bruch bei grosser Belastungsgeschwindigkeit.* Dissertation. Universität Karlsruhe, Fakultät für Bauingenieurwesen und Vermessungswesen, 1983.

[70] J.W. Ammann: *Stahlbeton- und Spannbetontragwerke unter stossratiger Belastung.* Dissertation. ETH Zürich, 1983.

[71] M. Wakabayashi, T. Nakamura, N. Yoshida, S. Iwai und Y. Watanabe: *Dynamic Loading Effects on the Structural Steel Performance of Concrete and Steel Materials and Beams.* 7th World Conference on Earthquake Engineering, Istanbul, 271-278, 2013.

[72] H. Schmidt-Schleicher: *Kreiszylinderschalen aus Stahlbeton unter impulsartiger Beanspruchung durch Einzellasten.* Dissertation. Ruhr-Universität Bochum., Institut für Konstruktiven Ingenieurbau, 1974.

[73] Comité Euro-International du Béton: *Concrete Structures under Impact and Impulsive Loading - Synthesis Report.* CEB, Bulletin 187, 1987.

[74] O. Hjorth: *Ein Beitrag zur Frage der Festigkeiten und des Verbundverhaltens von Stahl und Beton bei hohen Beanspruchungsgeschwindigkeiten.* Dissertation. Technische Universität Braunschweig, Dissertation, 1976.

[75] H.W. Reinhardt und F. Vos: *Influence of loading rate on bond in reinforced concrete.* G. Plauk, ed., pp. 170-181.

[76] O. Henseleit, K.-H. Hehn und A. Koch: *Grenztragfähigkeit von Stahlbetonbalken bei großer Belastungsgeschwindigkeit.* Institut für Beton und Stahlbeton, 1980.

[77]	T. Krauthammer, S. Astarlioglu und P.T. Tran: *Short Reinforced Concrete Columns under Combined Axial and Blast-induced Transverse Loads.* Intenational Conference on Design and Analysis of Protective Structures, Singapur, 2010.

[78]	K. Morency: *Large Deformation Behavior of Reinforced Concrete Columns Subjected to Blast-Induced Axial and Transverse Loads.* Proc. 21st International Symposium on Military Aspects of Blast and Shock Jerusalem, 2010.

[79]	M. Arlery, A. Rouquand und S. Chhim: *Numerical Dynamic Simulations for the Prediction of Damage and Loss of Capacity of RC Columns subjected to Contact Detonations.* VIII International Conference on Fracture Mechanics of Concrete and Concrete Structures, Toledo, 1625-1634, 2013.

[80]	K.-C. Wu, B. Li und K.-C. Tsai: *Residual axial compression capacity of localized blast-damaged RC columns.* International Journal of Impact Engineering 38, 2011, S. 29-40.

[81]	K. Brandes und E. Limberger: *Versuche zum Verhalten von Stahlbetonbalken mit Übergreifungsstößen der Zugbewehrung unter stoßartiger Belastung.* Forschungsbericht 157, Bundesanstalt für Materialforschung und Prüfung, 1989.

[82]	A. Bach, I. Müllers, W. Wassmann und A. Stolz: *Modellierung und Bemessung von Stahlbetonbauteilen unter Explosionsbelastung. Massivbau im Wandel - Festschrift zum 60. Geburtstag* Ernst & Sohn. Aachen 2014. ISBN 3-939051-20-9

[83]	J.R. Blasko, S. Astraligolu und T. Krauthammer: *Computationally Efficient Pressure-Impulse Diagrams for Structural Analysis and Assessment.* Proc. 12th International Symposium on the Interaction of the Effects of Munitions with Structures (ISIEMS 12.1), 2007.

[84]	I. Müllers: *Zur Robustheit im Hochbau - Stützenausfall als Gefährdungsbild für Stahlbetontragwerke.* Dissertation. Eidgenössische Technische Hochschule Zürich Zürich, 2007.

[85]	DIN EN 1990 EUROCODE 0: *Grundlagen der Tragwerksplanung.* Beuth, 2010.

[86]	T. Krauthammer, S. Astarlioglu, J. Blasko, T.B. Sohb und P.H. Ng: *Pressure–impulse diagrams for the behavior assessment of structural components.* Impact Engineering 35, 2008, S. 771-783.

[87] A. BACH, A. STOLZ, M. NÖLDGEN und K. THOMA: *Modelling of Preloaded Reinforced-Concrete Structures at Different Loading Rates*. International Conference on Fracture Mechanics of Concrete and Concrete Structures, Toledo, 1001–1011, 2013.

[88] T. KRAUTHAMMER: *Modern Protective Structures*. Taylor & Francis 2009.

[89] TM 5-1300: *Structures To Resist The Effects Of Accicential Explosions*. U. ARMY, Departments of the Army, the Navy and the Airforce, 1990.

[90] TWK 1994: *Technische Weisungen für die Konstruktion und Bemesung von Schutzbauten*. Bundesamt für Zivilschutz, Schweiz, 1994.

[91] J. BETTEN: *Kontinuumsmechanik - Elastisches und inelastisches Verhalten isotroper und anisotroper Stoffe*. Springer-Verlag 2001.

[92] K.-J. BATHE: *Finite Element Methoden*. Springer 2001. ISBN 978-3540668060

[93] O.C. ZIENKIEWICZ, R.L. TAYLOR und J.Z. ZHU: *The Finite Element Method*. Elsevier Ltd 2005. ISBN 978-0750663205

[94] N.N.: *Autodyn Theory Manual - Revision 4.0*. Century Dynamics. Horsham 1998.

[95] A. STOLZ: *Simulation dynamischer Bauwerksbelastung*. 2. Workshop Bauprotect, Freiburg, 73-84, 2010.

[96] RABOTNOV: *Creep Rupture, Proceedings 12th International Congress of Applied Mechanics*. M. HETENYI and W. VINCENTI, eds, pp. 342-349.

[97] Z.B. BAZANT und L. CEDELONI: *Stability of Structures: Elastic, Inelastic, Fracture and Damage Theories*. World Scientific 2013. 978-9814317030

[98] E.L. LEE, H.C. HORNIG und J.W. KURY: *Adiabatic Expansion of High Explosive Detonation Products*. University of California, 1968.

[99] M.L. WILKINS: *Calculation of Elastic-Plastic Flow*. Methods for Computational Physics, 1964, S. 42.

[100] N. HERRMANN: *Experimentelle Erfassung des Betonverhaltens unter Schockwellen*. Dissertation. Universität Fridericiana Institut für Massivbau und Baustofftechnologie, Dissertation, Karlsruhe, 2002.

[101] W. RIEDEL, C. MAYRHOFER, K. THOMA und A. STOLZ: *Engineering and Numerical Tools for Explosion Protection of Reinforced Concrete*. International Journal of Protective Structures 1, 2010, S. 85-101.

[102] S.J. HANCHAK, M.J. FORRESTAL, E.R. YOUNG und J. Q.EHRGOTT: *Perforation of Concrete Slabs with 48 Mpa (7 ksi) and 140 MPa (20 ksi) unconfined Concrete Strengths*. International Journal of Impact Engineering 12, 1992, S. Seite 869-886.

[103] K.J. WILLAM und E.P. WARNKE: *Constitutive Model for the Triaxial Behaviour of Concrete*,.I. PROC., ed.

[104] P.H. BISCHOFF und F.-H. SCHLÜTER: *Concrete Structures under Impact and impulsive Loading* Contribution à la 26e Session Pleniere du C.E.B., Dubrovnik, 1988.

[105] T.J. HOLMQUIST, G.R. JOHNSON und W.H. COOK: *A computational model for concrete subjected to large strains, high strain rates and high pressures*, pp. 591 - 600.

[106] B.P. SINHA, K.H. GERSTLE und L.G. TULIN: *Stress Strain Relations of Concrete under Cyclic Loading*. ACI Journal 61, S. 195-211.

[107] G.R. JOHNSON und W.H. COOK: *A Constitutive Model and Data Subjected to Large Strains, High Strain Rates and High Temperatures*. 7th Int. Symposium on Ballistics, Den Haag, 1983.

[108] DIN EN 13123-1: *Fenster-, Türen- und Anschlüsse Sprengwirkungshemmung - Anforderungen und Klassifizierung - Teil 2: Freilandversuch*. Beuth, 2004.

[109] P. MARK: *Zweiachsig durch Biegung und Querkräfte beanspruchte Stahlbetonträger*. Dissertation. Ruhr-Universität Bochum, Institut für Konstruktiven Ingenieurbau, Dissertation, Shaker Verlag, Aachen, 2006.

[110] M. PORTMANN: *Ein Beitrag zur numerischen Analyse des dynamischen Stabilitätsverhaltens von Stahlbetonstützen unter Anprallbelastung*. Düsseldorf, 2003.

[111] G. CARTA und F. STOCHINO: *Theoretical models to predict the flexural failure of reinforced concrete beams under blast loads*. Engineering Structures 49, 2013, S. 306-315.

[112] M.S. COWLER und S.L. HANCOK: *Dynamic fluid-structure analysis of shells using the PISCES 2DELK computer code*, p. Paper B1/6.

[113] A. NEUENHOFER: *Zuverlässigkeitsanalysen ebener Stabwerke aus Stahlbeton mit nichtlinearem Tragverhalten*. Dissertation. RWTH-Aachen, Fakultät für Bauingenieurwesen und Vermessungswesen, Dissertation, 1993.

[114] A.K. CHOPRA: *Dynamic of Structures*. Pretience Hall 2011. ISBN 978-0132858038

[115] E. DUTULESCU: *Zur Ermittlung der Normalkraft-Verlängerung und Moment-Krümmung-Beziehungen der Stahlbetonbauteile im Grenzzustand der Gebrauchstauglichkeit.* Beton- und Stahlbetonbau 104, 2009.

[116] S. LATTE: *Zur Tragfähigkeit von Stahlbeton-Fahrbahnplatten ohne Querkraftbewehrung* Dissertation. Universität Hamburg-Harburg, Dissertation, 2010

[117] U. HÄUßLER-COMBE und T. KÜHN: *A viscoelastic retarted Material Law for Concrete Structures Exposed to Impact and Explosions.* J. G. M. MIER, G. RUIZ, C. ANDRADE et al., eds.

[118] W.J.M. RANKINE: *Manual of Applied Mechanics.* London 1858.

[119] U. HÄUßLER-COMBE: *Dreiaxiales Stoffgesetz für Beton- Grundlagen, Formulierung, Anwendungen.* Beton- und Stahlbetonbau 101, 2006, S. 175-185.

[120] M. NÖLDGEN, W. RIEDEL, K. THOMA und E. FEHLING: *Material Properties of Ultra High Performance Concrete(UHPC) in Tension at High Strain Rates.* 8th International Conference on Fracture Mechanics of Concrete and Concrete Structures, Toledo, Spain, Seite 988 - 999, 2013.

[121] N.S. OTTOSEN: *A Failure Criterion for Concrete.* Journal of Engineering Mechanics Division ASCE Vol. 103, September, 1977.

[122] J. BIGGS: *Introduction to Structural Dynamics.* McGraw-Hill 1964. ISBN 07-0055255-7

[123] DIN EN 1998: *Erdbeben Band 1: Allgemeine Regeln.* Beuth, 2013.

[124] J. SCHNEIDER: *Sicherheit und Zuverlässigkeit im Bauwesen – Grundwissen für Ingenieure.* vdf Hochschulverlag an der ETH-Zürich. Zürich 1994.

[125] JCSS-PMC: *Probabilistic Model Code Part I–III.* 2003.

[126] F. STANGENBERG, R. BREITENBÜCHER, O.T. BRUHNS, D. HARTMANN, R. HÖFFER, D. KUHL und G. MESCHKE: *Lifetime-Oriented Structural Design.* Springer Verlag. Bochum 2009. ISBN 978-3-642-01461-1

[127] P. LESTUZZI und H. BACHMANN: *Displacement ductility and energy assessment from shaking table tests on RC structural walls.* Engineering Structures 29, 2007, S. 1708–1721.

[128] R.Y. RUBINSTEIN und D.P. KROESE: *Simulation and the Monte Carlo Method.* John Wiley & Sons. New York 2008. ISBN 9780471089179

[129] J.M. HAMMERSLEY und D.C. HANDSCOMB: *Monte Carlo Methods.* Methuen's statistical monographs Methuen & Co. LTD. 1975.

[130] A. Hasofer und N. Lind: *Exact and invariant second moment code format*. Journal of Engineering Mechanics ASCE 100, 1974, S. 111-121.
[131] R. Rackwitz und B. Fliesser: *Structural Reliability under Combined Random Load Sequence*. Computers and Structures, 1978.
[132] V. Boros: *Zur Zuverlässigkeitsanalyse von Massivbrücken für außergewöhnliche Bedrohungsszenarien*. 248. Universität Stuttgart Institut für Leichtbau Entwerfen und Konstruieren 2012.
[133] A.M. Fischer: *Bestimmung modifizierter Teilsicherheitsbeiwerte zur semiprobabilistischen Bemessung von Stahlbetonkonstruktionen im Bestand* Dissertation. TU Kaiserslautern, Dissertation, 2010.

9 Anhang

9.1 Betonrezepturen

Tabelle 9.1: Rezeptur C30/37

W/Z Wert	[-]	0,58
Zuschlag 0-4 mm	[kg/m³]	1067,0
Zuschlag 4-8 mm	[kg/m³]	744,4
Wasser	[kg/m³]	190,0
Zement (CEM 32,5)	[kg/m³]	328,0
Fließmittel	[kg/m³]	1,9

Tabelle 9.2: Rezeptur C50/60.

W/Z Wert	[-]	0,45
Zuschlag 0-8mm	[kg/m³]	1785,0
Wasser	[kg/m³]	189,0
Zement (CEM 52,5R)	[kg/m³]	189,0
Fließmittel	[kg/m³]	3,36

Anhang

9.2 Verteilungsfunktionen

Normalverteilung

Die Normalverteilung ist durch die Verteilungsdichte $f_x(x)$ wie folgt definiert:

$$f_x(x) = \frac{1}{\sigma_x \sqrt{2\pi}} e^{\left(\frac{1}{2}\left(\frac{x-\mu_x}{\sigma_x}\right)^2\right)} \qquad [9.1]$$

mit $\quad \sigma_x \quad$ Standardabweichung

$\quad\quad \mu_x \quad$ Erwartungswert

Die Standardabweichung beschreibt die beobachtete Streuung der Zufallsvariable (stochastisches Moment). Zur Vergleichbarkeit wird anstelle der Standardnormalverteilung häufig auch der Variationskoeffizient v_x als relative Größe verwendet:

$$v_x = \frac{\sigma_x}{\mu_x} \qquad [9.2]$$

Die Verteilungsfunktion F_x beschreibt die Wahrscheinlichkeit, dass die Variable einen Wert x nicht überschreitet. Sie ist anhand des Integrals der Verteilungsdichtefunktion definiert:

$$F_x(x) = \int_{-\infty}^{x} f_x(x)\, dx = \int_{-\infty}^{x} \frac{1}{\sigma_x \sqrt{2\pi}} e^{\left(\frac{1}{2}\left(\frac{x-\mu_x}{\sigma_x}\right)^2\right)} \qquad [9.3]$$

Logarithmische Normalverteilung

Aus der Verteilungsdichtefunktion der Normalverteilung lässt sich die Verteilungsdichtefunktion der logarithmischen Normalverteilung ableiten:

$$f_x(x) = \frac{1}{\sigma_x \sqrt{2\pi}} e^{\left(\frac{1}{2}\left(\frac{\ln(x)-\mu_x}{\sigma_x}\right)^2\right)} \qquad [9.4]$$

Entsprechend kann hieraus wiederum die Verteilungsfunktion bestimmt werden:

$$F_x(x) = \int_{-\infty}^{x} f_x(x)\, dx = \int_{-\infty}^{x} \frac{1}{\sigma_x \sqrt{2\pi}} e^{\left(\frac{1}{2}\left(\frac{\ln(x)-\mu_x}{\sigma_x}\right)^2\right)} \qquad [9.5]$$

Funktionsverläufe

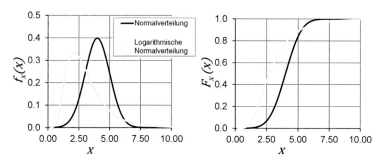

Bild 9.1: Verteilungsdichtefunktion $f_x(x)$ und Verteilungsfunktion $F_x(x)$ normalverteilter und logarithmisch normalverteilter Zufallsvariablen x.

9.3 Belastungen Stoßrohrversuche

Tabelle 9.3: Belastungszeitverläufe der Versuche im Fernbereich

Zeit [ms]	0	10	30	30	40	50	60	70	80	90	100
Bezeichnung	Druck [kN/m²]										
BL – 1	55,0	18,7	1,0	-10,3	-5,1	-0,6	-8,8	-7,6	12,2	15,4	14,8
BL – 2	110,0	43,4	11,1	-1,6	-11,3	-10,1	-12,3	6,7	0,7	8,1	46,7
BL – 3	156,0	86,3	34,7	16,0	-1,1	-16,2	-15,7	2,6	15,1	29,9	34,7
BL - N – 1	58,0	16,6	0,6	-8,1	-3,9	-3,6	-6,3	-7,9	7,3	16,8	12,3
BL - N – 2	108,0	38,2	13,1	-3,6	-11,1	-14,5	-9,4	3,3	2,8	5,6	25,6
BL - N – 3	145,0	75,7	40,1	15,1	2,5	-15,8	-16,9	-1,2	10,0	26,3	32,8
BL - N - p – 1	58,0	17,9	-1,4	-12,4	-2,6	-4,0	-10,7	-10,0	11,4	16,5	15,9
BL - N - p – 2	110,0	42,2	9,9	-10,0	-10,7	-12,6	-2,2	-1,8	1,6	11,2	30,2
BL - N - p – 3	160,0	80,8	40,1	15,1	-2,4	-13,8	-21,0	-9,3	15,4	28,2	43,0
BL - p - 1	53,0	17,6	-0,8	-12,1	-2,7	-3,1	-10,3	-8,4	10,7	15,8	14,6
BL - p - 2	105,0	40,0	9,2	-10,6	-10,0	-16,1	-8,0	-1,1	1,0	0,8	37,1
BL - p - 3	135,0	49,5	15,4	-1,7	-6,5	-13,6	-16,3	1,8	12,7	8,3	40,4

9.4 Sensitivitätsanalysen

Für die im Abschnitt 4.2 untersuchten Stahlbetonstützen werden Sensitivitätsanalysen durchgeführt, um den Einfluss einzelner Parameter auf die Resttragfähigkeit von einer durch Detonation belasteten Stütze abzuleiten. Innerhalb der Sensitivitätsanalyse werden folgende Parameter variiert:

- Betoneigenschaften – Druckfestigkeit f_c und Bruchenergie G_F
- Längsbewehrungsgrad - ρ_l
- Skalierter Abstand - z
- Vertikaler Abstand der Bügelbewehrung – s
- Ausnutzungsgrad der axialen Druckbelastung – α (s. Formel 2.28)

Der Einfluss der Parameter wird hierbei jeweils losgelöst voneinander betrachtet. Die Darstellung der Ergebnisse erfolgt anhand der im Bezug zum ungeschädigten Querschnitt relativen Resttragfähigkeit n_R nach Formel 4.2.

Betoneigenschaften

Als maßgebliche Eigenschaften des Betons sind die Druckfestigkeit und Bruchenergie variiert worden. Bei einer Variation der Druckfestigkeit wurde gleichzeitig die Zugfestigkeit nach Gleichung 2.15 angepasst. Die Bruchenergie wird in Anlehnung an den MODELCODE 90 [53] um 30 % sowie die Ergebnisse von SCHULER [40] um 100% erhöht. Hierdurch wird die durch SCHULER [40] beobachtete maximale Abweichung in Bezug zu den nach MODELCODE 2010 [34] vorgeschlagenen Zusammenhang zwischen Druckfestigkeit und Bruchenergie nach Gleichung 2.14 untersucht. Für den Beton wurde die Erhöhung der Festigkeit um 8 N/mm² (charakteristische Festigkeit) betrachtet. Die veränderten Eingangswerte und ermittelten relativen Resttragfähigkeiten sind in Tabelle 9.4 angeben. Folgende Zusammenhänge sind zu beobachten:

Bei einer ausschließlichen Erhöhung der Druckfestigkeit und Zugfestigkeit verringert sich für beide Stützen die relative Resttragfähigkeit. Durch die größere Druckfestigkeit des Materials erhöht sich die Druckordinate der auf der Rückseite reflektierten Kompressionswellen. Da die Kompressionswelle als reflektierte Dekompressionswelle den Beton auf Zug schädigt, erhöht sich die Betonschädigung und dementsprechend verringert sich die Resttragfähigkeit. Zwar wurde innerhalb der Simulation auch die Zugfestigkeit gesteigert, jedoch ist dieser Effekt im Vergleich zum Anstieg der Druckbelastung zu vernachlässigen.

Tabelle 9.4. Einfluss der Betondruckfestigkeit und der Bruchenergie auf die bezogene Resttragfähigkeit (*veränderte Größe hervorgehoben*)

Berechnung	RES				RUS			
	f_c [N/mm²]	G_f [N/m]	N [kN]	n_R [%]	f_c [N/mm²]	G_f [N/m]	N [kN]	n_R [%]
Grundmodell	54,7	82	1490	52	26,0	47	324	49
V 1	**62,7**	82	1400	45	**34,2**	47	332	42
V 2	54,7	**107**	1500	52	26,0	**61,1**	333	51
V 3	54,7	**164**	1650	57	26,0	**94**	337	51

Bei einer Erhöhung der Bruchenergie konnte erwartungsgemäß eine Steigerung der Resttragfähigkeit beobachtet werden. Grund hierfür ist die geringere Schädigung des Betons und somit höhere Resttragfähigkeit des Bauteils. Der Einfluss ist jedoch mit einer Änderung zwischen 2 % und 5 % bezogen auf die relative Resttragfähigkeit als gering einzustufen und tritt erst bei einer deutlichen Steigerung der Bruchenergie von 100 % wesentlich in Erscheinung.

Längsbewehrungsgrad

Für die untersuchten Stahlbetonstützen wurde der Einfluss des Längsbewehrungsgrads auf die Tragfähigkeit untersucht. Die Änderung des Längsbewehrungsgrads erfolgte für die Rechteckstütze durch eine Änderung der Stabanzahl. Für die Rundstütze hingegen wurde jeweils der Durchmesser der Bewehrungsstäbe vergrößert. Die statische Belastung wurde so angepasst, dass sich eine gleiche Beanspruchung der Werkstoffe trotz unterschiedlicher Bewehrungsgrade ergibt.

Die numerischen Ergebnisse zeigen einen linearen Einfluss der Längsbewehrung auf die Resttragfähigkeit. Für die relative Resttragfähigkeit ist der Einfluss des Längsbewehrungsgrad nicht linear, da sich neben der Resttragfähigkeit auch die Tragfähigkeit und somit der Bezugswert ändert. Der lineare Zusammenhang in Bezug auf die Resttragfähigkeit kann wie folgt begründet werden:

Zusätzliche Bewehrungsstäbe beeinflussen die Wellenausbreitung innerhalb des Betonquerschnitts nur geringfügig. Die Folge ist eine von der Längsbewehrung annähernd unabhängige Schädigung des Betons bei unterschiedlichen Bewehrungsgraden. Dieser Effekt wird ebenfalls durch GEBBEKEN und GREULICH in [23] festgestellt. Für die Resttragfähigkeit bedeutet dies, dass der Betontraganteil in etwa konstant und unabhängig von der Längsbewehrung des Bauteils ist und somit zwischen relativer Resttragfähigkeit und Längsbewehrungsgrad folgender Zusammenhang formuliert werden kann:

$$n_R = \frac{A_c((1-d_c)f_c + \rho_l f_s)}{A_c(f_c + \rho_l f_s)} \qquad [9.6]$$

mit $\quad \rho_l \quad$ Längsbewehrungsgrad = A_s/A_c

$\quad\quad d_c \quad$ Querschnittsschädigung Beton

$\quad\quad f_s \quad$ Druckwiderstand Längsbewehrung

Die Querschnittsschädigung des Betons d_c wurde durch Regression für die Rundstütze und Rechteckstütze ermittelt, mit $f_s = 570 N/mm^2$ bei maximaler Dehnung des Betons von in etwa 0,3 %. Die sehr gute Übereinstimmung zwischen Gleichung 9.6 und den Ergebnissen ist in Bild 9.2 dargestellt.

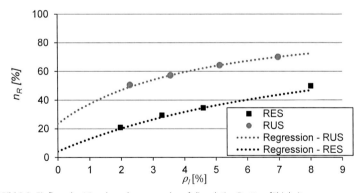

Bild 9.2: Einfluss des Längsbewehrungsgrads auf die relative Resttragfähigkeit.

Für die abgeleiteten Funktionsverläufe nach Gleichung 9.6 beträgt die Querschnittsschädigung des Betons d_c für die Rundstütze 74 % und die

Rechteckstütze 97 % (siehe Bild 9.2). Diese Werte repräsentieren sehr gut die in den Versuchen beobachtete annähernd vollständige Schädigung und teilweise Schädigung des Betons für die Rechteck- und Rundstütze.

Stabstand der Bügelbewehrung

Um den Einfluss der Bügelbewehrung auf die Resttragfähigkeit zu quantifizieren, wurde der Stababstand der Bügel s variiert. Der Stababstand der Bügel ist für die Tragfähigkeit lokal geschädigter Stahlbetonstützen von Bedeutung, da er die Knicklänge der Längsbewehrung und somit deren Resttragfähigkeit beeinflusst. Der Durchmesser der Bügelbewehrung hingegen ist für die Resttragfähigkeit von untergeordnetem Interesse, da er die Knicklänge nicht beeinflusst und außerdem die Wellenausbreitung und Schädigung des Betons durch die Bewehrung nicht beeinflusst wird (vergleiche Untersuchungen zum Längsbewehrungsgrad).

Zur Darstellung des Einflusses wird der dimensionslose Quotient s/d aus Bügelabstand und Längsbewehrungsdurchmesser d verwendet. Dieser dient als direktes Maß für die Schlankheit der Längsbewehrung und beschreibt den Einfluss der Knicklänge auf die Tragfähigkeit. Die Ergebnisse sind in Bild 9.3 dargestellt.

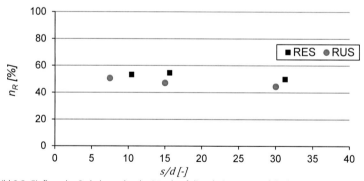

Bild 9.3: Einfluss des Stababstandes der Bügel auf die relative Resttragfähigkeit.

Ein wesentlicher Einfluss des Bügelabstandes auf die Resttragfähigkeit konnte nicht festgestellt werden. Bei statisch belasteten, ungeschädigten Stahlbetonstützen kann durch einen reduzierten Abstand der Bügelbewehrung die Festigkeit des Betonkerns über die einaxiale Tragfähigkeit hinaus durch die auftretenden Querdruckspannungen gesteigert werden (Umschnürung). Folglich ist ein Anstieg der Tragfähigkeit zu beobachten [35]. Dieser Effekt ist numerisch bei einer durch eine Detonation beanspruchten Stahlbetonstütze aufgrund der starken Betonschädigung nicht zu beobachten. Auch eine Reduktion der Tragfähigkeit durch einen vergrößerten Stababstand der Bügel konnte nicht festgestellt werden. Die Tragfähigkeit reduziert sich nur geringfügig (Unterschied < 5 %).

Ein Wert von $s/d = 12$ wird durch die konstruktiven Anforderungen des EUROCODES 2 gewährleistet. Die maximale Tragfähigkeit der Längsbewehrung wird somit im Regelfall erreicht, sofern ein möglicher Ausfall der Bügel als Folge einer abgeplatzten Betondeckung durch eine Verankerung der Bügelbewehrung in Stützenmitte sichergestellt wird (vergl. Abschnitt 4.2).

Skalierter Abstand

Der Einfluss des skalierten Abstands ist für die Bewertung von Detonationen auf die Resttragfähigkeit von Stahlbetonbauteilen von entscheidender Bedeutung, da er die Belastung und entsprechend auch Schädigung charakterisiert. MAYRHOFER [32] zeigte, dass für Platten ab einem Wert von $z < 0.5$ m/kg$^{1/3}$ für Stahlbeton eine lokale Schädigung des Bauteils zu erwarten ist. Der Einfluss dieses Grenzwertes auf die Resttragfähigkeit von Stahlbetonstützen wird nachfolgend dargestellt.

Innerhalb der Studie wurde der skalierte Abstand durch eine Variation des Abstandes der Sprengstoffmasse von der Bauteiloberfläche untersucht. Bild 9.4 stellt die auftretende Schädigung des Betons dar.

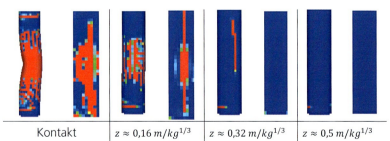

Bild 9.4: Seitliche Schädigung der Rundstütze und Rechteckstütze für unterschiedliche skalierte Abstände des Sprengstoffs.

Die Schädigung nimmt in Abhängigkeit des skalierten Abstandes ab. Für die Rechteckstütze werden aufgrund der höheren Betonfestigkeit bei gleichem Abstand niedrigere Schädigungen prognostiziert. Entsprechend resultieren aus den bei größeren skalierten Abständen zu beobachtenden geringeren Schädigungen des Querschnitts höhere Resttragfähigkeiten der Stahlbetonstützen, siehe Bild 9.5.

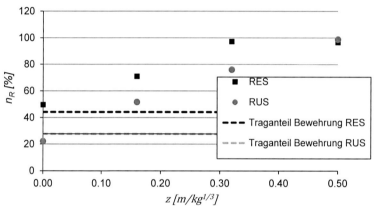

Bild 9.5: Einfluss des skalierten Abstandes auf den Bauteilwiderstand.

Die numerischen Ergebnisse belegen, dass der von MAYRHOFER ermittelte Grenzwert von $z < 0{,}5$ m/kg$^{1/3}$ nicht nur für eine Abschätzung der Schädigung von Stahlbetonplatten, sondern auch zur Abschätzung der Resttragfähigkeit von Stützen bei Detonationsbelastungen herangezogen werden kann. Bei einem Wert von $z > 0{,}5$ m/kg$^{1/3}$ wird die volle Tragfähigkeit erreicht.

Weiterhin zeigen die Ergebnisse, dass für Detonationen mit einem sehr geringen skalierten Abstand die Tragfähigkeit unterhalb der Tragfähigkeit der Bewehrung fällt. Somit erfährt nicht nur der Beton, sondern auch die Bewehrung eine Schädigung nach der Detonation. Dies wird durch die starke plastische Verformung der Rundstütze für eine Kontaktladung verdeutlicht, siehe Bild 9.4.

Ausnutzung unter statischer Normalkraft

Um den Einfluss der statischen Belastung auf Tragfähigkeit und Widerstand zu untersuchen, wurden Simulationen für unterschiedliche Ausnutzungsgrade α (nach Gleichung 2.28) durchgeführt. Während im Falle der Rechteckstütze die Resttragfähigkeit weitgehend unabhängig von Ausnutzungsgrad ist, nimmt sie bei der Rundstütze leicht ab.

Eine mögliche Begründung für den bei Rundstützen beobachteten Einfluss liefert das mehraxiale Verhalten von Beton, welcher unter zunehmender Querdruckspannung (also bei erhöhtem Ausnutzungsgrad) eine geringere Zugfestigkeit im Versuch und im Modell aufweist, siehe Bild 2.13. Durch die reduzierte Zugfestigkeit erhöht sich die Schädigung des Betons und entsprechend ist eine Abnahme der Resttragfähigkeit plausibel. Dieser Effekt ist für die Rechteckstütze nicht zu beobachten, da für diese eine vollständige Betonschädigung im Bereich der Ansprengung auftritt. Folglich ist eine leicht veränderte Zugfestigkeit ohne Einfluss auf die Resttragfähigkeit, da sich für beide Fälle eine vollständige Schädigung einstellt.

Der Einfluss ist für die betrachteten Bauteile jedoch sehr gering und beträgt bezogen auf die relative Resttragfähigkeit weniger als 1 %. Für die Bewertung der Resttragfähigkeit der betrachteten Stahlbetonstützen ist die Höhe der Normalkraft zum Zeitpunkt der Detonation daher von untergeordnetem Interesse, siehe Bild 9.6.

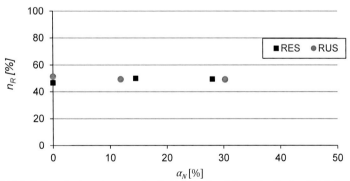

Bild 9.6: Einfluss des Ausnutzungsgrades der Druckkraft auf die relative Resttragfähigkeit.

9.5 Bemessungsbeispiel – Fernbereich

9.5.1 Ergebnisse Stahlbetonwand

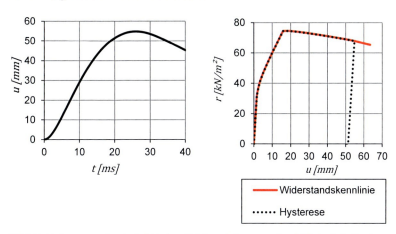

Bild 9.7: Verformungszeitverlauf Feldmitte (*links*) und Hysterese des EMS (*rechts*) für den *Bemessungsansatz 2*.

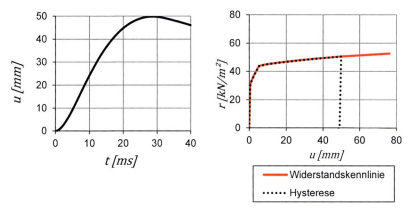

Bild 9.8: Verformungszeitverlauf Feldmitte (*links*) und Hysterese des EMS (*rechts*) für den *Bemessungsansatz 3*.

9.5.2 Ergebnisse Stahlbetondecke

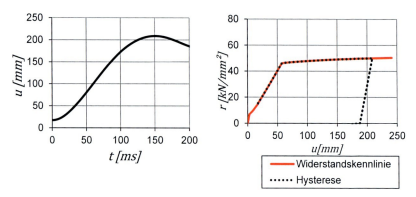

Bild 9.9: Verformungszeitverlauf in Feldmitte (*links*) und Hysterese des EMS (*rechts*) für den *Bemessungsansatz 2*.

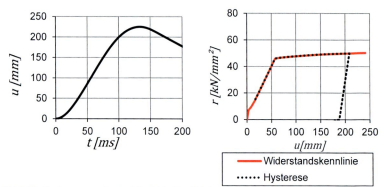

Bild 9.10: Verformungszeitverlauf in Feldmitte (*links*) und Hysterese des EMS (*rechts*) für den *Bemessungsansatz 3*.

9.6 Bemessungsbeispiel – Nahbereich

Tabelle 9.5: Parameter der Materialmodelle

		Parameter		RUS	Quelle
RHT-Modell	f_c	Druckfestigkeit	[N/mm²]	38	-
	f_t	Zugfestigkeit	[N/mm²]	2,9	Gleichung 2.15
	G_f	Bruchenergie	[N/m]	82	Gleichung 2.16
	δ	Exponent Dehnrate Druck	[-]	0,026	Gleichung 2.17
	α	Exponent Dehnrate Zug	[-]	0,03	Gleichung 2.19
	-	Parameter Festigkeit	[-]	C30/37	Tabelle 3.11
JOHNSON-COOK	A	Fließgrenze	[N/mm²]	525	EUROCODE 2 [33]
	B	Steifigkeit Plastizität	[N/mm²]	2000	
	n	Exponent	[-]	1	
	ε_u	Maximale Dehnung	[-]	0,025	
	C	Faktor Dehnrate	[-]	0,012	Gleichung 2.23

Index

Bemessung 2, 3, 4, 7, 48, 58, 60, 62, 86, 165, 168, 172, 184, 186, 199, 200, 209, 210, 211, 221, 224
Bewegungsgleichung 111, 172, 206
Biegebelastung 21, 47, 61, 63, 134, 137, 140, 145, 196, 199, 215
Biegung 58
Bruchenergie 26, 27, 33, 36, 84, 124, 126, 222, 242
Dehnrate 30, 31, 33, 36, 40, 45, 46, 49, 50, 79, 85, 90, 115, 127, 144, 178
Detonation 2, 4, 7, 9, 14, 16, 18, 21, 48, 53, 55, 78,. 86, 89, 98, 122, 144, 146, 147, 154, 160, 165, 202, 203, 204, 205, 221, 223, 242, 246, 247, 248
Druckfestigkeit 23, 27, 33, 121
Ein-Massen-Schwinger 172, 176, 179, 184, 210, 211, 223
Fernbereich 4, 10, 20, 21, 22, 28, 48, 50, 58, 61, 62, 86, 89, 91, 103, 133, 144, 165, 171, 180, 199, 209, 210, 214, 215, 221, 223, 224, 225, 241
Hydrocode 53, 64, 74, 75, 89, 103, 121, 222
Kinematik 64, 107
mehraxiale Belastung 28
mehraxiale Festigkeit 132
Nahbereich 4, 20, 21, 28, 53, 54, 68, 78, 100, 121, 165, 171, 209, 217, 221, 222, 224

Normalkraft 50, 52, 53, 63, 110, 133, 138, 145, 210, 223
Resttragfähigkeit 4, 21, 54, 69, 86, 97, 122, 146, 203, 222, 242
Schädigung 17, 20, 21, 53, 54, 62, 70, 71, 82, 83, 84, 98, 127, 146, 147, 149, 153, 155, 156, 157, 159, 160, 163, 203, 217, 222, 224, 243, 244, 245, 246, 247, 248
Simulation 4, 7, 18, 26, 27, 36, 40, 49, 53, 54, 64, 73, 75, 86, 103, 121, 122, 138, 142, 143, 154, 158, 159, 162, 163, 171, 180, 181, 187, 193, 212, 217, 243
skalierter Abstand 18, 22, 163, 242, 246
statische Belastung 2, 4, 54, 55, 59, 84, 86, 92, 95, 98, 102, 104, 105, 121, 153, 188, 190, 191, 196, 197, 199, 213, 215, 218
Stoßwelle 2, 4, 13, 14, 15, 16, 75, 78, 91, 154
Versagensfläche 79, 80, 82, 83, 125, 129, 222
Verteilungsfunktion 178, 180, 184, 201, 240
Zugfestigkeit 23, 25, 28, 43
Zustandsgleichung 13, 16, 74, 122
Zuverlässigkeit 3, 4, 5, 165, 169, 170, 180, 181, 183, 184, 187, 188, 190, 191, 193, 195, 196, 197, 198, 209

Folgende Titel der Schriftenreihe
»$\dot{\varepsilon}$ - Forschungsergebnisse aus der Kurzzeitdynamik«
sind im Fraunhofer Verlag bereits erschienen:

Numerik und Werkstoffcharakterisierung der Crash- und Impaktvorgänge
Habilitation

Stefan Hiermaier, Band 1
Hrsg.: K. Thoma, S. Hiermaier
Freiburg i. Br. 2003, 266 S., zahlreiche Abbildungen und Tabellen

ISBN 3-8167-6342-1 | Fraunhofer IRB Verlag
EUR 100

Fraunhofer Institut
Kurzzeitdynamik
Ernst-Mach-Institut

Integrale Charakterisierung und Modellierung von duktilem Stahl unter dynamischen Lasten

Ingmar Rohr

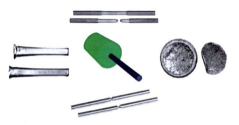

Schriftenreihe	$\dot{\varepsilon}$ - Forschungsergebnisse aus der Kurzzeitdynamik
Herausgeber	Prof. Dr. rer. nat. Klaus Thoma Priv. Doz. Dr.-Ing. habil. Stefan Hiermaier
Heft Nr. 2	

Integrale Charakterisierung und Modellierung von duktilem Stahl unter dynamischen Lasten

Ingmar Rohr, Band 2
Hrsg.: K. Thoma, S. Hiermaier
Freiburg i. Br. 2004, 168 S., zahlreiche farbige Abbildungen und Tabellen

ISBN 3-8167-6397-9 | Fraunhofer IRB Verlag
EUR 100

Fraunhofer Institut
Kurzzeitdynamik
Ernst-Mach-Institut

Charakterisierung und Modellierung unverstärkter thermoplastischer Kunststoffe zur numerischen Simulation von Crashvorgängen

Michael Junginger

Schriftenreihe $\dot{\mathcal{E}}$ - Forschungsergebnisse aus der Kurzzeitdynamik

Herausgeber Prof. Dr. rer. nat. Klaus Thoma
PD Dr.-Ing. habil. Stefan Hiermaier

Heft Nr. 3

Charakterisierung und Modellierung unverstärkter thermoplastischer Kunststoffe zur numerischen Simulation von Crashvorgängen

Michael Junginger, Band 3
Hrsg.: K. Thoma, S. Hiermaier
Freiburg i. Br. 2004, 211 S., zahlreiche teilw. farbige Abbildungen und Tabellen

ISBN 3-8167-6339-1 | Fraunhofer IRB Verlag
EUR 100

Fraunhofer Institut
Kurzzeitdynamik
Ernst-Mach-Institut

Hochgeschwindigkeitsimpakt auf Gasdruckbehälter in Raumfahrtanwendungen

Frank Schäfer

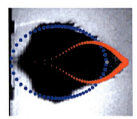

Schriftenreihe $\dot{\mathcal{E}}$ - Forschungsergebnisse aus der Kurzzeitdynamik

Herausgeber Prof. Dr. rer. nat. Klaus Thoma
PD Dr.-Ing. habil. Stefan Hiermaier

Heft Nr. 4

Hochgeschwindigkeitsimpakt auf Gasdruckbehälter in Raumfahrtanwendungen

Frank Schäfer, Band 4
Hrsg.: K. Thoma, S. Hiermaier
Freiburg i. Br. 2004, 176 S., zahlreiche Abbildungen und Tabellen

ISBN 3-8167-6341-3 | Fraunhofer IRB Verlag
EUR 100

Fraunhofer Institut
Kurzzeitdynamik
Ernst-Mach-Institut

Beton unter dynamischen Lasten Meso- und makromechanische Modelle und ihre Parameter

Werner Riedel

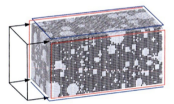

Schriftenreihe $\dot{\varepsilon}$ - Forschungsergebnisse aus der Kurzzeitdynamik

Herausgeber Prof. Dr. rer. nat. Klaus Thoma
PD Dr.-Ing. habil. Stefan Hiermaier

Heft Nr. 5

Beton unter dynamischen Lasten: Meso- und makromechanische Modelle und ihre Parameter

Werner Riedel, Band 5
Hrsg.: K. Thoma, S. Hiermaier
Freiburg i. Br. 2004, 220 S., zahlreiche Abbildungen und Tabellen

ISBN 3-8167-6340-5 | Fraunhofer IRB Verlag
EUR 100

Fraunhofer Institut
Kurzzeitdynamik
Ernst-Mach-Institut

Experimentelle und numerische Untersuchungen zur Schädigung von stoßbeanspruchtem Beton

Harald Schuler

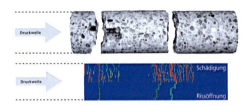

Schriftenreihe $\dot{\mathcal{E}}$ - Forschungsergebnisse aus der Kurzzeitdynamik

Herausgeber   Prof. Dr. rer. nat. Klaus Thoma
PD Dr.-Ing. habil. Stefan Hiermaier

Heft Nr. 6

Experimentelle und numerische Untersuchungen zur Schädigung von stoßbeanspruchtem Beton

Harald Schuler, Band 6
Hrsg.: K. Thoma, S. Hiermaier
Freiburg i. Br. 2004, 189 S., zahlreiche Abbildungen und Tabellen

ISBN 3-817-6463-0 | Fraunhofer IRB Verlag
EUR 64.20

Fraunhofer Institut
Kurzzeitdynamik
Ernst-Mach-Institut

Characterization and Modeling of the Dynamic Mechanical Properties of a Particulate Composite Material

John Corley

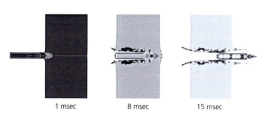

1 msec   8 msec   15 msec

Schriftenreihe $\dot{\mathcal{E}}$ - Forschungsergebnisse aus der Kurzzeitdynamik

Herausgeber   Prof. Dr. rer. nat. Klaus Thoma
Priv.-Doz. Dr.-Ing. habil. Stefan Hiermaier

Heft Nr. 7

Characterization and Modeling of the Dynamic Mechanical Properties of a
Particulate Composite Material

John Corley, Band 7
Hrsg.: K. Thoma, S. Hiermaier
Freiburg i. Br. 2004, 139 S., zahlreiche farbige Abbildungen und Tabellen

ISBN 3-8167-6343-X | Fraunhofer IRB Verlag
EUR 100

Fraunhofer Institut
Kurzzeitdynamik
Ernst-Mach-Institut

Experimentelle und numerische Untersuchungen zum Crashverhalten von Strukturbauteilen aus kohlefaserverstärkten Kunststoffen

Jochen Peter

Schriftenreihe $\dot{\mathcal{E}}$ - Forschungsergebnisse aus der Kurzzeitdynamik

Herausgeber   Prof. Dr. rer. nat. Klaus Thoma
Priv.-Doz. Dr.-Ing. habil. Stefan Hiermaier

Heft Nr. 8

Experimentelle und numerische Untersuchungen zum Crashverhalten von Strukturbauteilen aus kohlefaserverstärkten Kunststoffen

Jochen Peter, Band 8
Hrsg.: K. Thoma, S. Hiermaier
Freiburg i. Br. 2005, 186 S., zahlreiche Abbildungen und Tabellen

ISBN 3-8167-6748-6 | Fraunhofer IRB Verlag
EUR 64.20

Fraunhofer Institut
Kurzzeitdynamik
Ernst-Mach-Institut

Zellulares Aluminium: Entwicklung eines makromechanischen Materialmodells mittels mesomechanischer Simulation

Markus Wicklein

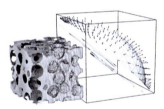

Schriftenreihe $\dot{\varepsilon}$ - Forschungsergebnisse aus der Kurzzeitdynamik

Herausgeber   Prof. Dr. rer. nat. Klaus Thoma
PD Dr.-Ing. habil. Stefan Hiermaier

Heft Nr. 9

Zellulares Aluminium: Entwicklung eines makromechanischen Materialmodells mittels mesomechanischer Simulation

Markus Wicklein, Band 9
Hrsg.: K. Thoma, S. Hiermaier
Freiburg i. Br. 2006, 186 S., zahlreiche farbige Abbildungen und Tabellen

ISBN 3-8167-7018-5 | Fraunhofer IRB Verlag
EUR 64.20

Fraunhofer Institut
Kurzzeitdynamik
Ernst-Mach-Institut

Naturfaserverstärkter Polymerbeton - Entwicklung, Eigenschaften und Anwendung

Meike Gallenmüller

Schriftenreihe $\dot{\mathcal{E}}$ - Forschungsergebnisse aus der Kurzzeitdynamik

Herausgeber   Prof. Dr. rer. nat. Klaus Thoma
PD Dr.-Ing. habil. Stefan Hiermaier

Heft Nr. 10

Naturfaserverstärkter Polymerbeton - Entwicklung, Eigenschaften und Anwendung

Meike Gallenmüller, Band 10
Hrsg.: K. Thoma, S. Hiermaier
Freiburg i. Br. 2006, zahlreiche farbige Abbildungen und Tabellen

ISBN 3-8167-7053-3 | Fraunhofer IRB Verlag
EUR 64.20

Räumliche und zeitauflösende bildgebende Verfahren der Röntgenblitztechnik

Philip Helberg

Schriftenreihe $\dot{\mathcal{E}}$ - Forschungsergebnisse aus der Kurzzeitdynamik

Herausgeber Prof. Dr. rer. nat. Klaus Thoma
PD Dr.-Ing. habil. Stefan Hiermaier

Heft Nr. 11

Räumliche und zeitauflösende bildgebende Verfahren der Röntgenblitztechnik

Philip Helberg, Band 11
Hrsg.: K. Thoma, S. Hiermaier
Freiburg i. Br. 2006, 201 S., zahlreiche Abbildungen und Tabellen

ISBN 3-8167-7212-9 | Fraunhofer IRB Verlag
EUR 64.20

Fraunhofer Institut
Kurzzeitdynamik
Ernst-Mach-Institut

Charakterisierung und Modellierung kurzfaserverstärkter thermoplastischer Kunststoffe zur numerischen Simulation von Crashvorgängen

Roland Krivachy

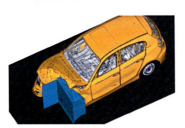

Schriftenreihe $\dot{\mathcal{E}}$ - Forschungsergebnisse aus der Kurzzeitdynamik

Herausgeber   Prof. Dr. rer. nat. Klaus Thoma
PD Dr.-Ing. habil. Stefan Hiermaier

Heft Nr. 12

Charakterisierung und Modellierung kurzfaserverstärkter thermoplastischer
Kunststoffe zur numerischen Simulation von Crashvorgängen

Roland Krivachy, Band 12
Hrsg.: K. Thoma, S. Hiermaier
Freiburg i. Br. 2007, 212 S., zahlreiche Abbildungen und Tabellen

ISBN 978-3-8167-7364-1 | Fraunhofer IRB Verlag
EUR 64.20

Fraunhofer Institut
Kurzzeitdynamik
Ernst-Mach-Institut

Ein Werkstoffmodell für eine Aluminium Druckgusslegierung unter statischen und dynamischen Beanspruchungen

Jan Jansen

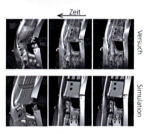

Schriftenreihe $\dot{\mathcal{E}}$ - Forschungsergebnisse aus der Kurzzeitdynamik

Herausgeber   Prof. Dr. rer. nat. Klaus Thoma
PD Dr.-Ing. habil. Stefan Hiermaier

Heft Nr. 13

Ein Werkstoffmodell für eine Aluminium Druckgusslegierung unter statischen und dynamischen Beanspruchungen

Jan Jansen, Band 13
Hrsg.: K. Thoma, S. Hiermaier
Freiburg i. Br. 2007, 212 S., zahlreiche Abbildungen und Tabellen

ISBN 978-3-8167-7382-5 | Fraunhofer IRB Verlag
EUR 64.20

Fraunhofer Institut
Kurzzeitdynamik
Ernst-Mach-Institut

Charakterisierung niederimpedanter Werkstoffe unter dynamischen Lasten

Thomas Meenken

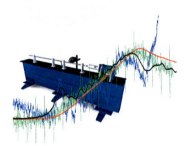

Schriftenreihe $\dot{\mathcal{E}}$ - Forschungsergebnisse aus der Kurzzeitdynamik

Herausgeber   Prof. Dr. rer. nat. Klaus Thoma
Priv.-Doz. Dr.-Ing. habil. Stefan Hiermaier

Heft Nr. 14

Charakterisierung niederimpedanter Werkstoffe unter dynamischen Lasten

Thomas Meenken, Band 14
Hrsg.: K. Thoma, S. Hiermaier
Freiburg i. Br. 2008, 263 S., zahlreiche Abbildungen und Tabellen

ISBN 978-3-8167-7522-5 | Fraunhofer IRB Verlag
EUR 64.20

Fraunhofer Institut
Kurzzeitdynamik
Ernst-Mach-Institut

Hypervelocity Impact Induced Disturbances on Composite Sandwich Panel Spacecraft Structures

Shannon Ryan

© Photo: ESA

Schriftenreihe $\dot{\mathcal{E}}$ - Forschungsergebnisse aus der Kurzzeitdynamik

Herausgeber Prof. Dr. rer. nat. Klaus Thoma
Priv.-Doz. Dr.-Ing. habil. Stefan Hiermaier

Heft Nr. 15

Hypervelocity Impact Induced Disturbances on Composite Sandwich Panel Spacecraft Structures

Shannon Ryan, Band 15
Hrsg.: K. Thoma, S. Hiermaier
Freiburg i. Br. 2008, 248 S., zahlreiche Abbildungen und Tabellen

ISBN 978-3-8167-7555-3 | Fraunhofer IRB Verlag
EUR 64.20

Fraunhofer Institut
Kurzzeitdynamik
Ernst-Mach-Institut

Einfluss des Klebstoffversagens auf die Faltenbeulfestigkeit von Wabenstrukturen

Susanne Niedermeyer

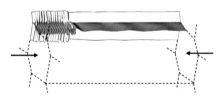

Schriftenreihe $\dot{\mathcal{E}}$ - Forschungsergebnisse aus der Kurzzeitdynamik

Herausgeber Prof. Dr. rer. nat. Klaus Thoma
Priv.-Doz. Dr.-Ing. habil. Stefan Hiermaier

Heft Nr. 16

Einfluss des Klebstoffversagens auf die Faltenbeulfestigkeit von Wabenstrukturen

Susanne Niedermeyer, Band 16
Hrsg.: K. Thoma, S. Hiermaier
Freiburg i. Br. 2008, 107 S., zahlreiche Abbildungen und Tabellen

ISBN 978-3-8167-7561-4 | Fraunhofer IRB Verlag
EUR 64.20

Fraunhofer Institut
Kurzzeitdynamik
Ernst-Mach-Institut

Mauerwerk unter Druckstoßbelastung – Tragverhalten und Berechnung mit Verstärkung durch Kohlefaserlamellen

Markus Romani

© Photo: ESA

Schriftenreihe	$\dot{\mathcal{E}}$ - Forschungsergebnisse aus der Kurzzeitdynamik
Herausgeber	Prof. Dr. rer. nat. Klaus Thoma
	Prof. Dr.-Ing. habil. Stefan Hiermaier
Heft Nr. 17	

Mauerwerk unter Druckstoßbelastung – Tragverhalten und Berechnung mit Verstärkung durch Kohlefaserlamellen

Markus Romani, Band 17
Hrsg.: K. Thoma, S. Hiermaier
Freiburg i. Br. 2008, 236 S., zahlreiche Abbildungen und Tabellen

ISBN 978-3-8167-7605-5 | Fraunhofer IRB Verlag
EUR 64.20

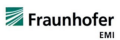
EMI

Multiskalenmodellierung von Impaktbelastungen auf Faserverbundlaminate: Methodenentwicklung, Parameteridentifikation und Anwendung

Matthias Nossek

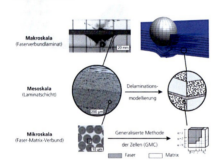

Schriftenreihe $\dot{\varepsilon}$ – Forschungsergebnisse aus der Kurzzeitdynamik

Herausgeber Prof. Dr. rer. nat. Klaus Thoma
Prof. Dr.-Ing. habil. Stefan Hiermaier

Heft Nr. 18

Multiskalenmodellierung von Impaktbelastungen auf Faserverbundlaminate: Methodenentwicklung, Parameteridentifikation und Anwendung

Matthias Nossek, Band 18
Hrsg.: K. Thoma, S. Hiermaier
Freiburg i. Br. 2011, 282 S., zahlreiche Abbildungen und Tabellen

ISBN 978-3-8396-0226-3 | Fraunhofer Verlag
EUR 64.20

Modeling of ultra-high performance concrete (UHPC) under impact loading

Design of a high-rise building core against aircraft impact

Markus Nöldgen

Schriftenreihe $\dot{\mathcal{E}}$ – Forschungsergebnisse aus der Kurzzeitdynamik

Herausgeber Prof. Dr. rer. nat. Klaus Thoma
Prof. Dr.-Ing. habil. Stefan Hiermaier

Heft Nr. 19

FRAUNHOFER VERLAG

Modeling of ultra-high performance concrete (UHPC) under impact loading

Markus Nöldgen, Band 19
Hrsg.: K. Thoma, S. Hiermaier
Freiburg i. Br. 2011, 288 S., zahlreiche Abbildungen und Tabellen

ISBN 978-3-8396-0286-7 | Fraunhofer Verlag
EUR 66

Proceedings of the 11th Hypervelocity Impact Symposium

Freiburg, Germany, April 11–15, 2010

F. Schäfer, S. Hiermaier, (Eds.)

Proceedings of the 11th Hypervelocity Impact Symposium

Band 20
Hrsg.: F. Schäfer, S. Hiermaier
Freiburg i. Br. 2011, 828 S., zahlreiche Abbildungen und Tabellen

ISBN 978-3-8396-0280-5 | Fraunhofer Verlag
EUR 150

A numerical modeling approach for the transient response of solids at the mesoscale

Sascha Knell

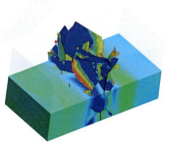

Schriftenreihe $\dot{\mathcal{E}}$ – Forschungsergebnisse aus der Kurzzeitdynamik

Herausgeber Prof. Dr. rer. nat. Klaus Thoma
Prof. Dr.-Ing. habil. Stefan Hiermaier

Heft Nr. 21

FRAUNHOFER VERLAG

A numerical modeling approach for the transient response of solids at the mesoscale

Sascha Knell, Band 21
Hrsg.: K. Thoma, S. Hiermaier
Freiburg i. Br. 2011, 203 S., zahlreiche Abbildungen und Tabellen

ISBN 978-3-8396-0323-9 | Fraunhofer Verlag
EUR 58

Charakterisierung und Modellierung glasfaserverstärkter Thermoplaste unter dynamischen Lasten

Jens Fritsch

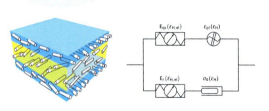

Schriftenreihe $\dot{\mathcal{E}}$ – Forschungsergebnisse aus der Kurzzeitdynamik

Herausgeber Prof. Dr. rer. nat. Klaus Thoma
Prof. Dr.-Ing. habil. Stefan Hiermaier

Heft Nr. 22

FRAUNHOFER VERLAG

Charakterisierung und Modellierung glasfaserverstärkter Thermoplaste unter dynamischen Lasten

Jens Fritsch, Band 22
Hrsg.: K. Thoma, S. Hiermaier
Freiburg i. Br. 2012, 252 S., zahlreiche Abbildungen und Tabellen

ISBN 978-3-8396-0333-8 | Fraunhofer Verlag
EUR 58

Stanznietverbindungen: Experimentelle und numerische Analyse unter Berücksichtigung von Eigenspannungen

Gunter Haberkorn

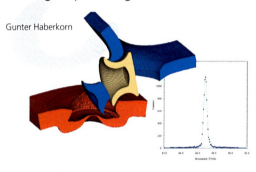

Schriftenreihe $\dot{\mathcal{E}}$ – Forschungsergebnisse aus der Kurzzeitdynamik

Herausgeber Prof. Dr. rer. nat. Klaus Thoma
Prof. Dr.-Ing. habil. Stefan Hiermaier

Heft Nr. 23

FRAUNHOFER VERLAG

Stanznietverbindungen: Experimentelle und numerische Analyse unter Berücksichtigung von Eigenspannungen

Gunter Haberkorn, Band 23
Hrsg.: K. Thoma, S. Hiermaier
Freiburg i. Br. 2011, 138 S., zahlreiche Abbildungen und Tabellen

ISBN 978-3-8396-0364-2 | Fraunhofer Verlag
EUR 48

Identifikation und Analyse von sicherheitsbezogenen Komponenten in semi-formalen Modellen

Uli Siebold

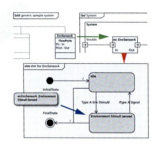

Schriftenreihe $\dot{\mathcal{E}}$ – Forschungsergebnisse aus der Kurzzeitdynamik

Herausgeber Prof. Dr. rer. nat. Klaus Thoma
Prof. Dr.-Ing. habil. Stefan Hiermaier

Heft Nr. 25

FRAUNHOFER VERLAG

Identifikation und Analyse von sicherheitsbezogenen Komponenten in semi-formalen Modellen

Uli Siebold, Band 25
Hrsg.: K. Thoma, S. Hiermaier
Freiburg i. Br. 2013, 230 S., zahlreiche Abbildungen und Tabellen

ISBN 978-3-8396-0541-7 | Fraunhofer Verlag
EUR 58

Ein kontinuumsmechanisches Materialmodell für das Verformungs- und Schädigungsverhalten textiler Gewebestrukturen bei dynamischen Lasten

Matthias Boljen

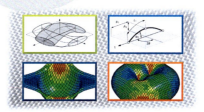

Schriftenreihe $\dot{\varepsilon}$ – Forschungsergebnisse aus der Kurzzeitdynamik

Herausgeber Prof. Dr. rer. nat. Klaus Thoma
Prof. Dr.-Ing. habil. Stefan Hiermaier

Heft Nr. 26

FRAUNHOFER VERLAG

Ein kontinuumsmechanisches Materialmodell für das Verformungs- und Schädigungsverhalten textiler Gewebestrukturen bei dynamischen Lasten

Matthias Boljen, Band 26
Hrsg.: K. Thoma, S. Hiermaier
Freiburg i. Br. 2014, 248 S., zahlreiche Abbildungen und Tabellen

ISBN 978-3-8396-0747-3 | Fraunhofer Verlag
EUR 59

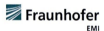

Analyse und Beschreibung des dynamischen Zugtragverhaltens von ultra-hochfestem Beton

Oliver Millon

Schriftenreihe $\dot{\varepsilon}$ – Forschungsergebnisse aus der Kurzzeitdynamik

Herausgeber Prof. Dr. rer. nat. Klaus Thoma
Prof. Dr.-Ing. habil. Stefan Hiermaier

Heft Nr. 27

FRAUNHOFER VERLAG

Ein kontinuumsmechanisches Materialmodell für das Verformungs- und Schädigungsverhalten textiler Gewebestrukturen bei dynamischen Lasten

Oliver Millon, Band 27
Hrsg.: K. Thoma, S. Hiermaier
Freiburg i. Br. 2015, 256 S., zahlreiche Abbildungen und Tabellen

ISBN 978-3-8396-0824-1 | Fraunhofer Verlag
EUR 59

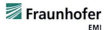

Systematik eines Beschleunigungs-sensor-Designkonzepts auf MEMS-Basis

Robert Külls

$$\phi_{design} = S\omega^2 = kr\frac{1}{L}C$$

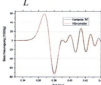

Schriftenreihe $\dot{\varepsilon}$ – Forschungsergebnisse aus der Kurzzeitdynamik

Herausgeber   Prof. Dr.-Ing. habil. Stefan Hiermaier

Heft Nr. 28

FRAUNHOFER VERLAG

Systematik eines Beschleunigungssensor-Designkonzepts auf MEMS-Basis

Robert Külls , Band 28
Hrsg.: K. Thoma, S. Hiermaier
Freiburg i. Br. 2016, 224 S., zahlreiche Abbildungen und Tabellen

ISBN 978-3-8396-0902-6 | Fraunhofer Verlag
EUR 39